公私合作（PPP）的政府规制研究

陈 松 著

人民交通出版社股份有限公司
China Communications Press Co.,Ltd.

内 容 提 要

本书对公私合作(PPP)实践中存在的问题进行了系统的研究,围绕PPP中公益性与营利性二者之间的平衡展开,分析讨论公私合作中政府规制的作用、规制工具的选择、规制密度的掌控以及契约规制的运用。本书共分八章,前三章主要是梳理研究基础、文献分析以及PPP中政府规制的正当性。第五章至第六章分别从规制主体、规制原则、规制工具、规制密度对PPP中政府规制的运用进行了系统、具象的研究,第七章专题讨论了契约规制在PPP中的具体运用。第八章为结论,总结了提出PPP中政府规制的特殊性格、特色工具,展望了公私法融合下的契约规制的未来。

本书立足PPP实践,通过为若干行业以及10个PPP失败案例的分析,讨论PPP中政府规制体系以及具体运用。本书适合于经济、法律等相关专业师生以及PPP实务从业者学习参考。

图书在版编目(CIP)数据

公私合作(PPP)的政府规制研究 / 陈松著. — 北京:人民交通出版社股份有限公司,2017.1

ISBN 978-7-114-13595-8

Ⅰ. ①公… Ⅱ. ①陈… Ⅲ. ①政府投资-合作-社会资本-研究 Ⅳ. ①F830.59②F014.39

中国版本图书馆CIP数据核字(2017)第003447号

书　　名:公私合作(PPP)的政府规制研究
著 作 者:陈　松
责任编辑:张一梅　尤晓暐
出版发行:人民交通出版社股份有限公司
地　　址:(100011)北京市朝阳区安定门外外馆斜街3号
网　　址:http://www.ccpress.com.cn
销售电话:(010)59757973
总 经 销:人民交通出版社股份有限公司发行部
经　　销:各地新华书店
印　　刷:北京凯鑫彩色印刷有限公司
开　　本:720×960　1/16
印　　张:15
字　　数:268千
版　　次:2017年2月　第1版
印　　次:2017年2月　第1次印刷
书　　号:ISBN 978-7-114-13595-8
定　　价:50.00元

序

公私合作是近年来政府寻求提升治理能力,改善治理效果的重要方式,由此政府必然面对且解决对公私合作规制中产生的一系列问题,如公私合作中作为规制主体的政府如何重新定位?公私合作中政府规制的密度如何把控?政府规制的路径如何选择?政府规制的体系如何构建?本书作者根据自身长期的工作经验,结合相关理论,对此进行了较为系统的研究,回应了实践中提出的难点问题,并推导出若干合理的结论。

作者分析了公私合作的内生局限性,从理论证成和现实考察中论证了公私合作中政府规制的正当性;进而对公私合作中政府规制体系的构建,规制主体的定位、规制密度的适用、规制路径的选择进行了的深入探讨,构思了“三重角色”即合作者、规制者、担保者;“三个基准”即自偿率、出资比例、公益性;“三种规制”即经济规制、规制中立、社会规制的新思路。这种层层递进、步步为营、前后对应的研究成果,并非中庸无偏的“讨巧”式结论,而是作者真正深入思考的结果,这一成果,丰富了公私合作政府规制的理论体系,回应了公私合作政府规制的实践困境。

尤其值得肯定的是,作者从公私合作中的双重性格出发,提出“以私法规制优先,公法规制补充的适用规则”,建立我国公法规制和私法规制的双重规制制度,并具体落实到公私合作契约,认为其兼具公私法双重性质,应“摒弃传统公私二元体系下的‘非公即私’的判断标准,确立其为独立契约类型”的改革思路。由此,将公私合作的政府规制从理论层面提升到了制度层面,对我国公私合作中政府规制的决策及相关立法都极具参考价值。

陈松是一位才学兼优的学生。几年来,他耐住寂寞坚持不懈博览群书,脚踏实地而不虚张声势,稳步前行而不急功近利,最终出色地完成了他的博士学位论文。作为他的博士生导师,我非常赏识他好学不倦、锲而不舍的学术态度和为人正直善良谦逊的优良品质。目前几经修改的论文即将付梓问世,十分欣慰。希望他能够在这一领域继续研究下去,也期待他奉献出更多的研究成果。

王士如
上海财经大学教授、博士生导师
2016 年 11 月 30 日

目　　录

第一章　导　　论

第一节　选题的缘起与意义

一、选题的缘起

公私合作是近年来政府寻求提升治理能力、改善治理效果的重要方式。20世纪80年代以来，由于国家任务的过度扩张和日趋严峻的财政危机，政府大力推行公私合作制度，与私人部门共同履行公共任务。改革开放以来，我国公共产品供给走向市场化，政府积极鼓励采取公私合作的方式提供公共产品和服务。2005年颁布了国内第一个促进非公经济发展的系统性政策文件，以《国务院鼓励支持非公有制经济发展的若干意见》为标志，大力推进非公经济发展，并提出公私合作的思路。2010年5月7日，国务院发布《关于鼓励和引导民间投资健康发展的若干意见》，以进一步拓宽民间投资的领域和范围，成为2005年"非公经济36条"的延续，但实施效果并不尽如人意。目前，新一届政府正在大力推行公私合作制度，改善公共产品供给，推进政府机构改革。2014年5月，国家发改委公布《关于发布首批基础设施等领域鼓励社会投资项目的通知》，首次推出80个鼓励社会资本参与建设运营的示范项目。目前国家发改委、财政部分别建立公私合作项目库，示范项目总数已经超过1万多个，其中财政部6997个示范项目，国家发改委1043个示范项目。在国家发改委、财政部、建设部、交通运输部在内的多个部委积极推动下，2015年经国务院批准同意，国家发改委等六部委联合制定出台了《基础设施和公用事业特许经营管理办法》，随后，国家发改委、财政部等部委制定出台了一系列的公私合作指南、合作合同范本。河南、海南、成都等地相继成立了专门的PPP管理中心，加速推进公私合作的应用。在公私合作被广为推崇时，多数人关注到公私合作在公共产品供给领域的运用，而较少地关注到公私合作的社会治理结构，公私合作在提升公共产品供给效率中的优势和作用，公私合作的内生局限、运行机制以及合作风险。多数学者关注到了公私合作中私人部门面临的风险以及政府信用问题，并将公私合作的风险局限归咎于政府，而较少地关注到私部门自身的风险以及公私合作中的公共利益问题。近年来，兰州发生自来水苯超标事件、湖北十堰公交民营化回购事件、河南高速公路烂尾事件均暴露了公私合作中的私人部门自身的缺陷与风险,为公私合作敲响了警钟。事实上,这是公私合作面临的普遍性问题,诸如市场竞争机制失效,公部门的垄断转为私人垄断,公用事业特许经营权高溢价转让,普遍服务不足、质量下降、财政赤字增加等,公私合作并没有实现其制度设计的初衷。对于这些现实案例和问题给予理论上的关切,研究公私合作下政府规制的正当性以及实现公私合作的良善规制的路径,已显得十分迫切。

二、研究的意义

(一)理论意义

(1)丰富公私合作理论研究。“合作国家”的兴起,公权力的运行机制面临着变革,政府规制需要放置于公私合作中来观察与研究。虽然致力于公私合作的研究者不乏其人,研究领域、研究学科都较为丰富,但本研究研究了公私合作理论很少被关注到的公私合作的局限与界限问题,梳理分析了公私合作发展与政府规制革新二者之间的互动关系,研究了公私合作中政府的角色转换以及政府作为“合作者、规制者、担保者”三重角色之间的平衡,进一步丰富了公私合作理论。

(2)完善公私合作政府规制理论体系。目前,对于公私合作政府规制的研究多较为零散,而未能将政府规制放置于公私合作的制度设计之中,本书从理论证成、逻辑观察、实践需要、法律规范四个方面研究了公私合作中政府规制的正当性,研究了基于公私合作特征的政府规制基准,为政府规制介入程度提供了客观判断基准。同时,本书研究了公私合作中的经济规制和社会规制的具体规制工具的选择与运用,分析了公私合作中对规制者的规制作用和方式,构建符合公私合作性格、满足公私合作需要的良善规制体系。

(3)拓宽合作契约理论研究的视野。对于合作契约的性质,学者已有研究,但争议不断,民事合同论、行政合同论、混合契约论、二阶段理论等众说纷纭,未能达成一致。本书从公私合作的平等性出发,基于保护私人部门利益原则,提出基于公私合作理论的内核和运行机制,重新考量合作契约的性质,摒弃以往公私二元分离基础上的性质判断标准,提出合作契约的独立性以及契约性质选择权的方式,解决合作契约性质的争论。研究契约理论发展与契约治理之间的关联,分析公私合作中的契约治理路径,丰富和拓展契约规制的研究。

(二)现实意义

(1)为客观理性地认识公私合作的局限性,为防范公私合作的风险提供现实策略。公私合作是全球行政改革极为重要的组成部分和治理工具。公私合作对效率和效能的追求以及公民在社会建设上的意义自不待言,但不能忽视的是,公私合作同样潜藏着民主赤字、公法逃遁、公益旁落的风险。通过公私合作的政府规制研究,有利于公共部门和社会公众客观地认识把握公私合作的"双面性"。我国正在积极推进公私合作机制,推进政府机构改革和职能转变,本书的研究有利于公部门在引进公私合作制度时充分考量公私合作的局限性和风险,建立公私合作的评估机制,有效规制合作风险,促进公私合作的达成,保障国家任务的完成和公共利益的实现。

(2)为公私合作中政府规制工具的选择和规制密度提供对策建议。公私合作的领域往往涉及第三人和社会公众的利益,公共利益的保护是公私合作政府规制的重要目标。由于公私合作后容易产生脱逸公法、遁入私法的危险,实践中私部门以合作契约为盾牌,公部门往往对私部门行为缺乏有效的规制手段。通过公私合作中具体政府规制模式、手段以及规制密度的研究,引入契约规制理论,有利于公部门有效地运用社会规制和经济规制的多种手段,进行适度的介入和干预,构建公私合作的良善的规制体系,从而推进政府职能转变,提高政府社会治理能力。

(3)为公私合作立法提供参考。目前公私合作法已经列入国务院立法计划,并进入到实证性草案论证阶段。通过对公私合作政府规制的研究,特别是具体规制手段和政府特许经营契约的性质以及条款设计的研究,为我国公私合作的立法提供一些思路和建议,借此推动立法进程。

第二节 文献梳理与评议

一、国内研究状况

公私合作并不是一个新鲜的话题,不同领域、不同学科的学者对此都有广泛的研究和讨论,公共管理学、经济学、项目管理等领域的研究已经相对深入和丰富。源于新公共管理理论的公私合作被引入到法学领域后,虽然时间不久,但也不乏其人,研究成果也较为丰富。

(一)关于公私合作国内研究的视角

杨寅教授较早关注到公私合作的法学命题,他以公私法汇合交融发展为中心,分析行政法面临的变革与挑战,并提出在保障私权的基础上构建公私合作机制。他认为:当代社会生活的实际使得公私关系出现了胶着与合作的一面,这引发了公私法的交叉与汇合,并在行政法领域有诸多深刻表现。但从历史背景和法律现实上看,我们的理论并不充分,公私法的协调也难如人意。鉴此,应在尊重私权的前提下，在更新观念的基础上，积极探寻公私合作，梳理公私法关系❶。

在此之后，一批学者从公私法之间的关系和勾连出发，研究公私合作、合作行政以及民营化与行政法发展间的关系。耿焰博士从公私法融合的角度对公私合作关系的规制变革进行了研究，认为：对公私合作的规制，需要将研究的视角放置于公私合作产生的历史背景、发生根源以及自身的性质特点之中，需要打破传统非公即私的二元思维框架，采用新的思维进路来研究分析公私合作的规制；而合作契约则是最佳的载体，透过契约的方式来规范合作双方当事人的权利义务关系❷。公私合作将开启"合作行政"的时代，"公私合作背景下，行政法的发展面临重构，行政法的基本理念和行政主体、行政行为、行政程序、行政救济等基本制度都面临挑战与重构，新行政法正在孕育"❸。章志远教授以公用事业特许经营样本，分析了公私合作背景下的行政法研究的转变。他认为：在公私合作的新背景下，我国行政法学研究面临着从基本理念、研究视角、研究方法的全方位的转型与变革，需要更加注重经济、法学、社会学、公共管理学等各个学科知识和研究方法的整合，这也是公私合作中政府规制研究的重要任务和思路。本书同时对我国公私合作快速发展中存在的问题进行了实证分析，认为，由于相关法律和法规的缺失，以特许经营为代表的公私合作的发展面临着深刻的合法性危机，特许经营政府规制的法律位阶层级低、合作双方风险意识不足，以及社会公共利益的极度虚置。消除这些危机之道，则在于特许经营的政府规制体系的构建，设定科学合理的规制目标，整合统一相关部门的职责，组建统一的规制机构，同时在规制的介入和手段的选择上要审慎与合理，保障公共利益的同时给予特许经营主体发展的空间❹。

虞青松博士将公用事业收费权配置放置到公私合作理论中来研究。他认为，在政府完全责任象限下，私营组织的公权力表现为财政资金支配权，而收费权属于国家，与利用人不发生法律关系，合作契约包括内部效力契约和外部效力契约。其中外部效力契约并非独立的行为，而是授权行为与特许行为的载体。政府与私营组织基于该类契约形成的并非民事关系，而是行政法律关系。公私合作契约形成的纠纷应当适用行政诉讼救济❺。

宋国博士较为全面地论述了公私合作法治化的问题，从宏观上构建了公私合作的法治化框架体系，从公私合作的宪法限制、立法控制、政府规制以及司法救济

---

❶ 杨寅：《公私法的汇合与行政法演进》，载《中国法学》，2004 年第 2 期；杨寅：《从对峙走向合作：公私法关系的新境遇》，载《政治与法律》，2003 年第 1 期。

❷ 耿焰：《论行政公私伙伴关系的规制》，载《法学论坛》，2011 年第 2 期。

❸ 陈军：《公私合作背景下行政法的挑战与机遇》，载《云南行政学院学报》，2011 年第 2 期。

❹ 章志远：《公用事业特许经营及其政府规制——兼论公私合作背景下行政法学研究的转变》，载《法商研究》，2007 年第 2 期。

❺ 虞青松：《公私合作下公用事业收费权的配置研究》，上海交通大学 2014 年博士论文。

四方面构建了宏观的公私合作法治化的路径❶。陈军博士在其博士论文《变化与回应:公私合作的行政法研究》中,梳理分析了国家任务变迁下的公私合作的理论基础及演进历程,并分析得出:公私合作推动传统行政向现代新行政法转型与过渡,面对公私合作形成的巨大挑战,传统行政法基本制度需要做出相应的调整予以回应实践的发展,建构基于公私合作的新的行政法框架体系已经成为必然。新行政法体系的构建是全方位、整体性的,包括行政主体、行政行为、行政程序、行政责任以及司法审查整个行政法体系的构建,同时他提出了公私合作下将自我规制引入新的行政体系之中❷。陈铭聪博士探讨公私合作的模式,对权利保障问题、私部门的参与问题、公部门的选择权问题、公私合作的范围问题与救济问题等进行了较为宏观的探讨❸。

由上可知,从国内公私合作的研究来看,从法学视角对公私合作的研究日渐兴盛,研究深度和广度日渐扩展,特别是从行政法角度的研究成果较多,但遗憾的是这些研究多数以公私合作与行政法之间的互动关系以及公私法之间的融合为重点,且多具宏观性,深入地研究了公私合作背景下的行政法的冲击与挑战。从研究的视角来看,现有的研究也较少地关注到政府规制与公私合作之间的互动关系,以及在公私合作下政府规制的发展与调适问题。从研究的深度来看,较少研究公私合作中究竟应当如何规制,公法介入的程度如何判断等微观但又关键性的问题,即便有个别关注到公私合作视角下的政府规制介入程度和规制方式变迁,也未能成体系化。

(二)关于公私合作的概念

由于公私合作具有相当的开放性和不确定性,综合国内大多数学者的各种表述来看,对公私合作的概念主要有以下几种观点:

(1)合作(契约)关系说。余晖认为,公私合作是指公共部门与私人部门之间为提供公共产品(服务)而建立的一种长期合作关系❹。王梅、蔡蔚亦持相类似的观点,认为"公私合作为了提供基础设施和公共服务而在公共机构和民营机构之间形成合作伙伴关系,通过签署合同的方式,明确双方的权利和义务,确保公私合作项目的顺利完成"❺。"公私合作是基于公私双方共同完成公用事业的投资、建设和管理的任务,公共部门与私人部门通过合同的方式确定双方的权利义务关系,并

❶ 宋国:《合作行政的法治化研究》,吉林大学 2009 年博士论文。

❷ 陈军:《变化与回应:公私合作的行政法研究》,苏州大学法学院 2010 年博士论文。

❸ 陈铭聪:《公私合作的行政法问题研究》,苏州大学 2012 年博士论文。

❹ 余晖、秦虹:《公私合作制的中国试验》,上海人民出版社,2005 年,第 37 页。

❺ 王梅:《市政工程公私合作项目(PPP)投融资决策研究》,经济科学出版社,2008 年,第 3 页。

形成合作伙伴关系”❶。李以所研究员在分析德国的公私合作后,引入了“合同、长期、共同目标”等要素对公私合作进行了定义,认为“公私合作是建立在合同基础上的公共任务的承担者与私人机构和企业为了共同的经济目标而实施的长期合作”❷。

(2)风险分担论。王守清、王灏等项目管理学者认为,从强调公私部门之间风险的分配出发,认为:公私合作是公部门与私部门合作过程中风险分担机制和项目的“物有所值”(Value for Money)❸。公私合作是一种公共服务提供机制,公私合作的主体是在两个或两个以上更多的实体之间通过协议安排的方式,共同或相互兼容的目标的协同经营,共同投入(资金或资源)、共享权力、共担责任、共担风险、互惠互利的合作关系。王守清教授在总结德国联邦交通、建设及房产部(BMVBW)在其颁布的《公共房产中的公私合作联邦报告:第一部分 指南》认为:公私合作这个术语专指长期的基于合同管理下的政府部门和私营部门的合作,以结合各方必要资源(如专业知识、运营基金、资金、人力资源)和根据项目各方风险管理能力合理分担项目存在的风险,从而有效满足公共服务需要❹。

(3)治理论。也有不少学者从更为宏观的社会治理角度出发研究公私合作,认为公私合作的本质是一种社会治理模式变革。公、私协力是一种藉由公、私网络(Public-Private Networks)所形成的联合治理模式(Joint Governance),典型实例包括都市更新、土地开发(Iand Development)、社区营造及公共建设民营化等。在公、私部门协力推动都市更新、促进都市商业发展或社区发展方面,可以以美国为代表❺。

(4)要素构成论。要素构成论者发现公私合作是一个无法被定义的概念,甚至认为多样性是公私合作的一个本质特征,对公私合作进行定义本身就是徒劳甚至有违公私合作多样、灵活的本意。对公私合作进行定义本身即是徒劳无效的,因为将公私合作看作是一个严谨的、确定的学术概念,然后再给予定义的做法存在着逻辑性的错误。在传统的由公共部门垄断公共服务以及基础设施供给与实质民营化之间存在着“走廊式的交叉地带”,一般就是公私合作现象活跃的领域❻。公私协

❶ 蔡蔚:《我国城市轨道交通投资体制演进机理叹息》,同济大学2007年博士论文,第141页。

❷ 李以所:《德国公私合作制促进法研究》,中国民主法制出版社,2013年6月版,第27页。

❸ 王灏:《城市轨道交通投融资问题研究》,中国金融出版社,2006年版,第56页;王守清、柯永建:《特许经营项目融资(BOT、PFI和PPP)》,清华大学出版社,2008年,第21页。

❹ EU-Asia 公私合作 Network:《欧亚基础设施建设公私合作(PPP)案例分析》(Public Private Partnership in Infrastructure Development:Case Studies From Asia and Europe)(王守清主译),辽宁科学技术出版社,2010年版,第3页。

❺ 廖俊松:《民营化之外——福利国家民营化的省思》,载《空大行政学报》,2009年第9期。

❻ 李以所:《德国公私合作制促进法研究》,中国民主出版社,2013年6月,第10页。

力由于类型的多样性，合作关系有以行政契约或私法契约形成者，亦有以事实上的协定或者单方承诺为基础者[1]。詹镇荣教授分析德国理论界关于公私合作的论述后认为，公私部门目标相冲突之合作模式应排除于公私协力的概念之外，故公私协力的概念原则上应具备六项要素：政府与私部门间之共同行动，互补性目标之依循，合作时的互助可能性，历程取向，合伙人身份与责任的延续，以及合作契约定型化[2]。

刘淑范教授分析了公私伙伴关系概念之缘起、引进与发展，认为公私伙伴关系从美国非型式化之协商合作方式，近期在欧盟和德国已演进成为以契约为基础之型式化公私伙伴关系，并将公私伙伴关系简化梳理成一般契约型的公私伙伴关系、特许模式和组织型之公私伙伴关系三大类型。同时，以项目取向的公私伙伴关系概念为主要框架，分析在德国行政实务上运作之各种重要模式。并且认为，项目取向的公私伙伴关系乃是行政法学上不容忽视之新兴重要概念，惟其当前仅能系乎于长期性公私合作关系之初步阶段经验，而论者也多藉由函数模式将结构要征与成功要件熔于一炉冶炼，由此可见，其仍属发展中且具开放性之概念。履行任务之私人是否与一般人民（第三人）发生直接法律关系两标准。并将诸多模式简化梳理为三大类型：一是一般契约型之公私伙伴关系；二是特许模式；三是组织型之公私伙伴关系[3]。

从公私合作的各种定义来看，从不同的角度对公私合作进行定义，大陆法系、普通法系以及各类国际组织（包括 IMF、OECD、欧盟）都对公私合作进行过定义，这些定义多数是从经济学、管理学等学科角度进行的定义和归纳，但遗憾的是，没有形成统一的认识。本书赞同，不应对公私合作进行僵化严苛的定义，而束缚公私合作功能的发挥，认为考虑到公私合作本身的追求灵活、多样的特质，应当采用基本要素模式和负面界定公私合作界限的方式对公私合作进行限定，明确公私合作的界限，并采用分散的行业立法模式，根据不同的领域和不同公共产品的特质进行差别化的立法和规范，而摒弃一贯的统一立法的模式，提高公私合作立法的适用性和准确性。

（三）关于公私合作的政府规制的正当性

讨论公私合作政府规制正当性的文献不多，邹焕聪在《论公私协力的公法基础》一文中论述了公私协力的公法基础，探寻了公法与公私合作间的关联，从宪法和行政法的角度对公私合作的政府规制的正当性展开了讨论，宪法和公法上的国

[1] 詹镇荣：《民营化法与管制革新》，元照出版有限公司，2005 年 9 月。

[2] 詹镇荣：《论民营化类型中之公私协力》，载《月旦法学杂志》，2003 年 11 月，总第 102 期。

[3] 刘淑范：《公私伙伴关系（PPP）于欧盟法制下发展之初探：兼论德国公私合营事业（组织型之公私伙伴关系）适用政府采购法之争议》，载《台大法学论丛》，2011 年，第 40 卷，第 2 期。

家(法律)保留理论以及公私法二元论与公私合作理论契合兼容,并为政府规制提供了空间,其符合法治原则,具有民主正当性,提供宪法基础。同时,行政法本身所具有的合作精神理念、法律保留原则为公私合作及其政府规制提供了行政法基础。该文的思路和观点,在论证公私合作公法的基础上,也为公私合作中公法的介入和对公私协力规制提供理论上的支持和基础❶。

信息不对称是公私合作中存在和需要解决的最为重要的问题之一,也是公私合作政府规制介入的基础。经济学和管理学学者对公私合作中的信息不对称问题进行了研究,斯蒂格利茨指出,在信息不对称的状况下,市场交易的任何一方均可能隐藏不利于自己的私有信息,进而在交易时提供部分信息(信息不完全)或不确实的信息,以求自身利益最大化,同时牺牲对方利益。现实中则是代理人相较于委托人拥有更多更为全面的信息,同时更容易取得交易信息,而委托人则相反,其通常被隐蔽重要信息,委托人也难以对代理人进行足够和有效的监督;但最重要的,不论信息价值高低或取得信息之多寡,如何克服两者目标冲突才是关键。所以如何订立一份合理合同,令双方达成共识、相互履约才是最为重要的,且在整个契约交易过程中,如何克服逆向选择(Adverse Selection)和道德危机(Moral Hazard)等代理问题,也同样是关键事项❷。

我国台湾地区黄森义教授认为,公共建设公私合伙开发的概念,就是将过去政府应提供的城市基础设施建设,经由公私合伙名义以透过代理权移转的观念,委托私部门进行投资开发建设。而且由于促参法系多属公共财以设定地上权之方式委托开发,所以俨然成为权限代理之关系,故其仍旧会如同传统企业代理一般,因为私部门自利原则、信息不对称以及风险趋避而出现所谓的代理问题,且必须以相关对应机制来解决之,而非如同政府部门现今贸然开放诱因,如此一来,虽然解决了政府财政困窘而须为公共建设寻求替代财源的问题,却将产生忽略长期都市政策与公共利益、对私部门过度让步以及公平原则等严重代理问题❸。台湾地区荷世平教授对公私合作工程项目建设中的信息不对称问题开展了研究,认为公部门在选择公私合作对象困难的症结在于,政府无法知悉评价合作者资格、信誉以及开发运用能力的信息,政府也无法从合作者(竞标者)提供的方案中完全了解合作对象真实的能力和水平。由于信息隐匿的自然存在,政府如果没有一套行之有效的评估和遴选的方法和标准,则可能在信息不对称的情况下选择了次优甚至是不合格的合作对象,同时由于合作期限长,退出困难,将会损害公共利益。“政府极需一套

---

❶ 邹焕聪:《论公私协力的公法基础》,载《金陵法律评论》,2012 年,秋季卷。

❷ 斯蒂格利茨:《公共部门经济学(第 3 版)》,郭庆旺译,中国人民大学出版社,2013 年版,第 76 页。

❸ 黄森义:《民间参与公共建设融资风险之相关研究》,行政院公共工程委员会 2003 年项目研究计划,未出版。

有效的政策或机制以使不同质量之业者依其质量的私有信息而‘自我选择’（Self-Select into）入政府的评估标准，以致最佳之业者会得到最佳之评估分数。”换言之，在此评选机制或政策下，业者若隐瞒其真实质量信息，将对业者自身之获利状况有所损害❶。

也有学者对公私合作契约签订中的信息不对称问题进行了分段分析：在缔约前却往往碍于公部门无法明确建立信息系统作为协商依据，而导致问题的产生，且即使委托专业顾问提供相关投资信息，但却会因其碍于人员编制限制，无法有效利用专业的分析建立信息系统。再加上私部门的自利与风险趋避态度而刻意隐匿开发专业信息，使公部门错误选取开发商与议约。缔约后所会产生的问题大致系有关决策权为主，第一，公部门会因信息的不对称而产生公部门决策权错误释放，从而造成私部门滥用权力；第二，因公部门掌握信息的不足或私部门隐匿，而无法有效对各项开发决策进行监督，例如私部门滥使用涨价权等。另外，公部门也会因信息传递能力不足，私部门无法明确得知公部门目的，而造成开发失利❷。

公益保护是公私合作中政府规制正当性的重要基础。詹镇荣教授一直关注于公私协力、民营化的研究。他认为，在单纯的组织私法化情形下，行政任务之执行主任依旧保留在国家自身，国家作为执行者之角色，未予更迭。尤其基于国家行为须具充分民主正当性之要求，母体行政机构对其所管政府独资公司之决策形成与业务执行，具有一定宪法位阶之“影响义务”。这种影响义务透过人事、业务以及财务等方面之核定与监督权保留，以为民主正当性与法治国家公益维系之要求。同时，在行政任务完全民营化的状态下，国家本于社会国家理念下的促进人权保障义务，而形成国家保障责任。这种国家保障责任主要体现在保障基础设施与促进公平竞争两项目标上，国家保障责任的实现在于通过各种管制手段实施而获得实现❸。詹政荣教授对公私合作实践中的弊病也有深刻的认识和高度的警惕及担忧，他认为：所谓的“公私协力”只是一种外观表象，实则意在“共谋互利”，公私协力一眼可辨，利益互谋却隐而未现，不易察觉。公私伙伴或官商共谋，往往只是一线之隔，为确保国家任务责任的履行、公益的维护，以及其他第三人的基本权利，无论正式或非正式的合作行政行为，皆应在法律规制下为之❹。

萨瓦斯也对公私合作的财政约束缺失表示了担忧：花别人的钱乐趣无穷，政府官员和预算决定者自己不用花自己一分钱，就可以体验支配税金所带来的兴奋感、

❶ 荀世平：《不对称信息下之政府 BOT 政策》，行政院国家科学委员会补助专题研究计划书，未出版。

❷ 詹镇荣：《民营化法与管制革新》，元照出版有限公司，2005 年 9 月版，第 25 页。

❸ 詹镇荣：《民营化后国家影响与管制义务之理论与实践——以组织私法化与任务私人化为基本型为中心》，载《东吴大学法律学报》，1992 年，第 15 卷，第 1 期。

❹ 詹镇荣：《民营化法与管制革新》，元照出版社有限公司，2005 年 9 月版，第 40 页。

权力感和自己举足轻重的感觉,更不用说心怀感激的受益者的奉承溢美之词❶。在公私协力的情况下,对于私部门的参与,国家根本不可能将行政任务百分百让诸有时如脱缰野马的市场机制操控,适度的管制措施依旧是不可或缺的。然而该如何进行管制,则与行政部门与私部门应居于何种角色与责任有关,故尝试提出责任划分的概念。责任划分的意义在于,为了解决公私协力的重叠性,使得责任归属变得明确,从而提出分层化的责任体系❷。

(四)关于公私合作政府规制模式问题

从目前查阅的文献资料来看,对于公私合作规制模式和规制手段的文献较为零散,国内尚没有对公私合作政府规制模式和手段选择的专门文章,普遍的通常原则和框架性的提出公私合作中的程序规制、过程规制等概念,虽然也有学者从公众参与和信息公开的角度进行了初步的宏观性的研究,但对于具体公私合作过程协商、缔约程序、缔约信息公开的内容事项等关键性的问题,依然缺乏深入的研究,与美国公私合作中的程序规制、信息规制的研究相比仍处于初级阶段。同时,对于公私合作中的价格管制、市场准入规制、退出机制等具体的规制手段,也缺乏系统性的、深入的研究和运用。

(1)关于经济规制。经济学特别是制度经济学中较早地注意到了公私合作的政府规制问题,特别是经济性规制。赖丹馨教授认为,规制体系是公私合作的核心组成部分,对政府而言,适当的规制能够保证合作关系运作的有效率,并确保资源的最优化与更广泛的政策目标(如社会政策及环境保护等)相一致;对民营合作者而言,规制则能够提供对合同条款的保护,防止政府侵占,并保证其获得与承担的风险相一致的合法利润及成本回收❸。价格规制是经济学关注的焦点,也是公私合作中政府规制的核心。公私合作的价格规制是其激励框架的基础,所采取的方式通常分为收益率(Rate of Return)规制和价格上限(Price Caps)规制两种❹。应该控制公共项目特许经营公司,利用垄断地位剥夺消费者剩余。主要是要控制其服务收费,根据项目投资和运营成本来确定收费标准及调整程序,合理定价。建立反应灵敏、信号准确、功能齐全、运转健康的价格制度是公共项目激励性规制的基础工作❺。收益率规制可看作是政府的一种收入保证,而价格上限则是最常见的激励性规制方案。收益率规制能够为可衡量的投资提供更多保护,因而资本成

---

❶ 〔美〕E. S 萨瓦斯:《民营化与公私部门的伙伴关系》,周志忍等译,中国人民大学出版社,2002 年版。

❷ 詹镇荣:《民营化法与管制革新》,元照出版社有限公司,2005 年 9 月,第 75 页。

❸ 赖丹馨、费方域:《公私合作制(PPP)的效率:一个综述》,载《经济学家》,2010 年,第 7 期。

❹ 赖丹馨、费方域:《公私合作制(PPP)的效率:一个综述》,载《经济学家》,2010 年,第 7 期。

❺ 何寿奎、孙立东:《公共项目定价机制研究——基于 PPP 模式的分析》,载《价格理论与实践》,2011 年,第 3 期。

本较低;价格上限规制更能激励企业提高生产效率,但容易引起再谈判。当价格上限规制引发再谈判时,最终达成的混合型规制形式,往往同时结合价格上限的激励效应和收益率规制的成本补偿保证❶。

法学领域关于公私合作规制的研究主要是基于公私合作,特别是公用事业民营化后频繁爆发出侵害公共利益事件的分析和研究,彭涛教授从公私合作与我国体制改革的关系出发,论述了构建公私合作法治框架和基本原则,强调公私合作需要建立退出机制、投资者利益保护以及纠纷解决机制的框架。他提出必须对退出的标准进行量化,增强退出程序可操作性,以及必须给予相应的宽限期和过渡时限,避免更大的波动。但对于退出机制中的规制介入权属性、介入的基准判断以及介入权实施的程序控制未有论述❷。章志远教授强调了公共任务民营化中程序控制的重要性,他认为:"公共行政民营化成败的关键在于法律程序的公正与否,惟有通过正当的行政程序才能保障民营化的顺利推行❸。

(2)关于程序规制。程序规制是学者们关注的另一个重点。石佑启教授从公共事业保障基本权利的特征出发,认为公共事业民营化是公共行政部门选择合适的私人部门参与管理社会公共事务的过程,其结果涉及公众接受服务的质量,甚而关系到公众的生活方式和生活水平,因为每一个人都是公共服务的对象,每一个人都应该有平等获得公共服务的权利。为了保证公共事务民营化不致偏离法制轨道,保障民营化的正当性,需要强化民营化中的程序规制。同时指出,公正程序即正当程序,其构成要素包括:主体的平等性、裁判者的中立性、程序的公开性和程序的参与性。正当程序的构成要素,也是评判程序正当与否的标准❹。高秦伟教授对美国行政法中公私混合领域的程序问题进行了分析,研究了正当程序的民营化与行政领域中的民营化的关联性,分析了美国行政法上关于民营化的程序规范,并认为,在立法上的回应是以替代性纠纷解决方法作为私人程序的救济方式,以私人联邦行政程序法作为正当程序民营化的重要方式。这一研究也表明了要将公私合作纳入行政程序立法规范的选择❺。袁文峰博士以 BOT 为例,研究了我国 BOT 立法的演进过程,分析当前 BOT 有关制度体系的不足,他认为在行政程序法早已提到议事日程之际,BOT 的立法选择已很明显,应当将 BOT 立法纳入到行政程序法中作统一的规定❻。

理论界和实务界关于公私合作所适用的程序问题历来争议不断,主要适用

---

❶ 赖丹馨、费方域:《公私合作制(PPP)的效率:一个综述》,载《经济学家》,2010 年,第 7 期。

❷ 彭涛:《论公私合作伙伴关系我国的实践及其法律框架构建》,载《政法论丛》,2006 年,第 6 期。

❸ 章志远:《行政法学视野中的民营化》,载《江苏社会科学》,2005 年,第 4 期。

❹ 石佑启:《公共事业民营化的行政法规制》,载《武汉大学学报(社会科学版)》,2012 年,第 5 期。

❺ 高秦伟:《美国行政法中正当程序的民营化及其启示》,载《法商研究》,2009 年,第 1 期。

❻ 袁文峰:《我国 BOT 的现状与立法选择》,载《湖南社会科学》,2009 年,第 1 期。

行政程序法的观点、适用政府采购法的观点、适用招投标法的观点，以及双重适用的观点，即既适用民事法律程序又适用行政程序法。多数学者赞同加强对公私合作的程序性规制，就法制层面而言，主办机关究竟应如何“协商”或“缔约”方为适切，此等问题，涉及行政机关究竟应享有多大的“弹性裁量”权限，此种权限应该纳入何种机制加以制约❶。作为行政权力的规范机制，行政程序法必然引导自身做出反应，将私人部门与行政机关共同行使公权力的活动纳入行政程序法的规制已成为行政程序法发展的一种必然趋势。公私合作的行政活动中，行政程序法的覆盖范围扩张到为完成行政任务承担公共职能的私人部门，行政程序法的规范主体呈现出私人化的倾向。传统以行政机关行使公权力为关注焦点并设定行政程序的方法应该有所变化，我们有必要将承担公共职能的私人部门行使部分行政公权力的行为纳入行政程序法规范范畴。当然，这并不是要取消适用于行政机关行使公权力的程序规则，而是要设计并扩展新的程序，适用于承担部分公共职能和行使部分公共权力的私人部门❷。

王太高教授则认为，需要构建一种新的“行政私法程序”来适应公私合作对程序法带来的冲击。公私合作在程序上遵循行政程序和民享程序相协调的“行政私法程序”，在权利救济上实行由性质主导的私法、公法二元化救济。争议的焦点在于，行政私法行为除了受民事程序的约束之外，是否还应该遵循行政程序，如果遵循，那么行政程序如何适用，行政私法行为的行政程序和民事程序两者之间的关系是什么，等等。可以说，对这些问题的回答已经成为建构行政私法行为的程序并以之约束此类行为的重要前提❸。

程修明教授认为，特许权的分配机制包括竞价拍卖、平行协商及综合评选。评定“最优申请人”的程序，即与平行协商较为类似。平行协商又称为竞争性协商，系指政府同时与数个潜在的投标人议约并进入协商程序，在过程中发展不同的选择以满足特许权的需求，之后，投标人依据协商过程的解决方案提出最后的申请，于政府选择胜出者后再进行进一步的协商以确定契约条款❹。

从目前的研究来看，多数学者主要从公用事业公共利益的角度出发，研究公私合作、民营化中的公共利益保护问题，研究的重点在公私合作的社会性规制上，而对公私合作的经济性规制研究较少，本书认为良好、适度的经济性规制是实现公私合作成功与否的关键性因素，并能促进社会性规制的实现。同时，现有的文献关注

---

❶ 王文字：《行政判断与 BOT 法制》，载《月旦法学》，2007 年，第 142 期。

❷ 陈军：《公私合作背景下行政程序变化与革新》，载《中国政法大学学报》，2013 年，第 4 期。

❸ 王太高、邹焕聪：《论给付行政中行政私法行为的法律约束》，《南京大学法律评论》，2008 年春秋合卷。

❹ 程明修：《公私协力契约与行政合作法：以德国联邦行政程序法之改革构想为核心》，载《兴大法学》，第 7 期。

点集中在规制机构以及规制手段的选择上，而对公私合作的特殊性关注不够，不同的规制手段在对公私合作中如何适用的问题关注不足。本书并不赞同"行政私法程序"论，认为所谓的"行政私法论"是为牵强附会公私合作公法和私法相互交融而随意创设的名词而已，也未对此进行详细的论证，同时"行政私法程序"到底为何种程序、性质如何均无法解释，在实践中也无法适用。

（五）关于公私合作中的契约规制

契约是公私合作的核心，契约规制在公私合作的政府规制中有其特殊的地位，在公私合作政府规制中引入契约规制已经达成共识。骆梅英教授分别从经济法和合同治理视角对公私合作合同进行了研究，认为"普遍服务作为一个概括的权利义务，需要通过特许契约中具体条款的设计，转化为政府与企业之间实体权利义务的配置。在内容上，普遍服务条款包括平等接入、持续供应、质量与安全、合理计费四个方面。实践中，政府的融资冲动容易造成具体条款的缺失，而契约双方——行政机关与特许企业之间紧密的伙伴式商谈关系，则可能造成条款的执行力弱。因此，在监管体制的设计上，完善消费者利益代表和设立行政体制内的第三方仲裁机制，可能是更为功能取向的答案"❶。

邓敏贞博士认为，"公用事业公私合作合同是国家规范公用事业公私合作活动的重要法律工具，具有经济法的属性，应接受公法与私法的双重规制。就公法规制来说，政府应保留一定的公权力，并承担相应的义务，同时，私人部门也应承担一定的公法义务，其部分私权利要接受公法的限制。就私法规制来看，主要体现在基于契约精神对政府公权力进行限制，并要求政府承担相应的合作风险，以及在违反合同义务的时候，承担相应的民事法律责任"❷。

许登科教授以台湾地区最高法院 99 年度台上字第 4920 号判决为例，对 BOT 契约关系中民间机构的法律定位进行分析，认为政府投资部分移交由民间机构一并办理时，提出民间机构是否因此居于受政府依法令委托之地位，而有受委托行使政府权限有关公共事务的民间机构之承办人是否因此属于委托公务员之地位的问题❸进行了深入探讨。而程明修教授从台北高等行政法院 ETC 案件出发，认为公私协力的形态其实质是高权主体与私经济主体间合作的形式，私经济主体介入公任务的实现。程修明教授强调了行政合作契约的主体"合意"，他认为，公部门在合作关系中本质上是一种劳务给付的需求者，而私人通常通过契

❶ 骆梅英：《通过合同治理——论公用事业特许契约中的普遍服务条款》，载《浙江学刊》，2010 年，第 2 期。

❷ 邓敏贞：《公用事业公私合作合同的法律属性与规制路径——基于经济法视野的考察》，载《现代法学》，2012 年，第 3 期。

❸ 许登科：《民间参与公共建设法制中民间机构之法律地位——以解析最高法院 1999 年度台上字 4920 号刑事判决为中心》，载《国立中正大学法学集刊》，2011 年，第 4 期。

约方式合意提供给付,通过这种公部门和私部分的合意,可以适当地将部分风险与责任转嫁到私人一方,因此,行政若与人民缔结利用契约,其契约属性的判断,就必须探求行政机关的意思表示方可得知,要从法律上确认行政机构得以公法或者私法的形态与私人缔结协力契约,这种合作契约可能面临适用行政程序法上的有关行政契约的规定的问题❶。

林明锵教授认为,台湾地区先行"官民合作",诸如委托经营以及BOT制度等程序规范均有相当的不足,特别是行政机关如何选出专业并且具有充分能力的合作伙伴,一方面,专业法律的程序缺乏详尽的规定,另一方面行政程序法也缺乏补充填补专业法上漏洞的功能,导致相关法律规定和实际运行的不透明、不可预测,并且行政机关享受过大的裁量权限。他建议在行政程序法中增加有关公私合作基础性、框架性的程序规范,使得关于行政委托、委托经营、BOT等"公私合作"领域的各种事项,得以参考政府采购法的程序安排,并且采取两阶段遴选方式,强调政府资讯的适时、全程开放❷。

陈爱娥教授对林明锵教授的观点提出了不同的看法,她认为,林明锵教授的观点将公私合作简单化,事实上公私合作的程序纷繁复杂,她在分析观察了台湾地区现行的促进民间参与公共建设法制、政府采购法制以及行政院公共工程委员会的PFI三种选商程序后认为,在经济行政领域中,为维护竞争者在程序上的平等地位,确保其实质上的平等竞争机会,应当承认其享有"无歧视程序形成请求权",并提出了在选商程序上,应当基于资源分配的合理性要求,建构选商程序;在程序的开端,应提供潜在有意愿者必要的资讯;程序结束前,应使程序参与者获悉意拟的分配决定,应具备透明的、足以提供井然有序的分配标准的选择方案;最后,必须确保相关机构的中立性❸。此外,王千文、陈敦源、吴志光等也从合作行政的视角对公私合作契约性质进行了研究。

从目前国内的研究现状与趋向来看,大多只研究分析了公私合作机制的优越性,强调公部门垄断的弊端,强调公私二元主义的僵化,但却较少甚至是忽略公私合作理论内在不足和适用界限的研究,也未详细研究实践运行中存在的困境,特别是对特定领域中公私合作存在问题的剖析更为鲜见。另外一个研究视角——法学研究多数集中在从公私合作引入法学领域后对法学特别是公法学的挑战出发,阐释公法的变迁和转型。法学中的研究多数是对公私合作法治化的理论框架的宏观性研究,较少关注具体事件或者特定领域行业的研究,对具象和

❶ 程明修:《公私协力行为对建构"行政合作法"之影响》,载《月旦法学杂志》,2006年,第8期。

❷ 林明锵:《欧盟行政法——德国行政法总论之变革》,2009年,第144-145页。

❸ 陈爱娥:《经济行政领域中的程序保障——以分配程序为观察重心》,载《宪政时代》,2012年,第38卷,第1期。

微观的合作模式和规制手段研究不足。对公私合作契约的研究,也都集中在契约性质的研究上,并且陷入公法与私法的争辩之中,并未提出适合我国法律框架的解决路径。此外,对具体契约规制的主体选择的研究、公私合作契约的条款设计、公私合作中政府规制的具体规制方式的分析研究不多。仅有少量研究一般公用事业中的价格规制和强制接管权。台湾地区关于公私合作及相关的立法对于大陆公私合作的研究以及立法工作有十分重要的借鉴意义。台湾地区学者对公私合作的研究主要集中在对于公私合作契约性质的探讨,以及关于公私合作兴起对于公法特别是行政法的挑战与回应。台湾学者也提出了对公私合作的监督和规制问题,其主要视角在于行政程序法的控制,但对于公私合作本身局限以及具体的规制工具的研究仍有不足。公私合作的起源与兴起与政府重塑规制相应而生,程序规范当然重要,但对公私合作的政府规制研究而言,不能摆脱对具体规制工具选择和运用的研究,则难以回应实践的需要。因此,需要对公私合作中的介入程度、规制原则、规制程度进行深入而细致的研究,进一步对公私合作中准入规制、价格规制、亲贫规制等特殊性作进一步的系统化研究,并结合公私合作实践加以运用,这是本书的立足点。

二、国外研究状况

作为舶来品,国外对公私合作中政府规制研究相对成熟。尤其是在美国、德国、英国等公私合作先发国家对公私合作的研究深入,并建立了较为完善的公私合作政府规制的法规体系。

(一)关于公私合作中政府规制的正当性

德国学者依据传统的国家理论,构建了担保国家理论,并以担保国家理论为基础建立行政合作法为中心开展研究,其研究重心主要是对公私合作下的公共利益保护监管、合作契约与行政程序法之间关联和纳入的研究。基于公部门依宪法应负有的公益确保的任务,纵使公共任务的执行,是通过公私合作的运用,公部门对公共任务的责任并不改变。因此,公部门在运用公私合作时,重点在于,如何能够依法确保公私合作项目合乎公益且维持一定质量的服务(给付)。简言之,国家应当实施监督和管控[1]。米丸恒治是日本研究公私合作的代表性学者,他在《公私协力与私人行使权力——私人行使行政权限及其法之统制》一文中分析了以委托私人取缔违规停车为例,分析了私人行使行政权力的法律正当化问题,并且同时提出了私人行使行政权力的法律规制问题,分析了私人行使行政权力的界限,以及第三人的救济制度。他认为纵观世界各国的政府改革的趋

[1] 詹中原:《民营化政策:公共行政理论与实务之分析》,五南图书出版公司,1993年,第56-72页。

势来看,委托私人行使权力将会持续地加强和扩张,并将这种现象称为“权力作用私化”现象。他认为公私合作中,私人行使权力在宪法上有其界限,并且对权力的监督应当等同于对公权的实际监督❶。

(二)关于公私合作与行政程序法之间的关系

德国行政法学者 Schuppert 和 Ziekow 教授是德国公私合作研究的代表人物,由于德国有专门的公私合作推进法,德国学者对公私合作的研究重心在于公私合作与行政程序之间的关系。Jan Ziekow 从德国宪法和行政法的角度,对公私协力在德国法上的地位以及法律适用问题进行了分析,他认为公私协力旨在藉由公部门与私经济之间长期合作,使公共基础设施建设案得以获得较目前更有效率之实现。其特色乃在于,以整合现实生活为考量,例如一项不动产设施之规划、兴建、营运、资助,以及利用,整体上将达到最佳之程度。重要之成功准则,乃为立基于适当风险分担之上的合作思维,在此,各个合作伙伴承担其得以最佳支配之风险。将公私协力的模式分类为:承购者模式、贷款模式、出租模式、所有人模式、委外模式、特许模式、公司模式❷。“关于合作契约法制的研议,即研究如何将公私合作纳入行政程序法规范中。此外为公私合作法制条件的改善,排除不利于公私合作的法律障碍或制度条件。一方面,关于改善民间参与的法制条件,或者说,排除不利民间参与的现行法律框架,代表性的就是 2005 年 9 月生效施行的公私合作加速推动法,以及目前仍在研议中的简化公私合作法。另外一方面,则是关于合作契约法制的研议,更确切地说,在于研究如何将公私合作纳入行政程序法的规范中,此乃德国公私合作法制化议题的新近发展”❸。

在德国严守行政程序法下的公法契约,仅限于隶属性的行政契约以及“仅具有公法效果”的合作型契约及投资型契约(德国行政程序法的修正案,还在审议中,迄尚未通过),则私法效果的合作型、投资型契约交由民事诉讼谋求解决❹。Ziekow 教授还对预算法、政府采购法以及政府补贴法上的适用问题进行了研究,在预算法上,公私合作需要受到预算法行政对于经济性要求的尊重,受到审计机关的监督,效益与成本分析,保证计划的经济性。认为成本与效益分析是公私合作法定程序的本身要求和规范。提出了公私协力项目应当使用政府采购法之约束,论证政府

---

❶ 米丸恒治:《公私协力与私人行使权力——私人行使行政权限及其法之统制》,刘崇德译,《全球化下之管制行政》,元照出版公司,2011 年 4 月。

❷ Jan Ziekow :《从德国宪法与行政法观点论公私协力—挑战欲发展》,詹镇荣译,《全球化下之管制行政》,元照出版公司,2011 年 4 月。

❸ 詹镇荣:《民营化后国家影响与管制义务之理论与实践》,载《东吴大学法律学报》,1993 年,第 15 卷,第 1 期。

❹ 李训民:《公法契约的控制——从公私合伙架构谈起》,载《行政法学研究》,2012 年,第 1 期。

采购法适用的重要意义所在。在政府补贴法的适用问题上，提出了公私合作契约关于租税和补贴条款在补贴法上如何适用❶。米丸恒治也有类似的观点，认为公私合作的监督应当等同于对公权的实际监督，适用行政程序法，要求信息公开，行政过程的透明性，并且需要在组织营运、职员等方面实施政府规制，确保私人行政的公共性。在国家赔偿上，应当适用国家赔偿法❷。

（三）关于合作契约的性质

对于合作契约的性质，Schuppert 及 Ziekow 两位教授提出不分公私协力行为是否涉及公法、民法、政府采购法甚至公司法等法律规范的性质和领域，一律在行政程序法中予以必要之规范，摆脱德国传统上受制于公私法争论的泥沼，要走出公私法区别的迷失，他赞同主张回归传统的行政契约的区别观点，将公私合作契约判断标准回归单纯的“主体说”，即只要契约之一方为行政机关，即为行政机关，即属行政契约❸。此外，在德国也有不少学者持“两阶段论”，此种观点将公私合作分为两段，特许经营的招标与决标阶段适用行政法的规则即有关的行政程序，因而是公法合同；而在合同的缔结和履行阶段受私法（民法）规则的约束，则是私法行为。作者认为，两阶段论具有一定合理性，但也滋生无法解决的法律障碍，例如两阶段法律性质的差异导致案件性质和法院管辖的分裂，这种分裂不但不能消除对公用事业特许经营合同认识的分歧，甚至将引发更大的争议。

在普通法系的美国则没有公私法性质判断的顾虑和困境，美国学者对公私合作契约的研究，主要集中在合作契约的特征和合作中公私部门协商程序设计上，Graeme Hodge 教授对公私合作模式以及合法性进行了研究，他认为，尽管合作模式的概念存在长期的历史谱系，新的长期合作合同形式仍然有三个值得研究的特点：民间融资的优先使用，捆绑合同的高度复杂性，以及新的责任和治理假设。并对此三个问题进行了深入细致的实证考察后，认为“尽管与传统项目安排相比较，公私合作模式具有可能的优势，公私合作模式目前的合法性仍然薄弱。公私合作模式的未来合法性将取决于合作模式现象改革的方式以及亏损克服，在没有加强行政法监督的情况下，公私合作模式，在其合法性被接受之前，作为最低限度，需要变得更加的透明和民主。”❹

---

❶ Jan Ziekow：《从德国宪法与行政法观点论公私协力—挑战欲发展》，詹镇荣译，载《全球化下之管制行政》，元照出版公司，2011 年 4 月。

❷ 米丸恒治：《公私协力与私人行使权力——私人行使行政权限及其法之统制》，刘宗德译，载《全球化下之管制行政》，元照出版公司，2011 年 4 月。

❸ 吴志光：《公私协力行为之公法化趋势以委托经营管理及民间参与公共建设法之实务见解为核心》，载《辅仁法学》，2008 年 12 月，总第 26 期。

❹ Graeme Hodge：“Public private partnerships and legitimacy”，UNSW law journal volume29(3)，2007。

美国行政法学者朱迪·弗里曼对公私合作中的协商行政立法和正当性进行了研究，她从治理的视角分析了公私合作与治理机制的变革及其对行政法的影响、公私合作中协商程序，包括协商制定行政规则、协商颁发行政许可等进行了详尽的梳理和分析❶。Nick Beermann 梳理了华盛顿的公私合作模式协议的背景与历史，并以西雅图水手棒球场、斯波坎河流公园广场开发项目以及西雅图太古广场停车场三个项目为例，提出了"公私合作模式的法律机制：促进经济发展还是有益于企业福利"的疑问，对公私合作中可能出现的：阻止公众获取关于他们纳税税款如何花费的信息，否认公众参与影响他们的公共花费决策的权力，并严重侵犯公众进行公投的宪法权利等问题进行了分析，通过对案例判决的分析，提出解决的路径❷。

梳理和比较德日和英美学者的研究，可以发现英美国家由于公私合作发展较早，其对公私合作的局限有较为理性的认识和判断，尤其对民主赤字和宪法的许容性较为关注。与德国学者对行政程序寄予厚望不同，美国公私合作的协商制度、竞争性谈判以及合同治理机制，对我国实践具有十分重要的借鉴意义。

第三节　分析视角与研究方法

一、分析视角的选择

公私合作并不是一个严密的法律概念，而是一个开放的集合概念，不同的学科有不同的含义。因此，本书在选择研究视角时，分别从经济学、公共管理学、法学等不同学科的视角来分析公私合作以及合作契约的制度内核。本书围绕"为什么需要规制"和"如何规制"两个问题展开讨论，本书以公私合作和政府规制革新二者的契合为逻辑起点，从制度经济学、新公共行政、行政法等多个视角分析了公私合作的发展动因、政府规制的理论基础。本书选择公私合作政府规制与国家形态变迁为视角观察和论证公私合作中政府规制的正当性以及公私合作中政府规制的特殊性。本书从公私合作的局限出发，围绕公私合作实践的问题，构建公私合作政府规制的基本框架，运用政府规制理论、担保国家、合作行政、公共产品等理论重点探讨了公私合作中政府规制原则、规制密度、规制手段以及路径选择，回应了公私合作中透明度缺失、程序失范、遁入私法等问题。

---

❶ 【美】朱迪弗里曼：《合作治理与新行政法》，毕海波、陈标冲译，商务印书馆，2010 年版，第 97 页。

❷ Nick Beermann，"Legal Mechanisms of Public-Private Partnerships：Promoting Economic Development or Benefiting Corporate Welfare?"，Seattle University Law Review，Vol. 23：175（1999）。

二、研究方法的确定

由于公私合作是一个跨学科的命题，在具体研究方法上，本书主要采用以下四种方法一是理论分析方法。对公私合作政府规制领域或相关领域现有学术成果进行整理分析，全方位把握现有的研究理论。二是比较研究方法。公私合作为舶来品，对比先进国家的实践经验和立法，分析借鉴公私合作先行发达国家及我国台湾地区的研究成果及法治实践经验。三是规范分析方法。对目前国内外现有的涉及公私合作政府规制的法律规范进行收集、整理，梳理分析国内外公私合作立法历程，如相关国家和地区的公私合作促进法、民间参与公共建设促进条例等，详细比较分析了法律规范的具体制度设计和条款内容。四是实证分析方法。在研究中坚持问题导向，贯彻问题意识，以公私合作实践中 10 个“规制失败”的案例为样本进行实证研究，分析公私合作的现实困境，从法治的视角剖析若干个现实案例，以使本书的研究更加符合公私合作的实践。

第四节 基本命题与写作思路

一、基本命题的提出

现代国家行政任务趋向专业化、复杂化，行政给付能力面临严峻的考验，公私合作因此而兴起，多面混合的法律关系使得以公私二元为基础的传统行政法面临挑战，在以公用事业为代表的公共产品供给领域，私人供给机制逐渐发展，私人供给机制打破了公共领域与私人领域间的分界与平衡，国家任务不再由政府垄断供给，国家类型由警察国家走向福利国家，并趋向担保国家、合作国家。公私合作的成功与否，核心在于发挥私部门的市场竞争优势，共同分担责任与风险，那么公私合作中公部门与私部门将扮演怎样的角色？公私合作契约的性质究竟是什么？合作契约中各项责任是如何配置的？如何构建符合公私合作特征的良善规制体制，如何通过有效的方式和手段平衡公共性和企业性的冲突，以推动公私合作发展，维护公共利益。因此，本书围绕“为什么需要规制”和“如何进行规制”展开讨论，回应公私合作实践中现实问题。本书分析了公私合作中角色悖论、民主赤字、公法逃遁等内生局限、现实困境，讨论了政府规制介入的正当性基础，以及政府规制的程度的判断基准，通过公法和私法的双重规制，厘清和规范私法规制与公法规制的责任，调适公私的冲突，构建公私合作政府规制的良善体系。

二、写作思路的展开

本书以问题为导向，围绕公私合作“为什么需要规制”和“如何进行规制”两个

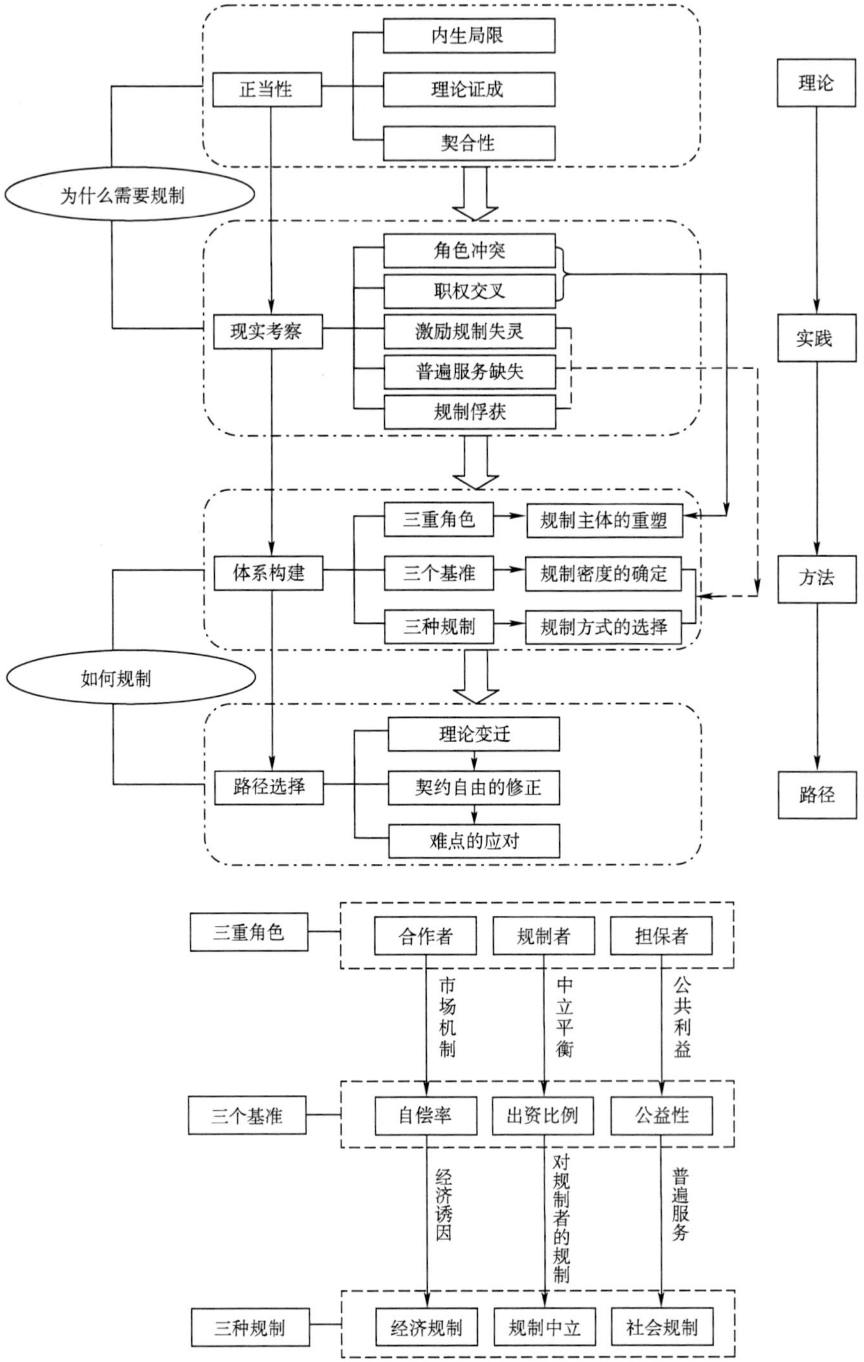
内生局限
正当性
理论证成
契合性
理论
为什么需要规制
角色冲突
职权交叉
现实考察
激励规制失灵
普遍服务缺失
规制俘获
实践
三重角色
规制主体的重塑
体系构建
三个基准
规制密度的确定
方法
三种规制
规制方式的选择
如何规制
理论变迁
路径选择
契约自由的修正
路径
难点的应对
三重角色
合作者
规制者
担保者
市场机制
中立平衡
公共利益
三个基准
自偿率
出资比例
公益性
经济诱因
对规制者的规制
普遍服务
三种规制
经济规制
规制中立
社会规制

图 1.1　研究路线图

问题展开,从问题到路径总体思路,以“三重角色”—“三面法律关系”—“三个基准”—“三种规制”为逻辑主线,谋篇布局。本书共分八章,第一章为导论。第二章为公私合作的政府规制之正当性,从公私合作的发展动因出发,分别从公私合作的内生局限、理论基础和公私合作与政府规制的契合三方面进行论证,回答为什么需要规制的问题。第三章是本书的“问题”部分,以国内公私合作政府规制“失败”案例为蓝本,讨论公私合作现实中的困境以及政府规制存在的不足和问题,分析公私合作中政府规制的主体角色、职责分工、规制工具、规制路径以及规制俘获5个方面的问题。本书的第四、五、六章3章是“如何进行规制”,分别讨论了公私合作中政府规制的主体、规制原则与规制密度、规制工具和规制方式的选择以及规制中立,回应第三章中所提出的问题,构建符合公私合作制度设计的良善规制体系。由于契约在公私合作的政府规制的特殊作用和地位,第七章专门研究了公私合作中的契约治理,分析了契约制度的变迁与契约治理发展的关系,研究了合作契约性质判断困惑和公法规制、私法规制的平衡。第八章为结语。研究路线如图1.1所示。

第五节 创新与说明

一、创新尝试

(一)研究方法的创新

公私合作是一个跨学科的命题,因此本书在研究方法上,将法学方法与经济学、行政学等学科相结合,运用比较法,从规制经济学、合作行政、担保国家等多个视角论证公私合作中政府规制的正当性。运用实证研究方法,通过对10个规制失败案例的剖析,分析解构公私合作局限以及政府规制存在的不足。通过经济学上的契约理论的变迁,分析了契约规制和公法契约的发展方向,借鉴经济学上的契约理论,解析合作契约性质的争论,并基于公私合作的特点提出了解决的路径。

(二)主要观点的创新

本书的主要观点创新在于:

一是本书对公私合作的局限性进行了系统的分析,提出了公私合作虽然在引入市场竞争、民间力量,提高公共产品供给效率上有着重要的作用,但同时公私合作存在其局限和不足,在公私合作和解除规制下,并非是政府的全部退出,而是规制的重塑。

二是本书对公私合作中政府规制的主体和规制密度进行了研究。提出了公私合作中政府规制的“三重角色”“三个基准”以及“三种规制”的三组对应关系。本书抽象了公私合作中政府作为“合作者”“规制者”和“担保者”的三重角色,并提出了三重角色之间的平衡原则和方式。对公私合作中政府规制的密度进行了研究，提出了“公益性”“自偿率”“政府投资比例”三个基准，平衡协调公私合作中的“公共性”与“营利性”，实现公私合作中政府规制介入程度的定性判断到定量判断的转变。

三是本书对公私合作的公法与私法的双重性格进行了深入的分析，并从公私合作中的双重性格出发，提出了公私合作中公法规制和私法规制的双重规制，并对公法规制和私法的适用提出构建，建立私法规制优先、公法规制补充的适用规则。

四是本书对合作契约的性质进行了研究，梳理了经济学上契约理论的变迁，分析讨论了合作契约性质的争议，提出了摈弃传统公私二元体系下的“非公即私”的判断标准，合作契约兼具公私法双重性质，应当确立其为独立契约类型，并通过赋予合作当事人选择权来判断契约性质（契约性质的可合意性），以满足公私合作的基本特征及其发展的需要。

二、具体说明

公私合作的政府规制均为较为宏大的论题，在选题和写作过程中发现公私合作的兴起与政府规制的变迁两条主线具有高度的契合性，因此在公私合作的背景下来研究政府规制具有其独特的视角和崭新的发现。研究了公私合作下政府规制的正当性，深入研究在公共性与营利性平衡考量下政府规制密度判断基准和规制工具选择。但由于研究能力所限，研究仍存在较大的不足和进一步研究的空间。

其一，提出通过契约治理实现公私合作中的政府规制，契约治理中的公法与私法双重适用，但在合作契约的实践中，公法与私法的冲突时有发生，如何划定公法与私法规制的边界，解决合作契约中公法与私法的冲突，本书未及深入研究。

其二，公私混合契约将对司法体系产生挑战，本书提出对合作契约的性质给予合作者以选择权，那么在大陆法系下，公私合作后所产生的侵权赔偿问题，分别适用侵权责任法和国家赔偿法，但两者的赔偿标准、举证责任、诉讼程序都有极大的差异，本书对此的影响和解决方式有待进一步理清和深入研究。

其三，德国、日本对公私合作研究较为深入，研究成果丰富，但由于本人德语和日语所限，阅读整理的德文和日文资料均为二手资料，研究的系统性和深入性不足。

第二章　公私合作的政府规制之正当性

市场竞争机制逐渐成为经济活动基本秩序的框架，国家的角色重新定位，政府在介入经济活动时，必须具备更强烈的正当性基础。

——米丸恒治

公私合作模式下的行政任务完成将更具弹性和选择性，放松规制和市场机制的引入，减少了政府失灵的发生。然而，在强调开放市场、放松规制以及向民间让渡权力的公私合作的潮流下，是否当然意味着公部门的全面退却，公私合作中政府规制是否依然正当，其正当性源自何处，是公私合作的政府规制研究首先面临的问题。无论是从理论还是实践观察，公私合作的兴起和发展，政府规制并非如想象的那样退却消逝，而是一个重塑的过程，公私合作中的政府规制依然具有其正当性，甚至更加的强烈。

第一节　公私合作的发展动因与内生局限

一、公私合作的发展动因

（一）公私合作的内涵

从公私合作发展和流源来看，公私合作起源于美国，并在英国得以广泛的运用。“若溯源历史经验，美国匹兹堡（Pittsburgh）早在1940年，行政部门、大学及私经济即以非型式化之协商合作方式，共同参与经济发展计划与都市计划更新，此种举措也被称为匹兹堡模式（Pittsburgh-Mode），被视为公私伙伴关系（Public Private Partnership，简称PPP）概念之肇端”。公私合作并非是一个新鲜的概念，从合作及协商的角度来看，公私合作最起码可以追溯到二次大战之后于欧洲国家所兴起的统合主义制度[1]。但在引进国内时，由于翻译等因素的影响表述不一，有公私伙伴

[1] 陈敦源、张士杰：《公私协力伙伴关系的吊诡》，载《文官制度季刊》，2010年，第3期。

关系、公私合作制、公私协力等不同的译法❶。1970 年之后，匹兹堡模式被广泛地运用到城市建设和改造中，诸如旧城改造、交通基础设施建设、公共文化设施等领域。随后，又被引入到其他社会公共治理领域。1980 年后，以“公私合作”为核心的“新治理模式”，迅速从公共管理学向各个领域扩张渗透，逐渐成为法学领域研究的重要课题。相对于管理学、经济学，法学领域对公私合作讨论起步较晚，对其在法学意义上的定义也存在较大的分歧，“诸多学者以及实务界都不断试图对这一概念作定义诠释，但惟因公私伙伴关系原属跨学科之集合概念，抑又涉乎如变色龙般之现实性”❷。从最宽泛的公私部门之间共同完成国家任务的广义说，到“功能民营化”的狭义说，甚至有部分学者对公私合作可定义性提出质疑，公私合作的概念迄今尚未规范化。即便在强调“概念法学”的德国，其于 2005 年颁布的《公私合作促进法》中，除了在法律名称中出现“公私合作关系”一词外，但对公私合作的概念定义、类型要件、法律效果等根本性问题，亦未予着墨。因此，需要从不同的层面、不同学科和不同视角来梳理公私合作的演进，分析其内涵与外延。

1. 不同视域下的公私合作

(1)新公共治理理论下的责任与风险的分担机制

从新公共治理理论来看，公私合作强调治理的多中心主义，是公私部门的合作与共治。公私合作之概念被广泛用以描述公、私部门对行政业务执行之一种责任的分担规则，并且相对于传统之威权式国家统治模型，将其视为一种新治理模式❸。公共管理学者吴英明巧妙地将公私部门在公共治理中的合作关系比喻为“二人共骑协力车”，合作者座位有前后之别，但并无高低之分，协力车的两个轮子分别代表了“公共责任”与“利润”，由公部门与前方引导方向，私部门配合以速度，二者以合作策略的链条相连，在法规与民意的约制下，向共同的社会目标及福祉前进❹。从这一经典比喻中，可以观察到在公私合作中公部门与私部门形成平等互惠、共同参与以及责任分担的关系。这种合作关系原则上是透过双向水平沟通参与的方式来建立共识，故应避免以“上对下”“高对低”“控制—服务”的态度来互动，而是通过沟通、分工负责、分享利益来达成共同的目标，进而提升社会福祉❺。因此，在新治理理论看来，公私合作的核心就是将私部门和市场的手法运用到公部

---

❶ 无论是公私合作或是公私协力我们认为仅是翻译上区别，其内涵基本一致，本文为表述方便，对此不加以区分，并采用国内通行的译法，采用“公私合作”的表述。

❷ 刘淑范：《公私伙伴关系（PPP）于欧盟法制下发展之初探：兼论德国公私合营事业（组织型之公私伙伴关系）适用政府采购法之争议》，载《台大法学论丛》，2011 年，第 40 卷，第 2 期。

❸ 廖义铭：《新治理模式之发展对当代法学之冲击》，高雄大学政治法律学系主办，政治与法律之对话——合作国家与新治理研讨会。

❹ 吴英明：《公私部门协力推动都市发展》，载《空间》，1994 年，第 56 期。

❺ 吴济华：《推动民间参与都市发展：公私部门协力策略之探讨》，载《台湾经济》，1994 年，第 208 期。

门的治理中，关键是责任分配和风险分担。

一是责任的分配机制。新公共治理理论中公共服务和治理责任不再被政府所垄断，公共服务供给呈现出主体多元和公共治理的多中心主义，通过契约达成公私之间的合作，使政府脱身于不堪重负的福利供给，构建新的公共服务供给责任体系。公私合作是指公共部门与私人部门为提供公共服务而建立起来的一种长期合作关系❶。公私合作是建立在合同基础上，公共任务的承担者与私人机构和企业为了共同的经济目标而实施的长期合作，这种合作关系包括合同安排、联合、合作协议和协作活动等方面，通过这种合作关系来促进政策发展和计划支撑，提供政府计划和服务❷。美国民营化大师萨瓦斯从三个层面定义公私合作：①广义界定，指公共和私人部门共同参与生产及提供物品或服务的安排，包括合同承包、特许经营等；②一些复杂的、多方参与并进行民营化的公共基础设施项目；③民间企业、社会精英及地方政府为改善当地城市状况而进行的一种正式合作❸。但这三种观点也都是从公共产品供给责仜的角度来定义的。从这一角度出发，公私合作是公共服务供给责任的分配机制，而这种机制是以契约为载体得以实现的。公私合作是通过契约重新分配公共产品的供给责任，基于合同管理下，以结合各方必要资源（如专业知识、运营基金、资金、人力资源）和根据项目各方风险管理能力合理分担项目存在的风险，从而有效满足公共服务需要❹。

二是风险的分担机制。如果说从公共服务责任重新分配的角度来理解公私合作，其产生的背景是福利国家下财政危机，那么风险分担则是基于现代风险社会以及治理的观察。公私合作是公部门与私部门合作过程中风险分担机制和项目的“物有所值”（Value for Money）❺。公共部门与私人部门为提供公共服务而通过正式的协议建立起来的一种长期合作伙伴关系，其中公共部门与私人部门互相取长补短，共担风险、共享收益❻。公私合作尤其在长期性的合作中，风险分配机制又与经济诱因密切相关，并非简单的风险与责任的转移，而是在于以“合作”为中心的利益分配机制和风险分担机制，通过合作的形式，达成公私部门差异性的互补，运用各自组织形态、功能特点合理分配风险，最终形成的“风险共同体”。

由此，新公共治理理论中公私合作的两个主要特征或者说本质是，其一，公私

---

❶ 余晖、秦虹：《公私合作制的中国试验》，上海人民出版社，2005 年，第 37 页。

❷ 李以所：《德国公私合作制促进法研究》，中国民主法制出版社，2013 年 6 月版，第 25 页。

❸ 【美】E. S. 萨瓦斯：《民营化与公私部门的伙伴关系》，周志忍等译，中国人民大学出版社，2002 年版。

❹ 德国颁布的《公共房产中的公私合作联邦报告》中关于公私合作的定义。参见：EU-Asia Network，《欧亚基础设施建设公私合作（PPP）案例分析》（Public Private Partnership in Infrastructure Development：Case Studies From Asia and Europe）（王守清主译），辽宁科学技术出版社，2010 年版，第 3 页。

❺ 王守清、柯永建：《特许经营项目融资（BOT、PFI 和 PPP）》，清华大学出版社，2008 年，第 21 页。

❻ 湛中乐：《PPP 协议中的公私法律关系及其制度抉择》，载《法治研究》，2007 年，第 4 期。

合作是公私部门作为两个意思自治的独立的权利主体之间的平等合作；其二，公私合作是基于公私部门之间责任和风险的分担机制，是两者功能上的互补，价值上的双赢。

(2)法学视野下的自愿性与契约观

公私合作引入到法学领域之时，就面临如何对这个高度复杂和灵活的“理念之词”进行定义的难题。不同的学者从不同的视角尝试对公私合作进行定义，但呈现出较大的差异。“集合概念”论认为，公私合作应当理解为一种集合概念，泛指所有公私部门合作履行行政任务之现象[1]，系描述公部门与私部门为了能够比较经济地实现公共任务而采取的一种合作伙伴关系，它可以涵盖纯粹以高权形式实现公共任务以及公共任务的完全民营化两种极端光谱间的所有其他行政行为形态[2]。甚至有学者认为公私合作概念的不可定义性，该种观点认为公私合作是一个不确定的概念，并进一步提出要素构成论，认为多样性是公私合作的一个本质特定，对公私合作进行定义本身就是徒劳甚至有违公私合作多样、灵活的本意。“公私合作由于类型的多样性，合作关系有以行政契约或私法契约形成者，也有以事实上的协定或者单方承诺为基础者”[3]。要素构成论认为公私合作概念上应具有六项要素：政府与私部门间之共同行动、互补性目标之依循、合作时的互助可能性、历程取向、合伙人身份与责任的延续，以及合作契约定型化[4]。从私部门的自愿性和责任分担的原理出发，詹镇荣教授认为应当对广义的公私合作的范围进行必要的缩限，并将其定义为：“国家高权主体与私经济主体间本着自由意愿，透过正式之公法或私法性质双方发了行为，抑或非正式之行政行为形塑合作关系，并且彼此为风险与责任分担之行政任务执行模式”[5]。这一观点的核心就在于“自愿性”，非自愿性的私人直接依据法律法规而承担公法上的义务行为被排除在外。之所以将这些行为排除，是因为传统的行政行为理论足以应对这类行为，不必要纳入新的“合作行政法”中加以讨论和研究[6]。本书认为，从另外一角度来看，强调公私合作的自愿性要素，更加呼应公私合作中公私部门之间合作双赢的内涵，以及与契约本质上的契合，亦与公私合作的契约观更加接近。因而，在法学视野中观察公私合作跳脱了传统的强制性，而符合公私合作的“自愿性”和“契约观”两个特征。

---

❶ 詹镇荣：《公私协力与合作行政法》，新学林出版社，2014 年 3 月，第 10 页。

❷ 程明修：《行政行为形式选择自由——以公私协力行政为例》，载《行政法之行为与法律关系理论》，2006 年 9 月，第 30 页。

❸ 詹镇荣：《民营化法与管制革新》，元照出版社有限公司，2005 年 9 月，第 34 页。

❹ 詹镇荣：《论民营化类型中之“公私协力”》，载《月旦法学杂志》，2003 年 11 月。

❺ 詹镇荣：《公私协力与合作行政法》，新学林出版社，2014 年 3 月，第 10 页。

❻ 詹镇荣：《公私协力与合作行政法》，新学林出版社，2014 年 3 月，第 43 页。

(3)公私合作的本质特质

综上所述,公私合作实际为一个高度不确定的集合概念,惟因公私伙伴关系原属跨学科之集合概念,抑又涉乎“如变色龙般之现实性”。但无论是从何种视角观察公私合作,作者认为公私合作具有以下内核特征:

其一,主体上的平等性。主体上的平等性首先意味着公私部门地位平等。公私部门之间的合作基于双方平等地位达成的合意,是公私合作有别于传统的行政行为一个重要特征。平等性不仅是公私之间信赖的基础,也是达成良好合作关系的关键,公私之间发挥各自优势,相互依赖,二者处于平等,破除传统公私之间主从之分、隶属之分,实现公部门与私部门之间信息、资源的共享,利益的共赢。在平等互惠的前提下,公私合作是一种区别于传统公私部门之间垂直式关系,而是基于平等的水平式的关系。真正的公私合作应该是属于公私混合体制之下的水平协力式关系,这种水平式的关系是:不同部门参与者之间的决策过程,是以追求共识为原则,采取共同一致的行动,换言之,没有任何一方的行动是孤立的,甚至没有任何一方有优势地位可以恣意单方面终止这个关系❶。

主体平等性的另外一个意义在于,私部门利益与公部门利益的平等性,二者不再有优劣之分、主次之分,平等性也意味着公私部门在合作过程中意思表示的自由和自愿性,而非基于公法上的义务和命令。政府与私人之间为“伙伴”身份的对等关系,传统上以单方行使公法职权为内涵的政府与私人间上下从属关系以及涉乎从属关系的行政契约,也被排除在外,因此,主体上的平等性也是公私合作区别于法律法规直接赋权私人部门履行公共任务的行政委托的重要特点❷。传统的“垂直层级式的关系”中往往是由公共部门委托人先指明其所欲达成的绩效结果,再交代私部门代理人来完成任务,而不是处在平等协商和共同规划的地位❸。但是值得注意的是,公私合作主体的平等性并不排除公私部门基于同等阶层,在委托任务执行的范围内,伴随性的授予私人执行任务所需之公权力。因此,平等性将有隶属关系或者是基于法律法规或者行政授权履行公共任务等不具有平等自治的合作排除在外。

其二,合作期限的持续性。也有学者将持续性称为长期性,是公私合作的重要特征。长期性意味着公私部门之间以“关系型契约”❹(Relational Contracts)作为合作关系的核心要素。长期性和关系型契约理论中这种合作关系具有极强的开放性

---

❶ Wettenhall, R. (2003). The Rhetoric and Reality of Public-Private Partnerships. Public Organization Review: A Global Journal, 3(1): 77-107.

❷ 刘淑范:《公私伙伴关系(PPP)于欧盟法制下发展之初探:兼论德国公私合营事业(组织型之公私伙伴关系)适用政府采购法之争议》,载《台大法学论丛》,2011年,第40卷,第2期。

❸ 程明修:《公私协力契约与行政合作法:以德国联邦行政程序法之改革构想为核心》,载《兴大法学》,第7期。

❹ 关系型契约将在第六章进行论述。

和弹性，契约的内容为应对长期性所带来的不确定而保留相对的“宽容性”，以确保合作的达成。但“这样的契约绝非是恣意拟定，在拟定之后也绝非是任由后续事态的随意发展，它一样需要有协商与冲突解决机制，只不过前提是这种契约关系必须是在长期持续互动与信守共同承诺的基础下，才有可能发挥它的功效，这个功效就是让参与者能透过长期合作关系而获得额外的附加价值”❶。从实践来看，公私部门的合作往往长达10年、30年，甚至更长。

与此长期性的时间因素相对应，公私合作具有浓郁的周期性和程序性特点。公私伙伴关系是属“生命周期及程序取向”，合作的期限包括项目的规划、建设、运行等整个合作周期和过程。依据合作契约以及项目程序，各自分工负责，私部门负责计划、建设、营运、管理维护及融资等所有执行项目，公部门负责促进与监督，因此，如果合作仅限于局部或者根本未移转私人执行，纯粹的私人融资方案，则不属于公私合作的范畴，被排除在外❷。此外，关系型契约和长期性也将一次性政府采购行为排除在公私合作之外。至于长期性的具体判断和裁量，由于合作模式的多样性和项目本身的差异，合作期间的具体确定应当根据项目的不同、风险分担的不同、费率的高低等因素综合考量，区别个案加以判断。

其三，责任与风险的分担。责任与风险的分担是公私合作的本质要求，如仅为公私单方责任和风险的单方转移，实质上是义务的设定，尤其是公部门对私部门的单纯的责任和风险转移，不具有合作的实质意义❸。公私合作基于平等主体之间的合作关系，双方有责任共同体与目标共同体之外，尚须具备风险分配或风险共同体的机制。“风险分配系依个案精确地加以拟定，其具体内容系乎于参与者判断、监督及控制此等风险的能力，足以作为基本原则，长期合作关系中之适当风险分配，不仅是吸引私伙伴之重要诱因，亦属公私伙伴关系在经济上整体最佳化之成功要件❹。”因此，风险的配合和风险共同体的形成关系到公私合作成败的关键。风险分配理论认为，风险分配机制设计的关键是要让最有能力化解风险的一方来承担风险或各方共同分担合适的风险。因此，风险的评估和分配尤显重要。风险分配的前提是对合作中的风险认定、风险评估以及事后的风险管理。同时风险分配

---

❶ 陈敦源、张世杰：《公私协力伙伴关系的吊诡》，载《文官制度季刊》，2010年，第2卷，第3期。

❷ 刘淑范：《公私伙伴关系（PPP）于欧盟法制下发展之初探：兼论德国公私合营事业（组织型之公私伙伴关系）适用政府采购法之争议》，载《台大法学论丛》，2011年，第40卷，第2期。

❸ 德国联邦审计院院长于2006年5月初定期会议后所发布之会议决议，针对项目取向之公私伙伴关系为避免长期性风险而提出若干应遵守之共同原则，其中一项谓：“公部门不得藉由公私伙伴关系之项目计划从政府采购法中‘窃取’自身”。参见刘淑范：《公私伙伴关系（PPP）于欧盟法制下发展之初探：兼论德国公私合营事业（组织型之公私伙伴关系）适用政府采购法之争议》，载《台大法学论丛》，2011年，第40卷，第2期。

❹ 金玉莹：《欧盟地区PPPs政策之推动历程与发展——以欧盟之研究与现况为主要观察》，台湾地区行政院委托研究报告。

直接与成本关联,因而风险分配直接决定公私部门之间的利益分配。

此外,值得注意的是,公私合作的设计初衷就是为了转移公共部门的重要风险,形成公私部门合力分担风险机制。但由于长期性特征,不仅一些风险不能通过PPP合同转移到私营部门,甚至公私合作本身也会引发新的风险(包括财政风险、社会公共危机、腐败等)。以财政风险为例,化解财政风险是公私合作缘起和发展的重要动因,然而众多的案例证明,由于风险配合不合理以及长期性带来的不确定性,"不适当"补贴措施,并未减少财政支出(事实上,多数的公私合作的财政意义并不能解决融资危机,而仅仅是推迟兑付而已),所产生的新的财政危机。

2. 公私合作的类型

公私合作是一个集合性开放概念,因而对公私合作类型也有各种观点。根据划分的标准不同,有不同的分类。按照私人参与的程度和分担责任不同,将公私合作分为私法组织形式之国家、行政任务移转私人、法律赋予私人公法上义务、受国家监督之私人减轻国家负担行为、受国家鼓励与促进之私人行为、国家与私人合作等类型[1]。按合作方式的不同,将公私合作分为委托管理模式、承包管理模式、特许经营模式、租赁模式、参组模式或合作模式[2]。但随着公私合作研究的不断推进以及立法的发展,特别是德国《公私合作促进法》的颁布以及欧盟公私合作绿皮书发布后,契约型公私合作与组织型公私合作的类型两种类型趋于统一。

(1)契约型公私合作

契约型公私合作又可以分为委托模式和特许模式。组织型公私合作可归类为组织民营化的类型。契约型公私合作是指公私部门之间基于合作契约建立的合作。契约型公私合作进一步细分可分为委托模式与特许模式两种类型。

委托模式的基本理念在于将行政任务通过契约的方式委托给私人执行[3]。在此类型中,公私部门之间的委托通过"委托契约"达成,通常在契约中规定公部门有足够的监督和控制权力。委托模式的优点在于委托事务通过一次发包,而由最佳的投标者获得,受委托的私人部门承担相应的风险和责任,代替行政主体承担符合契约给付内容的责任,公部门因此免去财务负担,由原先的履行义务,转换为监督功能。但其缺点在于公部门对私部门未必有足够的影响力,经营者事实上居于近乎垄断的地位,同时由于契约持续期间长,契约订立时的不完全性和不可预测性的事后的调整成本过高,并且容易产生争议[4]。但须说明的是,委托模式具有之公

---

[1] 詹镇荣:《论民营化类型中之"公私协力"》,载《月旦法学杂志》,2003年11月,第10期。

[2] 【德】Hans J. Wolff、Otto Bachof&Rolf Stober 著,高家伟译,《行政法(第三卷)》,商务印书馆,2007年版,第451-453页。

[3] 以基础设施为例,私人部门以契约为依据,承担规划、融资、建设、运营维护等责任。

[4] 刘淑范:《公私伙伴关系(PPP)于欧盟法制下发展之初探:兼论德国公私合营事业(组织型之公私伙伴关系)适用政府采购法之争议》,载《台大法学论丛》,2011年,第40卷,第2期。

私合作特性:强调公私合作、以生命周期为考虑、公私部门间各自为风险与责任的分配等,此与传统行政委托和行政助手之方式与特性,显有不同❶。

特许经营是指公部门也称经营权发租方,将公用事业经营权交给私人机构(有时是公立机构),即经营权承租方,由其通过对用户征收租金等手段以及其他有利条件,对所承租的公用事业进行开发管理,自负盈亏,并承担各种风险❷。特许经营的本质在于公部门不再直接与第三人发生私法契约或行政给付上的关系。特许模式中,一方面,公部门与私人在内部关系上,订立(私法或公法之)特许契约,授予私人得以自己名义对外执行特定行政任务之权利与义务;另一方面,私人基于该契约的授权,再与使用标的物的第三人直接缔结私法契约,并建立具有外部法律效力的给付关系❸。部分特殊的特许契约通常附带授予私人特定的公法职权,则私人亦可与一般人民成立公法给付关系,并据此收取规费,在此种情形下,实已涉及特许模式与公权力委托两种制度的结合❹。

比较契约型中两种模式,在委托模式中私人部门直接从公部门取得相关费用,特许模式中,私部门则向第三人收取费用为对价,这种费用一般被称为“使用者付费”。一般认为,在委托模式中公部门并不因为将公共服务给付责任委托给私人部门,而免去公法上的拘束,因此,此时第三人仍与公部门发生公法上的法律关系。而在特许模式则不同,第三人直接与私人部门发生私法上法律❺。此外,横向比较民营化,委托模式归类为功能民营化,而特许模式归类为任务民营化。从目前公私合作的发展实践和趋势来看,特许模式已经成为公私合作的首选的方式,包括世界银行、OECD 在内的多个国际组织均作了肯定和推荐。

(2)组织型公私合作

组织型公私合作是指公部门与私部门在一个独立权利主体之内进行合作,即为国家任务由公法组织转变为由私法组织执行。组织私法化为公私合作的基本类型之一,公部门与私部门合作组织项目公司是此种类型的典型样态。组织型公私合作主要目的在于:通过组织形式的转变引入企业模式和市场的机制,提升行政任务执行的弹性与效率。相对于契约型公私合作,组织型公私合作不仅仅属互易契约式的关系,公部门与私部门的合作程度是在组织巩固的基础上更加强化,即通过

---

❶ 金玉莹:《欧盟地区 PPPs 政策之推动历程与发展——以欧盟之研究与现况为主要观察》,台湾地区行政院委托研究报告。

❷ 徐宗威:《法国城市公用事业特许经营制度及启示》,载《北京天则经济研究所公用事业研究中心参考资料》,第 8 期。

❸ 陈爱娥:《公营事业民营化之合法性与合理性》,载《月旦法学杂志》,1998 年,第 36 期。

❹ 刘淑范:《公私伙伴关系(PPP)于欧盟法制下发展之初探:兼论德国公私合营事业(组织型之公私伙伴关系)适用政府采购法之争议》,载《台大法学论丛》,2011 年,第 40 卷,第 2 期。

❺ 当然对于使用者付费的究竟是属于公法性质的规费,还是私法合同意义上的对价亦有争论。

(直接或间接)投资而参与经营,与私伙伴同属“经营者公司”的共同股东,即由公司内部组织机构进可直接主张影响力❶。除了这种方式使原来的国有全资公司逐渐过渡为合资公司以外,由公部门和私部门共同出资新设一个合资公司则是基础设施新建工程更加广泛采用的形式❷。组织型公私合作在公用事业供给以及基础设施运营领域较为常见,设立特殊项目公司是其典型运作模式,即由公共部门和私营部门共同组建,达成伙伴关系,政府部门通过招标方式选择民营企业及个人参与项目,针对特定项目或资产,与政府签订特许经营合同,并由项目公司负责项目设计、融资、建设、运营,特许经营期满后,终结并将项目移交给政府❸。

比较契约型公私合作与组织型公私合作,二者差异在于型式化的程度,亦即互易契约关系和组织契约关系之别,组织型公私伙伴关系的合作程度较强且公部门的操控潜能较大,而契约型公私合作则相反❹。实践中组织型公私合作通常与特许模式相伴而生,甚至有学者认为组织型公私合作仅是特许模式的随附模式,而不具有独立性。但通常认为两者各有其特征和优劣,最佳的途径就是将两模式融合在同一项目中。组织型公私合作的难题在于公部门居于优势股权地位对经营的影响控制与私人机构自主性之间的平衡,如何实现既确保公部门在组织型合作中的影响力和控制力,又能发挥私人机构的经营自主性。

3. 公私合作相关概念之区辨

(1)公私合作与民营化

民营化是现代政府改革和行政法领域研究的热词,与公私合作一样,民营化一词的意涵具有极大的开放性和包容性,并与公私合作存在众多的交集。民营化大师萨瓦斯(Savas)认为,“民营化是政府重新思考其角色定位,政府部门所拥有的资产及资产经营的相关活动中逐步降低政府的影响力,增加私人影响力的一种过程❺”。事实上,一开始民营化一词是用来描述“公营事业释股于民间”的现象,且亦仅只于此,但现今的民营化概念已经扩张适用到一切由民间、私人或私部门参与

❶ 刘淑范:《公私伙伴关系(PPP)于欧盟法制下发展之初探:兼论德国公私合营事业(组织型之公私伙伴关系)适用政府采购法之争议》,载《台大法学论丛》,2011年,第40卷,第2期。

❷ 【美】E. S. 萨瓦斯:《民营化与公私部门的伙伴关系》,周志忍等译,中国人民大学出版社,2002年,第131页。

❸ 以高速公路为例,政府部门以特许经营合同的形式授予项目公司一定年限的高速公路收费经营权,允许项目公司通过收取车辆通行费、经营公路的相关服务设施等取得其他收益作为投资回报,民营企业或个人的特许经营期满后,将高速公路的全部设施无偿还给政府。金玉莹:《欧盟地区PPPs政策之推动历程与发展——以欧盟之研究与现况为主要观察》,台湾地区行政院委托研究报告。

❹ 刘淑范:《公私伙伴关系(PPP)于欧盟法制下发展之初探:兼论德国公私合营事业(组织型之公私伙伴关系)适用政府采购法之争议》,载《台大法学论丛》,2011年,第40卷,第2期。

❺ 【美】E. S. 萨瓦斯:《民营化与公私部门的伙伴关系》,周志忍等译,中国人民大学出版社,2002年。

履行行政任务的现象❶。从国家的角度观察，“民营化是行政任务的执行主体由国家变更到私人的转移历程，是国家利用或结合民间资源履行行政任务，进而减少公部门的任务❷”。民营化的概念也因各国不同的本土环境和制度体系存有差异，按其内容可区分为形式民营化、实质民营化、功能民营化、财产民营化、财政民营化与程序民营化等类型，而依私人参与任务履行的程度，又可区分为全部民营化与部分民营化❸。

比较民营化与公私合作的概念，二者产生的背景缘由，价值目标上都有相似性。在产生背景上，民营化也是产生于撒切尔夫人主政时期的英国，其动因同样是为解决福利国家下政府机构的臃肿庞大、效率低下以及财政危机，寄希望于通过市场化的改造，引入私人部门特别是企业在公共服务供给中的效率、弹性来改造政府。

从民营化的主要类型来看，民营化与公私合作之间交错混合，即有区别又有交集。在民营化类型中“部分民营化”或“功能民营化”因具有公部门和私部门共同合作履行行政任务的特征，故可视为公私合作行为形式的范例，相对于公私合作以行为方式出发，强调国家与私人间的“合作状态”，部分民营化则是以国家角度为切入点，着重私人参与的行为主体的改变❹。因此，一般认为民营化类型中之“功能民营化”因具有公部门与私部门共同合作履行行政任务之特征，是公私合作的典型❺。但也有不同的观点，认为公私合作不仅仅是功能民营化，也有可能涉及实质民营化。

“公私协力为多种公私合作组合类型的集合，并不必然一定属于功能性民营化或实质民营化的类型，而是端视个案之情形而加以分类或决定，例如公私协力在运用上，国家不亲自执行任务而利用私人专业或资金特长，将事实上任务之执行交由私人，属于功能性民营化的展现。但若私人承担最后营运之风险与责任时，产生法定的责任取代，则可认为是实质上民营化的体现，换言之，在责任分配中，按各阶段去做出不同的责任分配，将落入不同的类型或运用方法。”❻

作者比较二者发现其并没有实质意义上的差别，公私合作更加强调公私部门间的特质整合和两者的合作关系，强调公私合作既不是完全将国家责任转移至私

---

❶ 许宗力：《论行政任务的民营化》，《当代公法新论——翁岳生教授七秩诞辰祝寿论文集》，元照出版社，2002 年，第 582 页。

❷ 林明锵：《欧盟行政法——德国行政法总论之变革》，新学林出版社，2009 年，第 34 页。

❸ 许宗力：《论行政任务的民营化》，载《当代公法新论》，2002 年 7 月。

❹ 詹镇荣：《论民营化类型中之“公私协力”》，载《月旦法学杂志》，2003 年 11 月，第 10 期，第 102 页。

❺ 有所不同的是民营化强调的公共服务供给主体转变为“私人部门”，而公私合作则基于公私部门间在公共服务供给上的合作关系。

❻ 许登科：《德国担保国家理论为基础之公私协力法制》，国立台北大学法律系博士论文，第 206 页。

人部门,更不是政府责任的完全解除,而是二者互补与合作的中间样态。公私合作并非偏向国家,也非完全放任社会,而是国家与民间社会的整合,可说处于国家与社会区分,但整合双方功能后之中介领域,运用上不只是功能民营化,也含有实质民营化的方法与特性,甚至可认为某些运用上是属于实质民营化的变形❶。文章表述方便,本书将民营化类型中的“功能民营化”视作为公私合作,其他差异不再作细分。

(2)公私合作与私有化

现代意义上的“私有化”同样被认为起源于撒切尔夫人执政期间的英国。当然对于私有化的概念也是争议不断,众说纷纭。萨瓦斯(Savas)认为,“所谓私有化是指政府在公共服务部门活动与其资产所有权的缩减,并将原本由公部门负责的功能,转由私部门或市场承担,英国政府于 20 世纪 70 年代末 80 年代初推行的撒切尔主义式的将国有企业出售给私人部门的非国有化运动,只是民营化的一种特殊形式”❷。

而罗马俱乐部的代表人物魏伯乐对私有化有更为宽泛的认识。认为:私有化通过减少或限制政府当局在使用社会资源、生产产品和提供服务中的职责来增加私营企业在这些事务中的职责的一切行为和倡议。它通常通过将财产或财产所有权部分或全部由公共所有转为私人所有来实现;但也可以通过安排政府向私营供货商购买产品或服务来实现,或者通过用许可证、执照、特许权、租赁或特许合同等方式,将资产使用或融资权或者服务提供权移交给私营企业❸。

私有化与公私合作二者有其相同之处,但可以肯定的是,私有化与公私合作二者既有交集又有不同的范畴。作者认为“私有化”与产权制度的连接更为紧密,私有化强调产权层面的“转移”,通常意义上讲,私有化意味着产权主体的变化。其基本执行方式包括:将国有所有权出售给私有部门,国有独占经营开放民间经营,使用者付费取代税收,公共服务生产经营权的签约让渡等❹。而公私合作则更为宽泛,可能涉及或不涉及产权变化,公私合作更加强调公私部门之间的“合作”,更多地关注公私部门之间合作与协同,合作方式则是形式多样。公私合作则强调公共服务供给的市场化与私部门的供给与管理❺,在手段和工具上更加强调公私部门之间的合作契约,至于产权的归属有时则在所不问。

---

❶ 刘淑范:《公私伙伴关系(PPP)于欧盟法制下发展之初探:兼论德国公私合营事业(组织型之公私伙伴关系)适用政府采购法之争议》,载《台大法学论丛》,2011 年,第 40 卷,第 2 期。

❷ 【美】E. S. 萨瓦斯:《民营化与公私部门的伙伴关系》,周志忍等译,中国人民大学出版社,2002 年。

❸ 【德】魏伯乐、【美】奥兰杨、【瑞士】马赛厄斯 · 芬格:《私有化的局限》,王小卫、周婴译,上海三联出版社,2006 年。

❹ 陈金贵:《私有化初探》,载《行政学报》,1989 年,第 21 期。

❺ 周义程、李阳:《市场化、民营化、私有化的概念辨析》,载《天府新论》,2008 年,第 3 期。

4. 本书的观点与研究的范围

综上所述,无论是大陆法系、普通法系还是各类国际组织,包括 IMF、OECD、欧盟,对公私合作的定义和界定多数是从经济学、管理学等学科角度进行的归纳,但遗憾的是,至今仍未能达成共识。法学界对公私合作的界定研究分析较少,由于各种立法模式不同,导致法律上对公私合作也没有明确的统一的定义。即便在采取统一立法模式,追求概念精准的德国,其《公私合作促进法》中也没有对公私合作进行定义。

实践和理论都已经表明,基于公私合作本身灵活、复杂和多样的特征,作者认为试图对公私合作进行一个精确的定义或许是徒劳的。将公私合作看作是一个严谨的、确定的学术概念,然后再给予定义的做法存在着逻辑性错误,在传统的由公共部门垄断公共服务以及基础设施供给与实质民营化之间存在着"走廊式的交叉地带"一般就是公私合作现象活跃的领域❶。因此,作者认为不应对公私合作进行僵化严苛的定义,束缚公私合作功能的发挥,应当借鉴英美法系中对于概念的灵活性的解释主义,针对具体的个案进行区辨,再将公私合作定义为一个集合性的概念,使其更具有开放性,以回应公私合作实践的复杂性和多样性❷,同时辅之以基本要素模式和负面界定,弥补概念的不确定,明确公私合作的界限。在立法模式上,应当采用分散的行业立法模式,根据不同的领域和不同公共产品的特质进行差别化的立法和规范,而摒弃一贯的统一立法的模式,提高公私合作立法的适用性和准确性❸。为介绍方便,如无特别说明,本书将不再区分公私合作与功能民营化以及公共服务委外之间的细微差别,视为一个概念进行论述。

(二)公私合作的发展动因

1. 摆脱福利国家的财政危机

摆脱财政危机是公私合作最主要的现实动因。从经济史的角度观察,经济发达国家在 20 世纪中期所遭遇的高失业率、高通货膨胀率和低经济增长率这三大并发症所引起的经济停滞,摆脱财政困境,促进经济增长是公私合作产生的现实背景❹。1980 年后,福利国家的概念受到了冲击,庞大的社会福利支出和臃肿的人员

---

❶ 李以所:《德国公私合作制促进法研究》,中国民主出版社,2013 年 6 月,第 10 页。

❷ 参见詹镇荣:《论民营化类型中之"公私协力"》,载《月旦法学杂志》,2003 年 11 月,第 10 期;刘淑范:《公私伙伴关系(PPP)于欧盟法制下发展之初探:兼论德国公私合营事业(组织型之公私伙伴关系)适用政府采购法之争议》,载《台大法学论丛》,2011 年,第 40 卷,第 2 期。

❸ 但值得注意的是,有别于传统的公法上的法律关系,公私部门之间在合作中的具有主体平等性,合作价值追求上的互利共赢,以及公私部门之间的风险共担,即公部门与私部门间的横向水平的平等关系,契约之间的对价的对等关系,而非纵向的命令与控制模式。这种平等与共赢的样态符合公私合作产生的机理,但对传统的公法以及政府规制理论将有深远的影响和冲击。

❹ 从民营化的产生过程来看,学者一般都认为由于社会服务的不可逆转性,应对财政赤字是民营化的现实动因。参见:E·S. 萨瓦斯,《民营化与公私部门的伙伴关系》,周志忍等译,中国人民大学出版社,2002 年。

机构，使得政府财政不堪重负。同时，越来越多的证据开始显示福利国家的缺陷，福利国家被认为是无效率的机制，是对人性的过渡的乐观，对自由和经济造成极大的威胁，经济发展丧失动力，摧毁个人的独立自主以及创造性等。现实的情况是，人民开始质疑国家的角色和政府的能力，大众普遍认为政府过于庞大，支出过高，但又不得不继续满足人民高需求和高期望，因而造成政府不是缩减规模，就是提高效率，或两者兼顾的平衡困境❶。政府在福利国家责任压力下，必须课征高额税收以支付不断上升至国家任务的成本支出，税收提高不断使一般家庭实质收入相对减少，亦会造成储蓄下降，因此减少投资意愿，导致社会资本成长缓慢，而无法创造经济成长，相对亦会减少政府税收，而造成恶性循环❷。

公私合作是因为民众需求驱力与利益集团利益压力下的一种舒缓政策❸。由于服务对象和服务本身的快速增加，基于日益严酷的财政挑战，现代国家在面对公共任务时，逐渐希望通过委托私人履行任务来代替以往的自力履行❹，进而降低政府对福利供给的重任，解决日益扩大的财政支出压力。毫无疑问，所有曾经进行的改革都是为了减少国家负担的费用❺。“警察国家”的形态转变成“福利国家”，现代国家行政事务任务扩充，行政种类庞杂，已非干预行政所能涵括，国家任务扩充，所需人力、物力甚多，全由国家单独负责，沉重的财政负担导致国家心有余而力不足。而“市民社会”资源丰沛，私人具有专业知识及设备，如由其参与国家行政事务，不仅可以减轻国家负担，而且更具效率，进而实现“服务国家”的理想❻。福利国家下的财政危机迫使政府被动的引入私人力量参与福利给付，并促使国家形态从福利国家趋向合作国家发展。

欧美国家开始对福利国家进行修正，实行新自由主义经济政策，削减政府开支，引入私人力量，解除管制，强调市场机制等，自从 1979 年撒切尔夫人执政期间推动国营事业民营化政策，英国政府部门通过委托外包、解除管制等方式，将政府部门的部分业务委托私人部门执行。在此潮流趋势下，世界各国政府采取的福利政策：福利分权化（地方分权）、去科层化、去规则化、去机构化、减缩公共支出，删

---

❶ 从 1980 年到 1990 年间，OECD 成员国的平均公共支出几乎都大幅成长，而且许多国家的公共开支在其国内生产总值中所占的比例甚至高达 50% 以上。郑国泰：《管制型国家之治理：以英国国铁民营化为个案分析》，载《师大学报：人文与社会类》，2008 年，第 52 期。

❷ 古允文：《从福利国家发展谈民营化下国家角色的转换》，载《社区发展季刊》，1997 年，第 80 期。

❸ 参见郑清霞、吕朝贤等：《福利私有化及其对台湾福利政策的意涵》，载《人文及社会科学集刊》，1995 年，第 7 卷，第 2 期。

❹ 陈明修：《公私协力契约与行政合作法以德国联邦行政程修改》，载《兴大法学》，2010 年，第 7 期。

❺ 吕克鲁邦：《从行政现代化到国家改革》，载《西方国家行政改革评述》，国家行政学院出版社，1998 年，第 86 页。

❻ 黄锦堂：《行政任务民营化之研究》，载《公法学与政治理论——吴庚大法官荣退论文集》，2004 年，第 462 页。

减社会福利项目与支出，积极采取公共服务民营化政策，以减少政府负担[1]。20世纪90年代初期同样由于财政危机和全球化的影响，导致日本财政赤字空前，债务急增。财政投入的大规模的削减（桥本时期公共支出削减15%），导致基础设施建设投入严重不足，由此成为日本PFI制度引进的时机。此后，日本通过了《运用民营企业活力加速兴建特定公共设施临时措施法》，主要规定了公私合作中的事业费补助规则、税收优惠及减免等经济诱因制度，以推动合作机制的实践发展，缓解政府的财政危机。

2. 消解科层体制的效率危机

传统行政组织的形态趋向于科层式组织，产生并服务于国家直接行政的需要，然而此种由韦伯所提出的科层式行政体系，原本是希望创造出一个技术效率的结构，依其想法，“完全发展后的科层机制和其他组织比较起来，几乎就像机械化的生产模式与非机械化的生产模式之对比，精准、快速、清楚、持续性、一致性、严格服从、降低冲突等，皆是严格科层组织的最佳所在[2]”。然而事实并非如此，实践已经证明传统的科层体制没有向韦伯设想的方向发展，尤其是现代社会要求快速回应、信息透明，科层体制不断显现出其行政效率低下的弊病。从法律层面来看，传统的行政组织强调严格的法律拘束，其要求落实行政遵守法律的命令，实践上则以上令下从的行政科层体制作为其落实的制度基础[3]。然而行政科层组织因国家任务持续扩大而变得庞杂，做成行政决定应经的流程亦因此无限膨胀，其通常会因公文往返旷日费时而形成无效率的现象。其次，传统行政组织所重视的是规范“如何”做成行政决定持续，实际上，其着眼于形成层级体系，人事制度、预算制度及程序规范等框架，来一般性的一项行政决定的做成[4]。奥斯本及盖伯乐（Osborne & Gaebler）两人以实际成功的企业经验作借镜，倡导“政府再造论（Reinventing Government）”将“企业精神”引入公共部门，以新方法使用资源，希望提升政府的效率与效能、服务质量与顾客满意度[5]。

当撒切尔于1979年上台时，即决定要“简化和分散化”服务，并消除科层。这种转变不仅是管理形态的一种改革或改变，同时也是一种政府社会角色，以及政府和市民关系的转变。因而，传统的公共行政已不被信任，而出现了一种政府再造（Reinvention of Government）的新观点，这种新观点被冠以不同的称号，如新公共管理（New Public Management）、市场基础的公共管理（Market-Based Public Manage-

---

[1] 江亮演、应福国：《社会福利与公设民营化制度之探讨》，载《社区发展季刊》，2005年，第1期。

[2] Owen E. Hughes 著，林钟沂、林文斌译，《公共管理新论》，学林出版社，2001年，第78页。

[3] 张其禄：《管制行政：理论与经验分析》，商鼎文化出版社，2007年版，第86页。

[4] 陈爱娥：《行政任务取向的行政组织法——重新构建行政组织法的考量观点》，载《月旦法学教室》，2003年，第5期第64页。

[5] 奥斯本（David Osborne）、盖伯勒（Ted Gaebler）合著，刘毓玲译，《新政府运动》，天下出版，1996年。

ment)、后科层典范(Post-Bureaucratic Paradigm)。

1980年后受全球化的影响,以新制度经济学和企业理论为基础的新公共治理迅速发展,新治理理论突破了传统韦伯科层理论,将市场化、企业化、多中心主义等理念引入政府治理体制。在新政府运动风潮下,公部门的角色改变已经达成共识,政府不再是过去以主导性的地位"从上而下"(Top-down)的模式来提供服务,而是辅以"从下而上"(Bottom-up)的模式,形成一种"双向道"(Two-Way Traffic)之互动模式,简而言之,公部门应当思考与民间私人部门一起合作,通过伙伴化的合作共同推动公共事务❶。英国撒切尔主政期间和美国里根总统时代,公私合作是新公共治理的重要方式,"伴随国家瘦身、行政革新与自由化政策等理念而开启之民营化运动,促使宪法上社会国家原则之内涵,受到重新之诠释,渐次形成一种给付国家、合作国家及担保国家并存之新自由主义国家,蔚为一股莫之能御之趋势"❷。以政府本身效率为改革重点之"新公共管理"已无法完全掌握与有效处理外在环境之变化,乃有倡导新治理(Governance)模式,以推动公私部门协调与合作,达成共同治理(Co-steering)、共同管制(Co-regulation)之目标❸。因此,传统的科层体制已经不能适应新社会治理的需要,公私之间水平型的互动关系更有利于提升合作的效率,提高私人与市场机制效率的发挥。公私合作和民营化的一个重要议题就是简化和分散原有的供给和治理体系,并消除科层增加服务使用者的权力。

二、公私合作的内生局限

所有理论都有局限性,理论模型的局限性更大,因为,许多参数必须被固定在一个模型中,而不允许它们有所变化。把一个模型(如完全竞争市场模型)与内含于这种模型的理论相混淆,会进一步限制模型的适用性❹。当人们普遍认为私有化是件好事时,比顺应潮流来证实人们这种普遍想法更有必要的是认识私有化的局限性和危害性❺。英美等国家福利制度改革的过程也指出了公私合作并非全然利多,仍旧有许多缺失存在,且所谓市场的优点也并不全然浮现,公私之间主体的对等性、公共利益减损与屈服,以及过度的依赖等。这些内生局限性是公权力介入的正当性基础,正如欧盟公私合作发展绿皮书中所分析的那样:不对等的市场力量,即使公行政部门本身无此能力自办理提供给付而因此跟私人合作,则可能在一

---

❶ 孙本初:《公私部门合伙理论与成功要件之探讨》,载《考铨季刊》,2000年,第44期。

❷ 刘淑范:《行政任务之变迁与公私合营事业之发展脉络》,载《中研院法学期刊》,第2期,2008年3月。

❸ 张其禄:《管制行政:理论与经验分析》,商鼎文化出版社,2007年版,第66页。

❹ 【美】埃莉诺·奥斯特罗姆,《公共事务的治理之道》,余逊达、陈旭东译,上海译文出版社,2012年。

❺ 【德】魏伯乐、【美】奥兰杨、【瑞士】马赛厄斯·芬格:《私有化的局限》,王小卫、周婴译,上海三联出版社,2006年,第4页。

开始形成合作关系时，双方就处于不对称的市场地位，因此危害到伙伴关系[1]。正如 Kammerer 批评，国家为公权力主体，仅能以公益为归依，而私人系基本权主体，系以追求利润为目标，倘若要求公私部门合作动机与目标一致，毋宁是从国家观点考量，漠视私人参与任务执行之经济利益，而与公私协力之“双赢”基本框架有违[2]。

（一）公法责任的脱逸

在公私合作中为了尽可能地让国家原已介入社会的手向后抽离，新自由主义要求国家尽可能地将原来公共部门所拥有的资本、财产移转民间以达成所谓“自由化”“民营化”的目标，并扩大民间资本的活动领域。此外，国家还必须把各种国家任务“发包”出去（Contract Out），而所有对于社会的管制则应该“解除管制”[3]。以英国的国有企业民营化为例，在 1980 年以后，英国已经达成竞争性产业（航空、石油）、公益独占企业（瓦斯、电信）以及公企业（民生用水、媒、铁路、邮政、伦敦银行、伦敦地下铁以及监狱）的民营化[4]。从 17 世纪开始累积的国家性与公共性，在全球化的过程中，快速的“去国家化”与“去公共化”，同时产生了“主权概念的侵蚀[5]”“时空象限的模糊”“身份认同的纷杂”的国家责任的市场化的问题[6]。国家责任市场的主要表现以下方面：

其一，公法规制的逃脱。由于公私二元法律结构的公法传统，宪法和行政法仅仅适用于公法法律关系和公行为，公私合作的兴起，行政任务转由私部门执行，合作的公私法律关系脱逸于公法的拘束，不再适用合法性原则、正当程序原则、合理性原则、参与透明原则等公法原则，进而遁入私法，造成“民主赤字”。以契约为核心的公私合作机制，往往规避公法所涉及的各种规范机制，从而使得公法的价值——负责、透明、公共参与被侵蚀[7]。公共任务以契约方式交由私人执行后，私法契约则成为服务提供者之最大利器与护身符，在公私合营之社会福利行政下，将公法契约内之公共价值完全置之脑后，信息公开、立法监督、利益回避等的公共价

---

[1] 金玉莹、许登科：《欧盟地区 PPPs 政策之推动历程与发展——以欧盟之研究与现况为主要观察》，第 127 页，台湾地区行政院委托项目研究报告，未出版。

[2] 詹镇荣：《论民营化类型中之“公私协力”》，载《月旦法学杂志》，2003 年 11 月，第 10 页。

[3] 陈敦源、张世杰：《公私协力伙伴关系的诡掉》，载《文官制度季刊》，2010 年，第 2 期，第 17-70 页。

[4] 蔡秀卿：《从行政之公共性检讨行政组织及行政活动之变迁》，载《月旦法学杂志》，2005 年，第 120 期，第 25 页。

[5] “主权概念的侵蚀”的特征是：跨国资本的全球流动、温室效应、全球通信传播、区域或全球性官方或非官方组织的大量兴起，以及移民阶级的四处流动，表现出不受传统国家领土与主权疆界拘束的特质。

[6] 张文贞：《面对全球化——台湾行政法发展的契机与挑战》，载《当代公法新论（中）》，2002 年 7 月，第 11 页。

[7] 廖元豪：《政府业务外包后的公共责任问题研究——美国与我国的个案研究》，载《月旦法学杂志》，2010 年，第 178 期。

值由于适用私法契约，而完全被排除❶。以财政与信息公开为例，一方面公共财政投资项目公众有知情权，公部门赋予主动公开的信息公开义务，这是法律赋予的；另一方面私营部门的财务是私人部门私人信息甚至是商业秘密的，且受法律保护，实践中，众多的公私合作项目通过私法上权利阻碍信息公开义务，脱逸作为公法的信息公开法的约束。更糟糕的是：公私合作的领域是政府公共职能向私人市场的释放与解禁，这些领域通常是传统的自然垄断行业，欠缺竞争的寡头垄断市场。公共领域引入私人竞争后，陷入市场竞争机制失灵和公法规制失效的境地❷。

其二，履责能力的弱化。公私合作产生悖论的原因在于从原先"风险分担"的契约设立理念，逐渐掉入公部门只图"风险转移"且"规避风险"的死胡同，致使风险及舆论皆由私部门承担。另外，当政府愈来愈以第三者承揽公共任务，契约型政府的现象越发普遍时，将导致公私界线的混淆，从而不易确定谁该为最后的政策结果负责。但若为了厘清责任的明确性，可能会使得合作的行为效率受到阻隔，因为责任的分派与确定可能需要透过漫长的协商过程来完成，如此一来确实会降低行动的效率❸。从政府规制与社会自我规制来看，"自己调控能力的丧失，在长期的合作关系下，可能使得公行政部门丧失其在给付过程的影响力，再者，随着公共服务由私人为提供主体所引发公行政组织的（瘦身）调整影响对给付质量的审查与控管能力，甚至愈来愈依赖该私人，造成公行政的压力"❹。

其三，第三人利益的忽视。由于契约的相对性，公私部门基于各自利益的考量与偏袒，而忽略甚至侵害代表行政任务目的和社会公益的契约第三人的利益，造成目的的背离和公益的旁落。众多的例证也已表明，事实上由于公共部门存在的严重的规制能力和信息获取的缺陷，倘若公共部门缺乏这些必要的资源与能力，将难以对私人伙伴组织形成"硬约束"，也就无法确保公私伙伴关系按照符合公共利益的方向发展，必然会极大地影响私人伙伴关系的动机与行为，从而增加公私伙伴关

---

❶ 李训民：《回归行政契约的必要性——美国社会福利计划民营化争议谈起》，载《军法专刊》，2012 年，第 58 卷，第 2 期。

❷ 英国自撒切尔时期在公用事业领域中广泛引入公私合作机制，引领公用事业改革的世界潮流，由于实行有效而严格的规制，英国自来水的供水标准大幅提升，供水效率和供水服务品质也大幅提高，当然，随之而来的是供水价格的大幅提升，由于中低收入水平的家庭对水价的敏感性，负担加重，民营化后的自来水公司在拥有了垄断经营权后，在考量成本和效益追求下，忽略民众的利益和国家的生存照顾义务。同时，英国民众的其他日常生活支出，例如铁路票价，在私有化之后也明显上升，但是服务的品质和安全性却受到严重的质疑。英国的私有化被学者批评为是牺牲受雇者和消费者权益而使富者愈富的政策。张晋芬：《台湾公营事业民营化经济迷失的批判》，中央研究院社会学研究所专书第四号，第 40 页。

❸ 陈敦源、张世杰：《公私协力伙伴关系的诡掉》，载《文官制度季刊》，2010 年，第 2 期，第 17-70 页。

❹ 金玉莹、许登科：《欧盟地区 PPPs 政策之推动历程与发展——以欧盟之研究与现况为主要观察》，第 127 页，台湾地区行政院委托项目研究报告，未出版。

系模型的方向性风险❶。

因此，公私合作中，私人力量和市场化机制的引入在另一面即是国家责任的市场化和公法责任的旁落，防止公私合作中公法责任的脱逸是政府规制的重要议题也是政府规制的正当性基础。

（二）公益与私益的价值冲突

对于价值追求而言，公私合作中公共部门与私人部门有不可调和的内生价值冲突。公私部门有本质上的不同，公部门基于国家义务而提供公共服务具有公益性的使命，私部门基于经济人理性而追求利润的最大化。真正的关键在于原来处在平等互动地位的合作伙伴，若根据理性自利的观点来看待彼此之间互动关系的发展，其实会发现价值迥异的公私部门之间的互信基础是十分脆弱的。毕竟在合作过程当中的合作关系并非一成不变，如果对于双方行动的策略意图做了错误的推断，合作关系随时会有戏剧性的改变❷。公私主体在合作中，事实上就是企业性与公共性的对话与博弈的过程，是寻求共赢的价值归依。然而，公私部门之间原生性的价值冲突更是不容忽视的，以美国福利给付为例，大规模的国家福利交由私部门供给，实施福利的市场化，个体、家庭重新成为福利责任的主体，对个体特别需求的满足过度强化，忽略福利的公共性，公部门逃逸普遍福利保障的义务，失去公平正义的社会原则维系，造成私人利益和公共利益之间的落差。综上，公私合作的角色悖论主要体现在以下两个方面：

其一，公私合作容易沦为"共谋互利"的可能。有学者这样评述公私合作，所谓的"公私协力"只是一种外观表象，实则意在"共谋互利"，公私协力一眼可辩，利益互谋却隐而未现，不易察觉，公私伙伴或官商共谋，往往只是一线之隔❸。市场机制与经济诱因是民营化的基因，同时也是民营化的病灶❹。公共选择理论认为多重角色的混同和选择过程的封闭性，使得合作机制难以免于利益团体的干扰影响甚至是俘获，合作过程可能成为行政机关、行业以及强大的公益团体借以共谋破坏公共利益的机制，非但不能提供利益代表模式的替代性方案，甚至会恶化其所有的弱点❺，并因此造成官商勾结、个人特权与腐化。以公私合作广泛运用的社会福利给付为例，福利给付具有较强的专业性、非营利性，导致私人参与福利给付后，福利给付市场竞争不充分、高昂的退出成本、合作关系的固化和透明价值的缺失，而形成公私共生依赖，合作中的监督机制被搁置失效。

---

❶ 李丹阳：《当代全球行政改革视野中的公私伙伴关系》，载《社会科学战线》，2008 年，第 6 期。

❷ 陈敦源、张世杰：《公私协力伙伴关系的诡掉》，载《文官制度季刊》，2010 年，第 2 期，第 17-70 页。

❸ 刘淑范：《行政任务之变迁与公私合营事业之发展脉络》，载《中研院法学期刊》，2008 年，第 2 期。

❹ 刘淑范：《行政任务之变迁与公私合营事业之发展脉络》，载《中研院法学期刊》，2008 年，第 2 期。

❺ 【美】朱迪弗里曼：《合作治理与新行政法》，毕海波、陈标冲译，商务印书馆，2010 年版，第 46 页。

其二,公部门脱逸预算约束(Budget Constraint)的危险。公私合作中公部门承担亦公亦私的双重角色,公部门可免于预算约束。公私合作中公部门具有较为弹性自主的经营服务,但与此同时,公部门则也可以通过公私合作的形式摆脱预算约束,进行无效率或者功利主义的福利扩张。

公私合作中身份重叠的角色悖论为政府规制的介入提供正当性,以期通过政府规制矫治公私部门的角色悖论。但值得注意的是,公私合作的角色悖论同样对行政法理论和规制手段产生了严峻的挑战。公私主体的角色混同与重合,对强调公私二元主义,公私割裂对抗以及行政主体特殊性的传统行政法已经难以适应,传统的行政行为理论也难以适用于多维的合作契约关系,无法对身份重合的角色悖论进行有效调适。角色悖论的调适更多地需要公私部门之间的协商与自主规制,在规制工具上则更多地运用弹性的合作契约,以达到公益与私益、自治与规制之间的平衡。

(三)民主参与的弱化

全球化与公民意识的觉醒带来了社会治理结构的改变,一定程度上减弱了国家对于公民行为的影响力,使得传统国家的角色、任务甚至正当性基础都面临极大的考验。这考验类似于政治经济学上的"国家的政治管制能力的减弱与被质疑""统治与调控的结构关系渐渐消失",于是导致政治领域中的分裂化、民主参与的弱化❶。公共产品的私有化,代表的不只是"民主"受到了侵蚀,更代表着"民治"与"民享"遭受到了破坏,一方面,这代表着公共产品仅由私人所享有,另一方面,这代表了公共任务也交由私人来治理。具体来说,受到新自由主义侵蚀者,无论是秩序管制性质的行政、整体经济的调控行政、经济利益与社会资源的分配行政,都难逃"公器私用"的命运,造成了公私责任难以区辨与混同❷。日本较早地注意到公私合作的规制与民主赤字问题,日本公私合作制度中,基于公共建设公益性和民主监督的需要,当融资或者项目达到一定的规模时,议会将行使介入权,政府与民间签订的契约不再是纯粹的民事合同关系,而是须经过议会的追认方能生效。

减弱民主与减少参与的忧虑一直伴随公私合作的发展,"它造成了'民主监督的倒退'以及'行政责任的推卸或不明确'等现象,与宪法对人权的保障的理念有所背离——长此以往,将造成公共性与公共政策的危机,致使生存权、教育权、劳动基本权、环境权等人权保障之倒退"❸。公共服务被认为是民主国家建设过程的一

---

❶ 林佳和:《经济全球化下的国家:从社会福利国到国际竞争国——兼论竞争力之意涵与法律之角色》,载《劳工研究》,第7卷,第1期,2007年6月,第2-3页。

❷ 张晋芬:《台湾公营事业民营化:经济迷思的批判》,中央研究院社会学研究所,2002年7月,第203-219页。

❸ 蔡秀卿:《从行政之公共性检讨行政组织及行政活动之变迁》,载《月旦法学杂志》,第120期,2005年5月,第36页。

部分，私有化之后，政府对私人所有的公用事业的业绩监督是相当表面化的，这也许非常不利于高层次的民主参与。令人疑虑的是：是否私有化会对民主参与产生障碍作用，甚至产生疏远政府的作用。当私有者是跨国公司，而其决策过程无法被当地人所接纳的时候，这种担忧就变得更加强烈了❶。此外，私人追求利益极大化的同时，则可能在执行时，使公共利益处于不利情况，附带地，就会造成相关第三人之不利负担，造成民主控制和正当性的腐化与掏空。在公共服务领域，公私合作容易导致公共服务的“商品化”，轻易地将“顾客”等同“公民”，忽视了民主社会其实需要公民参与“自我统治”而不仅是“购买服务”，顾客只是消极的以金钱“投票”，这并非民主政治所期待积极参与公共事务的公民精神❷。因此，透过公私合作，私人可以开创事业领域扩张其事业活动或其他领域。私人也可以藉由行政合作获取经济上的利益，亦可藉由行政合作获得私人单独规划或行为无法取得之信息或资源，进而加速任务实现的过程。但与此同时，由于公共任务由公部门与合作之间通过投标或协商之形式，导致其他公民的民主参与的弱化。

第二节　公私合作的政府规制之理论证成

合作治理模式是解决政府和市场双重失灵的最佳途径，但是公私合作同样存在信息不对称、交易成本以及公共任务委托代理问题。经济学界和公共管理学也早已注意到这个问题，从制度经济学的视角看来，通过私人力量和市场机制的引入，解决政府失灵的问题，但是如同其他公共产品的供给制度一样，公私合作中依然不可避免地存在信息不对称、交易成本和委托代理的问题。从经济学、公共行政学、行政法三个理论维度来看，对公私合作中政府规制的正当性进行了分析论证。

“往往在契约制定前就可能发生投机主义，即代理人会隐藏契约协调与签订的相关信息，导致不对称信息的逆向选择，而契约制定后的困境通常是产生代理人怠忽职责的问题，换句话说，是由道德危机所衍生的隐藏行动，而由于投机主义产生的不信任关系也将导致交易成本的提高”❸。实践中公私合作产生的投机主义、公私合谋、逆向选择、道德危机的现象也屡见不鲜。这些问题能否得到有效的解决不仅决定了公私合作的必要与成败，也是政府规制的经济学基础，更为重要的是为政府介入和规制提供了方法与途径的指引与选择。

❶ 【德】魏伯乐、【美】奥兰杨、【瑞士】马赛厄斯·芬格：《私有化的局限》，王小卫、周婴译，上海三联出版社，2006年，第541页。

❷ 廖元豪：《政府业务外包后的公共责任问题研究——美国与我国的个案研究》，载《月旦法学杂志》，2010年，第178期。

❸ 【法】埃里克·布鲁索等：《契约经济学理论与应用》，王秋石、李国民等译，中国人民大学出版社，2011年，第98页。

一、经济学:信息不对称与公共产品理论

(一)公私合作中信息不对称的规制

信息不对称理论起源于1970年的美国,“信息经济学逐渐成为新的市场经济理论的主流,人们打破了自由市场在完全信息情况下的假设,才终于发现信息不对称的严重性,一夜之间,到处都是柠檬。”❶信息不对称被认为是市场失灵的重要原因之一。在信息经济学中,信息的不对称按内容可分为两类。一类是外生性不对称信息,即指由个体从事的工作本身所具有的技术禀赋、内涵、性质特征等决定的,而不是由个体的主观意识造成的信息不对称。另一类是内生性不对称信息,是个体利用管理者对其行为事前无法预测、事中无法观察和监督、事后无法验证而造成的信息不对称❷。信息不对称会使一方决策者想要但却难以获得足够有效的信息,其发生原因为:藏匿特性(Hidden Characteristic),即交易之一方想知道交易的某些特质,另一方已经知道却不提供;藏匿行为(Hidden Actions):指一方之某些行为会影响交易成果,而另一方却无法直接观察❸。

公私合作中,私部门有许多涉及企业本身核心竞争力的内部信息如技术、资金、人力等,为维持企业稳定发展而无法公开,也造成公私部门无法开诚布公地相互交换信息,形成“信息垄断”❹。公私合作中,私部门往往将掌握真实成本与利润结构、建设营运的风险等信息进行隐瞒,此类私部门自知而非政府可察的“私有信息”,并因信息不对称而使合作关系产生困境,如何将公私部门各自垄断的信息转化为共同分享的信息,是公部门建构公私合作关系时所应考量的重点❺。政府极需一套有效的政策或机制以使不同质量之业者依其质量的私有信息而“自我选择”(Self-selection)入政府的评估标准,以致最佳之业者会得到最佳之评估分数❻。此外,在合作契约达成后,双方的关系受到组织内部机制的约束,也依然会存在信息的“隐匿行为”,进而产生“道德风险”。公私合作中在信息不对称的情况下,参

❶ 由肯尼斯·约瑟夫·阿罗于1963年首次提出。阿克洛夫(George Akerlof)在1970年发表著名著作《柠檬市场》(The Market for Lemons)作了进一步阐述。张维迎,《博弈论与信息经济学》,上海三联书店、上海人民出版社,2010年版,第89页。

❷ 刘志鹏:《公共政策过程中的信息不对称及其治理》,载《国家行政学院学报》,2010年,第3期。

❸ G. Bambereg& K. Spremann, Agency Theory, Information and Incenteves 3-38 (1987). 转引自苏南:《论BOT制度的经济分析——以风险及代理理论观之》,载《国立中正大学法学集刊》,2011年10月。

❹ 公私合作中的信息不对称既有损于合作双方的平等地位,又导致公部门规制能力的丧失危及公共利益。以基础设施领域的公私合作为例,公部门遴选合作对象时,最大的困境在于公部门对于合作者的建设质量与营运能力的重要信息无法为全面了解掌握。其一,由于私部门天然的会隐藏很多不利于其中标或者不利于公部门的信息,以促进合作的达成,因而,公部门无法从申请者的申报文件中完全掌握私部门的信息。

❺ 孙本初:《公私部门伙伴关系理论与成功要件之探讨》,载《考铨季刊》,2001年,第22期。

❻ 荷世平:《不对称信息下之政府BOT政策》,台湾地区行政院国家科学委员会专题研究计划成果报告。

与交易的私部门或公部门极有可能隐藏自己私有的信息，并可能选择性地提供信息，以追求各自利。公私合作中的信息不对称见表2.1。

公私合作中的信息不对称[1] 表2.1

合作前————→合作后
合作对象的寻找政治内部协调
市场机制组织机制
隐藏信息隐匿行为
逆向选择道德风险

公私合作中的信息不对称，除了经济学者关注的隐匿行为外，更加值得注意的是“公共信息”转化为“私有信息”的问题，由于公私部门分别受公法与私法的约束，公私合作以及市场化后，原来受公法约束，公开义务较高的公信息转变为私人信息，这种公私性质的转换形成“信息的私有化”，影响公众对信息的获取。再次，众多公私合作的信息往往涉及公民基本权利，公用事业领域的公私合作的出现，使得原本处于公开状态的信息，转为“合作主体的私有信息”，这些与公民日常生活息息相关的信息，较低公开义务或者“商业秘密”得以隐藏，难以获取。“原本信息自由法的立法目的在于钳控20世纪崛起的行政国家，公众通过获取政府信息，以达到对科层官僚的监控，促成良好行政与善治的实现。但随着民营化的浪潮，公共治理的模式发生巨变，信息自由法本来意欲确立更稳固的政府责任机制，然而传统意义上的政府却悄然从后门溜走，这对于公民信息权的实现构成巨大挑战[2]”。特别是网络型公用事业企业一旦获得特许经营权后，基于其自身利益的考量，利用垄断者地位阻碍规制者对信息的获取（如信息不收集、不提供或者迟延提供等），造成信息垄断与公共信息的私有化，加剧公私合作双方的信息不对称，以及侵蚀消费者权益。

在进行合作或交易之时，人类寻求的往往是自身利益的最大化，因此若要解决这样的问题，信任与监督机制就显得格外重要，隐蔽信息的成本也就大大增加[3]。为解决公私合作中的信息不对称问题，以Forrer教授为代表的学者提出构建公私合作的责任体系，强调政府在“公共利益”的考量下，建立了一套公私双方在公私合作中的责任分配标准和分配体系，建立相应监督和评估机制，来解决合作中信息不对称的问题[4]。从国外公私合作的实践经验来看，也都规定了严格的透明与信息公开的制度与程序要求。“一个符合透明原则的管制制度应给公众提供充分的相关信息，使民众确实了解管制的理由与目的，并应在决策过程之中纳入公共协商（Public Consultation）的程序，以使公众具有制度性的管道来参与了解管制决策的

[1] Arrow, Kenneth.（1985）. The Economics of Agency. Principals and Agents, edited by J. Patt and R. Zeckhauser. Cambridge, MA: Harvard University Press。根据该论文整理。

[2] John M. Ackerman Irma E. Sandoval-Ballesteros, The Global Explosion of Freedom of Information Laws, 58 Admin. L. Rev. 2006, pp123-125。

[3] 周雪光：《组织社会学十讲》，社会科学文献出版社，2003年，第41页。

[4] Forrer: Public-Private Partnership and the Public Accountability Question.

制定与形成”❶。透明与公开是沟通、谈判乃至于形成共识的基础，在公开和信任的情境下，合作双方可以相互了解对方的情形，资讯亦可相互流通，建立彼此平等的地位。而信任为合作的基石，若合作双方未能相互信任，良好的合作关系就无从谈起，甚至会互蒙其利❷。因此，解决公私合作的信息不对称，破除“信息私有化”，降低合作的交易成本的关键在于建立公开透明的信息公开制度和政府规制的责任体系，建立赋予政府在公私合作的信息获取权和私人的信息公开义务，更加重视公私合作中的信息规制，将信息公开作为公私合作中政府规制的重要手段和途径。

（二）公私合作中交易成本的规制

交易成本是新制度经济学中的重要理论，新制度经济学的明显特征就是坚持交易必须花费成本的观念。科斯在1937年关注到市场交易中的各种不确定性，在其《企业的性质》一文提出了交易成本的概念，后经威廉姆森等新制度经济学者的拓展与发展，成为管理学和经济学的重要理论。交易成本理论的基本假设是任何一组交易，由于其拥有的交易特征不同，需要有不同的治理结构来治理此组交易，以减少交易成本的产生；而在选择何种治理结构（市场或政府）来治理某种特定交易时，必须透过不同治理结构的成本效益分析比较来予以确定❸。交易成本理论基于有限理性、机会主义与风险中立三项假设，由于未来情势发展的“不确定性”、市场的“信息不完整性”、决策者的“有限理性”，与交易双方皆可能存在的某些“投机主义”的心态下，“交易成本”在各个阶段都可能会发生❹。威廉姆森认为市场中参与买卖的双方，因具有“不确定性”“少数人的谈判”“限制理性”“机会主义”“逆向选择”及“道德危机”等特质，使得交易成本显得异常重要，交易双方所做的任何决定都需要充分考量交易成本，如信息取得、确定消费者、根据价格与条件进行谈判、签订契约及监督履约执行等❺。根据这一理论，对于公部门而言，为减少在交易中产生的行政成本，应当尽量将公共服务委托外包给民间企业或非营利组织，并提供适当的竞争机制，以降低交易成本❻。

威廉姆森认为合同方法是分析交易的最基本方法，并把交易成本划分为合同签订之前的“事前”交易成本和签订合同之后的“事后”交易成本。事前的交易成本包括起草、谈判和维护合同的成本，事后的交易成本包括：当交易偏离了约定而引起的

---

❶ （Morrall，2001；Stirton & Lodge，2001）。

❷ 孙本初：《公私部门伙伴关系理论与成功要件之探讨》，载《考铨季刊》，2001年，第22期。

❸ 曹艳秋：《转轨信息不对称与规制效率》，经济科学出版社，2011年，第79页。

❹ 【美】奥利佛·威廉姆森：《交易成本经济学》，李自杰、蔡铭译，人民出版社，2008年，第28-32页。

❺ 威廉姆森：《资本主义经济制度》，段毅才等译，商务印书馆，2004年，第46页。

❻ 许惠珠：《交易成本理论之回顾与前瞻》，载《中华技术学院学报》，2004年，第28卷。

不适应成本，以及纠正事后的偏离而做出双边努力，由此而引起讨价还价成本；伴随建立和运作管理机构而带来的成本，确保各种承诺得以实施的保证成本❶。事前成本主要有信息收集成本和协商成本。具体到公私合作中来看，合作双方各自利益的考量，以及彼此互不信任等因素的考量，合作双方为达成合作共识需要耗费大量精力及时间斡旋的成本，如其中一方认知对方掌握比己方更多信息，而感到彼此信息不对称时，更会增加协商与谈判的成本❷。公部门选择合作对象需要收集潜在合作者的相关信息，并与之进行合作事项的谈判与协商。信息收集成本主要是指公私双方选择最佳的合作对象，并对合作相互的合作意愿、合作者的资质条件等进行评估与判断，因此而产生的成本。信息收集成本与市场竞争性、合作者的多寡以及合作事项专业性强弱存在正向的比例关系。事后成本是由买方担心卖方不依约定提供服务或产品，所产生出来的成本，一般分为交易发生后监督交易进行的成本与相关执行契约的成本。威廉姆森认为，事后成本有以下几种：一是不适应成本，即交易行为逐渐偏离了合作方向，造成交易双方互不适应的那种成本；二是讨价还价成本，即如果交易双方想纠正事后不合作的现象，需要讨价还价所造成的成本；三是建立及运转成本，即为了解决合同纠纷而建立治理结构（往往不是法庭）并保持其运转，也需要付出成本；四是保证成本，即为了确保合同中各种承诺得以兑现所付出的成本❸。从合作的过程来看，事后成本主要是对契约履行的监督成本、执行契约以及解决契约不确定性的纠纷处理成本。公私合作中的交易成本见表2.2。

公私合作中的交易成本❹ 表2.2

阶　段	过　程	内　容
合作前成本	搜寻与信息成本	寻找交易对象与其相关信息之成本，当对象很少或信息不完整时则搜寻与信息成本相对较高
	缔约成本	即是将彼此共识付诸文字书面等成文形式所需的成本
合作中成本	监督成本	防止交易对象隐瞒与确保依据契约相关内容顺利执行必须付出的管理成本
变动成本	履约成本	交易的对象不能依据契约的规范进行履约，造成契约无效所付出的额外的成本，例如诉讼成本等。此外，为使契约顺利进行，改善方案的提出与评估，也可归于此一成本之中
	议价与决策成本	合作并非静态的，而是持续变化，因此合作中由于政治因素、突发事件等因子的存在，致使未预及的成本也随之增加

❶ 威廉姆森：《资本主义经济制度》，段毅才等译，商务印书馆，2004年。

❷ 曹艳秋：《转轨信息不对称与规制效率》，经济科学出版社，2011年，第107页。

❸ 威廉姆森：《资本主义经济制度》，段毅才等译，商务印书馆，2004年，第35页。

❹ 李彦圻：《高速公路电子收费之政策吊诡——交易成本理论观点下的公私协力》，台湾运输研究所论文，2003年，第33页。

交易成本的节约是企业生产、存在以及替代市场的唯一动力❶。政府直接提供公共产品一直被认为成本高昂,公私合作模式则由于引入市场机制成本相对较低,但却往往忽略了公私合作中的交易成本问题。事实上由于公私部门的性质差异,目标差异决定了公私合作的高交易成本,法国经济学家克洛德·梅纳尔运用实证方法,研究了交易成本与公共产品供给模式之间的关系,发现交易成本的大小决定了公共产品是有政府直接供给或是通过公私合作模式提供,甚至由于公私合作的交易成本过高,导致了公私合作的事实的低效率甚至是无效率❷。公私合作并未真正解决信息不对称和代理成本问题,私部门为了自身利益的最大化往往出现一些不道德行为,损害委托人的利益,如逆向选择、搭便车,甚至合谋腐败。新制度经济学提醒我们切莫盲目追求利润最大化,制度的选择与设计涉及合理的经济决定,此外更需考量公私合作中的政治交易成本,如公民权力、社会公平等多项非经济面交易成本。另如 North 所言:"在产生交易成本的各个层面中,政治过程困于交易成本的情形,要比经济关系困于交易成本还要严重❸"。现代经济体系中交易成本无所不在,交易成本是政府规制介入公私合作的重要原理。公私合作中同样存在信息的不对称性、合作契约的不完全性,如若公部门无法实现有效的监督,不利于公部门的公共利益的实现。无论公部门还是私部门,虽然都从各自的自身利益出发,但也正因此更重视"信赖关系"和"透明机制"的建构,进而减少和降低信息不对称和交易成本,实现合作双赢的局面。公私合作双方处于"同一条船上"的基础中,不仅仅单方面由公部门思考目标的达成以及是否合乎公众利益,私部门同样也必须考虑自身成本,并评估风险,用以双方皆能获利❹。尤其是公用事业更应建立以公共性为目的和以企业性为手段的认知基础上,二者不是互相对立,而是目的和手段的关系❺。从交易成本的角度来看,减少契约成本和履行变动成本,公私合作的格式合同和工作指南已经成为最佳的途径选择之一,减少公私部门之间的协商与缔约成本的产生,因此,在公私合作中,减少交易成本的有效途径是基于透明机制的构建意味合作中的信息的公开制度。

---

❶ 张维迎:《企业的企业家——契约理论》,上海三联书店,1995 年,第 76 页。

❷ 【法】克洛德·梅纳尔、斯特凡·索西耶:《公用事业的合约选择与绩效:以法国的供水为例》,载《比较》,2004 年,第 13 辑。

❸ Douglass C. North, "A Transaction Cost Theory of Politics", Journal of Theoretical Politics, 2 (1990) p. 355-367.

❹ Johe Forrer, James Edwin Kee, Kathryn E. Newcomer, Eric Boyer (2010). Public-Private Partnership and the Public Accountability Question, Public Administration Review. p. 475-482.

❺ 林淑馨:《日本公私协力推动经验之研究:北海道与志木市的个案分析》,载《公共行政学报》,2009 年,第 32 期,第 33-67 页。

（三）公私合作中外部性与自然垄断的规制

萨缪尔森在1954年，提出了公共产品的概念，他根据不同物品的排他性和竞争性的特征，将物品分为私人产品和公共产品两类。公共产品具有非排他性和非竞争的特征。非排他性是指“无法排除他人从使用公共产品或享受公共产品中获利，也可能是经过技术处理可具排他性，但因成本过高而在经济上不可行”[1]。非排他性意味着不可能把任何人排除在产品的收益范围之外，因此存在搭便车的问题，这些产品一般不能由市场提供，而当私人提供时，供给会不足[2]。非竞争性则是一个人消费不会减少或阻止他人消费的情形，增加供给边际成本为零。非竞争性意味着把任何人排除在受益范围之外都是不可取的。布坎南对公共产品的非排他性特点提出了质疑，他认为萨缪尔森的二分法过于简单不符合实际。“纯公共产品的在实践中并不存在，这个定义（公共产品）具有到高度的限定性，严格说来，没有哪种物品或服务在真正的描述性意义上符合这一极端定义，现实财政制度中由公共融资的物品和服务，绝少表现出这种纯公共性，甚至最能体现公共性的经典案例——国防也不例外”[3]。同时，他提出了“俱乐部产品”理论，认为大多数的公共产品实际上是一种介于纯私有产品与公共产品之间的“俱乐部物品”（Club Goods），完全无排他性的产品是极少的，大多公共产品的无排他性是有一定限度的，取决于有多少个消费者[4]。

公共产品和自然垄断则是市场失灵的典型，也是政府规制的理论起点。自然垄断与公共产品的属性紧密相连。基本上垄断有两种主要来源，一是政府的特许，另一个则是因为产业的成本特性。前者称人为垄断；后者则为自然垄断。自然垄断指某一产业，因生产的规模经济，其长期平均成本会随产量不断下降，不论是人为独占或自然独占，都能因有效限制新厂商进入，而造成市场失灵的情形[5]。严格来讲在市场经济框架下，政府的职能仅限于提供公共产品，与市场而言，公共产品是政府介入市场的重要理由之一。政府基于公共利益的考量，一旦市场产生失灵而导致“帕累托最优”的无法达成，致使政府介入市场以补充市场机制的不足[6]。事实上，政府与市场的关系一直来都是处于相当微妙的互动关系，斯蒂格利茨的研究认为，在民营化之前建立有效的规制框架，能带来巨大的回报并有利于增加服务

---

[1] 陈干金：《公共服务民营化以及政府管理研究》，安徽大学出版社，2008年，第55页。

[2] 斯蒂格利茨：《公共部门经济学》（上），郭庆旺等译，中国人民大学出版社，2014年，第114页。

[3] 布坎南：《公共物品的需求与供给》，马珺译，上海人民出版社，2009年，第47页。

[4] 布坎南：《公共物品的需求与供给》，马珺译，上海人民出版社，2009年，第50页。

[5] 张佳弘：《从政府管制探讨竞争政策》，载《公平交易季刊》，2000年，第8卷，第3期。

[6] 赵扬清：《竞争政策与解除管制》，载《公平交易季刊》，1999年，第7卷，第1期，第138页。

数量及降低服务价格[1]。公私合作中常见的公用事业具备网络产业的特质和技术限制所具有的自然垄断性[2],对其产业结构进行水平与垂直的整合,有助于成本的降低,达到规模经济与范畴经济的效果[3]。自然垄断的情形,经济学普遍认为需要对价格实施必要的规制。由于公私合作领域,通常公共产品(或俱乐部产品),一般具有自然垄断性,涉及公民的基本权利。例如供水、供电、道路等公共设施都是政府必须提供的普遍服务义务。政府规制的介入更履行了福利国家以合理的费率提供稳定与充分的给付行政的国家目的,"如采用自由放任的态度,则可能导致社会资源的浪费,进而形成重复投资或者过度使用的现象,因此,即使政府介入市场运作,必须付出若干必要的交易成本,但是规制所带来的经济效益,可以确保社会正义,并增加社会福利"[4]。不过值得注意的是政府介入并非是取代市场而且意在补充,目的在于提升市场绩效和福利最大化。

公私合作试图解决公共部门提供公共产品和公共服务的无效率和普遍服务问题[5],但遗憾的是,现实中往往无法实现。在公私伙伴合作中,公共部门作为公共利益的代表者和公共权力的行使者,是消费者的代理;私人部门则作为契约关系的乙方,成了公共部门的代理。如此在代理链条上,私人部门又间接成了消费者(公民)的代理。私人部门不会因为加入到公私合作关系中改变盈利的目标,但是在其作为消费者间接代理人的情况下,又不得不考虑消费者的利益,在这种状况下,一方面是私人部门的盈利目标,另一方面是消费者的公共利益,两个目标彼此冲突的后果就是,合作关系的任何一方及消费者都无法获得最佳的福利回报[6]。公部门区别与私部门的最大不同就在其"公共性"的本质,肩负公平正义的使命,除了经济效益外,更加注重考量公民权利、资源分配的社会公平等多项非经济性的交易成本。因此在公私合作中,公部门的目标价值多元,而与单一的效率最大化的市场理性相偏离。因此,从公共产品的角度来看,公私合作的模式并未改变所供给产品的性质,公共产品的外部性和自然垄断性特征依然需要通过政府规制加以矫正。

---

[1] Stiglitz J E. Promoting Competition in Telecommunications[Z]. Working Paper,1999.

[2] 对自来水、电力、电信等网络产业而言,由于规模经济很高,且投资成本甚大,在此情况下,在某一特定地区如果同时存在两家以上的业者,就会出现生产无效率的情形。

[3] 张玉山、李淳:《公用事业管制革新与管制组织的重新定位——以电力事业为例》,《管制革新学术研讨会会议论文集》,2000 年。

[4] 张佳弘:《从政府管制探讨竞争政策》,载《公平交易季刊》,2000 年,第 8 卷,第 3 期。

[5] 实践中政府与公共产品的供给主要有三种模式:一是由政府直接生产或者提供纯公产品;二是政府与私人部门合作公同提供公共产品,特别是在介于纯公共产品与私人产品之间的俱乐部产品的供给上;三是政府不再直接提供公共产品而是制定相应的政策和法规,规范公共产品供给价格、品质以及效率。参见郑书耀:《准公共物品私人供给研究》,中国财政经济出版社,2008 年,第 36-57 页。

[6] 王桢桢:《公私合作困境的理论解析及其评价》,载《广州大学学报(社会科学版)》,2010 年,第 2 期。

二、公共行政学:公共性理论

(一)公共行政学的复苏:公共性的回归

20 世纪 60 年代以来,以经济学理论作为其理论基础,以市场经济为取向的竞争式管理方法,以效率为取向的战略管理方法,以结果为取向的绩效目标管理方法,以顾客为取向的回应性管理方法为内容的、具有实证主义特征的新公共管理学[1],迅速兴起,形成了一场追求经济、效率和效益目标的管理改革。新公共管理(New Public Management,简写 NPM)强调政府减少对社会及市场的干预,让市场机制得以充分发挥,利用民营化、私有化等形式,重视政府的产出效能性,注入企业家精神,建立企业型政府[2]。新公共管理学,倡导的政府改革是基于经济不景气、财政恶化和正当性危机等险恶环境,试图提出克服双重困境解决良方,希望释放官僚,治理工作更具弹性、创新与回应,导入民间活力,运用契约手段和非营利组织等来执行公共服务,以摆脱万能政府困境,实现"小而能,小而美"的自由市场和新保守主义的理想[3]。然而另一方面,企业型政府,"有行政权集中之势,相对剥夺了立法权的疑虑,太重视民营化、市场化的结果,降低了政府的天职乃在促进平等的社会责任,而将国家沦为所谓'空洞国家',更因重视短期效益,忽略长期效益,而偏离了公共利益的本质"[4]。更加让人忧虑的是,新公共管理的效率导向和"顾客"导向,造成政府过多地为"利益财团"服务,而忽略贫民的权利,产生政府规制俘获、阶级对立甚至是政府治理危机。

与新公共管理学派的蓬勃发展相反,20 世纪 60 年代出现的强调社会公平的公共行政理论在过去 40 多年中发展缓慢,实践影响力趋于微弱[5]。直至 20 世纪 70 年代初,以弗里德利克森为代表的美国新一代公共管理学者掀起了一场"新公共行政管理学"运动,从规范意义上区分了"公共性"与"私人性",批判了新公共管理以"效率"为追求,忽略"公平性",转向以"公平"为核心,强调公共性的归回。"新公共行政学强调公共行政的公共性特质,认为效率固然是公共行政价值追求的目标,但不应该是其唯一的价值;公共行政应回归到以自身价值为主体的地位,并形成以社会公平为核心,民主、责任、效率并存的价值体系;公共行政要关注公共利益的实

---

[1] 何颖:《新公共管理理论方法论评析》,载《中国行政管理》,2014 年,第 11 期。

[2] 余致力:《论公共行政在民主致力过程中的正当角色:黑堡宣传的内涵、定位与启示》,载《公共行政学报》,2003 年,第 4 期。

[3] 吴琼恩:《行政学》,三民书局,1997 年,第 98 页。

[4] 林锺沂:《行政学》,三民书局股份有限公司,2001 年,第 254 页。

[5] 孙珠峰:《后新公共管理时代钟摆现象》,载《南京社会科学》,2013 年,第 9 期。

现，更要关注少数族群和弱势群体的利益”❶。直至2008年后，新公共管理与新公共行政学派开始趋向融合，“新公共管理关注的是拥抱市场，新公共行政关注的是拥抱公平正义，拥抱民主行政，因而，便有如何兼顾经济学的效用与公共正义取得良好平衡的共识”❷。

（二）公共性与企业性调和

公共性的含义丰富多变，具有多样性和不确定性。但多数学者从公共性的本质与对象两个方面来讨论。就公共性的本质而言，据学者哈蒙（M. Harmon）在1969年的界定是“在一个民主的政治系统中诸个人与诸团体政治活动持续变动所产生的结果，此一定义说明了公共利益是民主政治系统的产物，是社会公益而非私益，具有全体性、公德性与福祉性，能够经由民主的程序予以体现❸”。就对象而言，公共性的对象包括对象有利益团体（多元主义之观点）、理性的消费者（公共选择理论观点）、被代表者（代议观点）或是服务对象（提供服务观点）与公民（公民的观点）❹。公私合作往往发生在公私交叉边缘区域，从公共产品的供给来看，由于供给模式的转变和公部门职权让渡和分享，因而使得公私合作兼具公共性和企业性双重性质。“一方面，所有权为政府所有，在政府的监督管制之下，拥有接近于一般政府活动的性质；但另一方面，其管理又具有一定的自主性，并以独立收支平衡作为经营原则，故亦具有较接近民间企业的性质。公私合作本身是介于政府行政和民间企业的中间领域而设立，一部分和行政相同，负有达成公共目的之义务，另一部分则与企业相似，都属于收益性质的事业”❺。基于公私合作中的公共性的考量，政府规制主要关切经济上的公平性（经济规制）和安全与品质以及弱势群体的普遍服务（社会规制）。因此，从公共性的角度出发，行政权在保护公共利益目标的指引下，存在介入的必要。

企业性与市场经济紧密相连，企业性即以追求利润为目标，正如上所述，新公共管理学以强调效率与利润为出发，在公共事业领域其局限也是明显，私人部门对于不具有经济效率的公共事务不愿涉及或者规避，因而无法满足公共产品的社会公平性与普遍服务。民营化的政策使私人部门开始扮演起公共服务提供者的角

---

❶ 宋敏：《新公共行政学研究》，山东大学博士论文，2010年，第64页。

❷ 2008年第三次明诺布鲁克会议的与会者达成了三个共识：第一，是新公共管理与新公共行政两个学派相结合的问题“新公共管理关注的是拥抱市场，新公共行政关注的是拥抱公平正义，拥抱民主行政”，因而，便有如何兼顾经济学的效用与公共正义取得良好平衡的共识；第二，在全球化时代，应该关注全球化的重大议题；第三，学界应该多做一些各国比较行政的议题。参见孙珠峰：《后新公共管理时代钟摆现象》，《南京社会科学》，2013年，第9期。

❸ 吴琼恩：《行政学》，三民书局，1997年，第129-131页。

❹ H . George Frederickson：《公共行政精义》，江明修译，五南出版社，2003年，第30页。

❺ 林淑馨：《铁路电信邮政三事业民营化——国外经验与台湾现况》，台北鼎茂出版公司，2004年，第27页。

色,也使公、私部门的界线愈形模糊,这种现象造成公共责任的模糊与课究责任的实际困难,所以政府如何透过法制化来规范民间准政府(Quasi-government)的义务和责任,也是民营化的重要议题❶。公共性与企业性之间的调适,尤其是对企业性的规制,为政府规制以及规制改革提供了可能与需求。政府规制如何介入和平衡公共性与企业性,公私合作的公共责任是新公共行政学派对此的回应。新公共行政学吸收了新公共管理学理论,提出在扬弃传统的国有化手段并开放市场参与限制的"解除管制"后,并不意味着国家对经济行政管理会因市场开放而完全解除,其代表的仅是强度的降低及方式的调整❷。因此,在新公共行政学理论下,公私合作中的政府规制首先是"解除规制"下的公共性回归,而非简单的企业型政府构建,公共性回归更加强调了公私合作中政府的责任和公益的保护。其次,公共性的回归要求更加注重公私合作中的政府规制的品质。如何在"促进事业竞争"与"维护公共利益"两者之间寻求一个平衡点,成为政府实施解除管制过程中重要的课题。

三、行政法:担保国家理论

(一)担保国家理论

担保国家理论是现代国家角色与任务变迁的背景,在国家学与行政法学领域备受重视。担保国家理论的发展与自由化、私有化、民营化和公私合作等行政革新议题息息相关。随着民营化与公私合作的兴起和发展,国家不再亲自履行公共任务,由"给付者"的角色,变迁到"担保者"的地位,国家的角色定位不再被视为独自的直接给付者,而是由自由市场的框架秩序的塑造,以规制的方式来保障私人的给付能够实现预计的公益目标❸。然而,从国家确保公益的立场而言,民营化或是私部门的参与行政任务执行,虽可减轻国家自为供给之负担,但却绝非是足以使国家宛然退缩,完全放任市场机制自行运作的正当性理由。国家对于人民生存照顾之供给仍具有担保责任,从"给付责任"转变为"担保责任",国家形态从往昔之"给付国家"变迁到现今之"担保国家"❹。"担保国家之概念为私人参与公共任务之履行时,国家对该公共任务之确实完成,所应负担之保证责任"❺。

担保国家理论从国家在行政任务执行中的角色出发,按照国家执行行政任务

---

❶ 张其禄:《管制行政:理论与经验分析》,台北商鼎文化出版社,2006年,第36页。

❷ 宋敏:《新公共行政学研究》,山东大学博士论文,2010年。

❸ 许登科:《德国担保国家理论为基础之公私协力(ÖPP)法制——对我国促参法之启示》,国立台湾大学法律所博士论文。

❹ 蔡宗珍:《从给付国家到担保国家——以国家对电信基础需求之责任为中心》,载《台湾法学杂志》,2009年,第122期(下)。

❺ 林明锵:《担保国家与担保行政法——从2008年金融风暴与毒奶粉事件谈国家的角色》,载《政治思潮与国家法学》,元照出版社,2010年,第577页。

的密度由强至弱将行政责任区分为履行责任、保障责任、与网罗责任三种类型❶。从任务属性划分的角度来看，依照传统“国家与社会二元对立模式”，很容易将任务区分为“国家任务与社会任务”或“国家任务、公共任务与私人任务”❷。而担保国家理论不再以事物领域来划分任务的性质及其归属，而是依责任的范畴来划分，自公私合作国家任务的转变，国家任务可能由国家与私人合作的方式达成❸。从责任与风险的分配角度来看，担保国家本质上是一个整合国家与社会，并在两者间作责任分配的治理机制。公私合作中行政任务转移由公私部门合作或私人承担，国家已不再负担该项任务的执行责任，由责任角度来看，国家与社会的责任已重新分配和调整，但国家并非只是单纯的抽身，在诸多对于经济社会民生乃至于关于人民基本权力影响颇深的行政任务，国家虽已免除执行之责，但仍旧应负照顾看管的义务，即国家仍应对于这种“后民营化”阶段，负有的规制义务，晚近许多行政法学逐渐以“行政责任”一词称呼之❹。国家基于监督责任、保障责任或组织化责任之保障，国家任务民营化后，对于任务实现之保障，国家具有以下管制义务：给付不中断之担保义务、维持与促进竞争之担保义务、持续性合理价格与一定给付质量担保义务、既有员工的安置担保义务、人权保障与国家赔偿责任之担保义务❺。不同于责任层次角度的类型化，从实定法的视角，在具象领域来观察担保责任的分类，以公用事业公私合作为例，梳理相关实体法，可以清晰地具体化将国家担保义务概括为：“普遍服务的担保”“持续品质给付担保”以及“有限竞争的担保”三项基本内容。

一是普遍服务的担保责任。公部门基于宪法和法律规定基本权利保障义务及公共利益维护的任务，公私合作的运用并未改变公部门对公共任务的责任，公部门担负对普遍服务的担保义务。普遍服务就是公私合作的一种形式衡平机制，是国家为避免市场竞争下生存照顾义务的无法达成的担保义务。在一些偏远地区公用事业高成本低收益，由于私部门的营利性的追求，必然造成给付不能或者高价给付

---

❶ “履行责任”系指国家自行从事特定任务的责任，即国家亲自执行；“保障责任”则指特定任务虽由国家以外之私人或社会部门执行之，但国家须负起担保私人与社会部门执行任务之合法性，尤其是积极促其符合一定公益与公共福祉之责任；至于“网络责任”，则注重于辅位功能，仅于具公益性质管制目的无法由私人或社会部门达成或管制失灵时，国家才承担履行责任，故此项是潜在的国家履行责任。参见：詹镇荣，《民营化后国家影响与管制义务之理论与实践——以组织私法化与任务私人化之基本型为中心》，《东吴大学法律学报》，2003 年，第 15 卷，第 1 期。

❷ 詹镇荣：《民营化后国家影响与管制义务之理论与实践——以组织私法化与任务私人化之基本型为中心》，载《东吴大学法律学报》，2003 年，第 15 卷，第 1 期。

❸ 张桐锐：《合作国家》，《当代公法新论》，元照出版有限公司，2002 年，第 574 页。

❹ 许宗力：《法与国家权力》，元照出版有限公司，1993 年，第 56 页。

❺ 许宗力：《论行政任务的民营化》，《当代公法新论（中）——翁岳生教授七秩诞辰祝寿论文集》，2002 年 7 月，第 607 页。

的结果,国家通过法律的干预处于自然垄断的供给者,运用专项基金、交叉补贴、税收豁免等手段和工具,以维护所有公民平等地享有普遍服务。

二是持续品质给付的担保责任。为履行此“给付不中断”的担保义务,国家必须有相关的配套措施,以应对当无法提供给付或者给付发生中断情形时所将面临的危机,国家对于私人无法继续执行公共任务时,理应负担起给付不中断之责任❶。由于公私合作隐含着公共职能的让渡,因此担保普及服务和给付不中断显得尤为重要,在公用事业特许经营中设定私部门强制缔约和给付不中断的义务❷,同时当私人主体给付不能时,公部门有权采取临时接管措施以确保公用事业的连续性和稳定性,并承担给付的最终责任。同时在给付的品质上,公部门也担负着确保给付质量满足基本需求和契约约定的维持一定品质的给付,例如在电力、燃气、供水等实体法上均有公部门的给付品质担保义务,并设定了相应的介入权。具体来说,公法应当授权政府对私主体提供给付标准制定以及监督权,对提供公共服务的资质加以严格审查,防患于未然,只有达到一定标准的组织才能被许可从事某种公共服务,同时,应当对合作的私部门的进入或退出市场,以及诸如转产、停产等经济权利加以必要限制❸。

三是有限竞争的担保责任。公私合作的核心是引入竞争机制,市场公平竞争规则的制定和秩序的维护是国家保障责任核心任务(这种竞争包括公私之间的竞争以及私人之间的竞争,同时,由于公私合作领域往往是自然垄断行业,并担负普遍服务的义务,而非完成竞争市场,仅为有限竞争市场或者可竞争市场)。公私合作的领域往往是垄断色彩浓厚,竞争不足,同时,从实践来看,由于公共任务的专业性和承接主体数量的不足,导致公私合作成为公共垄断的让渡而已,私人公共领域背离合作的初衷与目的,私人的经济理性危及公共利益。因此,竞争担保义务尤显重要。以公用事业公私合作为例,原公用事业继受者往往凭借基础设施、既存客户数量等竞争优势,排挤新加入市场的其他业者,造成竞争扭曲与市场失灵的现象,甚至致使民营化后自由竞争的目的不达❹。因此,国家基于基本权利的保证义务,应保障新进入市场之经营者的竞争自由不受公营事业继受者不公平之侵害,保障供给效率与给付稳定,制约不正当竞争行为。至于规制工具,詹镇荣教授认为在公

---

❶ 许宗力:《论行政任务的民营化》,《当代公法新论》,元照出版有限公司,2002 年,第 607 页。

❷ 这类强制缔约与给付不中断义务,在供水、供电、公共交通等领域广泛存在。如《中华人民共和国电力法》第 26 条规定:供电营业区内的供电营业机构,对本营业区内的用户有按照国家规定供电的义务;不得违反国家规定对其营业区内申请用电的单位和个人拒绝供电。第六十四条:违反本法第二十六条、第二十九条规定,拒绝供电或者中断供电的,由电力管理部门责令改正,给予警告;情节严重的,对有关主管人员和直接责任人员给予行政处分。

❸ 袁曙宏,宋功德:《通过公法变革优化公共服务》,载《国家行政学院学报》,2004 年,第 5 期。

❹ 王文宇:《公用事业管制与竞争理念之变革》,载《台大法学论丛》,2000 年,第 29 卷,第 4 期。

私合作的语境中不对称规制、市场滥用规制、共享基础设施管制，以及网路接入规制均是促进公平竞争的有效规制手段❶。

(二)国家担保责任的实现

公私合作中国家虽然可以从自己的给付责任中解放，但是取而代之承担的通常是监督的责任，同时也有可能是保证的责任与组织化的责任，确保该任务能被恰当地履行❷。“担保国家在行政任务之实践上，国家透过法规框架的构建以及行政规制手段的介入，规范和保障私人执行公共任务时的服务质量、消费者保障和社会福祉。担保责任所采取的行政措施，最典型者即是政府规制措施”❸。公私合作是整合多元社会中的不同利益来实现公益，国家与社会间必然会产生不同的责任分担，国家必须建构系统的规制体制，以确保其实现公益的责任❹。从政府规制的角度来看，担保责任也意味着政府规制的理论以及方式转变。

真正的民营化政府责任是不能被转移的，不会造成政府角色的消失，政府仍要承担政策说服、规划、目标设定、监督标准拟订以及执行、评估及修订导正等功能，公私合作的成功，是建立在一个健全的政府功能基础上的，而这种担保恰恰是通过政府规制得以实现❺。合作的框架下，政府规制以提供诱因的方式诱导受规制者作出政府期望的行为，而非采取威权限制的方式，政府规制的目的也以担保国家责任的实现为限，而对于其如何达成结果的过程，则在所不问，进而使得受规制者获得更具弹性的选择空间。

第三节　公私合作与政府规制之契合

从公私合作与政府规制发展的脉络观察，公私合作与政府规制高度契合，二者背景同一，理论同源，公私合作的发展推动了政府规制革新，国家形态从福利国家转向规制国家，规制理念、规制工具全面革新；政府规制则是对公私合作的塑形和规范，二者作用交互。公私合作的兴起和规制革新，都是在福利国家下凯恩斯主义下通货膨胀和经济增长滞胀的背景下推行的改革措施，公私合作与政府规制革新二者犹如孪生，在发展背景上具有同一性；在理论基础上，多中心主义，合作国家以及行政裁量理论成为公私合作和政府规制革新的重要理论基础，其在理论上具有

---

❶ 詹镇荣:《民营化法与管制革新》,元照出版有限公司,2005 年,第 132 页。

❷ 程明修:《经济行政法中公私协力行为形式的发展》,载《月旦法学杂志》,2000 年 5 月,第 60 期。

❸ 许登科:《德国担保国家理论为基础之公私协力(ÖPP)法制——对我国促参法之启示》,国立台湾大学法律所博士论文。

❹ 许宗力:《论行政任务的民营化》,《当代公法新论》,元照出版有限公司,2002 年,第 624 页。

❺ 王文宇:《公用事业管制与竞争理念之变革》,载《台大法学论丛》,2000 年,第 29 卷,第 4 期。

同源性。公私合作的发展推动了政府规制的革新，国家形态从“福利国家”向“规制国家”转变，政府规制同样产生反作用于公私合作对其进行塑性与规范，促进公私合作的良性发展，二者呈现出作用上交互式的互动关系。

一、理论的同源

梳理和分析推动公私合作发展和引发政府规制革新的基础理论，可以发现，二者都受到了多中心主义理论、合作国家理论以及行政自由裁量理论的共同影响，公私合作与政府规制革新都遵循或者受作用于这些理论的影响，并推动二者的相互作用，共同发展。

（一）多中心主义是公私合作和政府规制革新的共同的理论源头

公共产品供给的多中心主义由美国经济学家奥斯特罗姆创立并形成体系。多中心主义要求摒弃公共产品提供和社会治理上“非公即私”的绝对理念，认为市场和政府各有其优势，认为公共产品和社会治理的主体应当多元化，各种主体和机制之间协调配合，对“公共池塘物品”的治理，超越政府与市场的选择，建立基于“契约”的新的分配制度安排，由“单一”走向“多中心”，更好地回应公共产品需要的多样化差异化❶。从国家责任和空间的角度看来，多中心主义实质上是国家垄断的“公领域”的开发，公共产品、社会治理不再由国家垄断，私人力量和作用向“公领域”渗入。因此，公共产品供给中国家不再是唯一的主体，供给者与购买者的角色分离，引入更多的市场机制，提供更加多元的公共产品，并给予社会公众更多的公共产品的选择权❷。

福利国家以分权化（Decentralization）、民营化（Privatization）和商业化（Commercialization）为现代福利供给的发展趋势，而这种趋势又符合新右派的思维。服务输送的发展趋势，应加强市场与商业供给的角色。其实当前我国的照顾产业政策就具有浓厚福利混合经济（Mixed Economy of Welfare）和福利多元主义（Welfare Pluralism）的意识形态，它是国家照顾角色的转型路径，也是一种政府再造和改革计划，其重点之一就是要整合各部门的资源，建立有计划的福利服务输送❸。

公领域的开放，不再强调国家的中心地位，而是建立分散地、多中心地任务实现结构，政治系统只是社会次级系统之一，并不居于阶层的顶点，也非居于中央化

❶ 【美】埃莉诺·奥斯特罗姆：《公共事务的治理之道》，余逊达、陈旭东译，上海译文出版社，2012 年，第 46 页。

❷ 以公共福利供给为例，英国 1989 年发布的社会福利发展白皮书中，提出社会福利供给的改革，将社会福利政策的方向指向多中心供给，以福利混合的多元部门为供给模式。

❸ 陈燕祯：《福利？市场？台湾照顾产业政策之初探》，载《通讯研究集刊》，2008 年，第 20 期。

结构之中心❶。在这样的多中心结构下,政府规制应当放弃由上对下的阶级式的互动关系,而改变为次级系统间的同位阶式沟通结构。国家机关不再自己单方地定义公共福祉与实现公共福祉,而是在与社会团体与个人合作中实现。与以往国家与社会二元的理论模型,"管制的"国家与"自我规制的"社会二元理解不同,在合作国家模型中,国家与社会仅是由不同运作逻辑所支配的组织,各自分担着不同功能,一项任务如不是全有或全无式的转移,则可能由国家与私人的合作协同来实现,即将私人拉进国家实现其任务而分担部分责任❷。多中心理论模型中公共产品的多元供给体系是基于成本效率理念下考量,其核心是在理性选择等经济工具的思维下,思考如何有效地提供公共财货,如何降低其生产或服务成本,以达到最高的供给效率。多中心(Polycentricity)组织则不排斥中央权威的存在,权力分散的特性能克服集权、分权制度的缺点,因此符合极大化假设的多部门或合作型组织为最有效率的组织❸。新公共产品供给理论主张公民为政府的领导者,而非顾客采买般的消费主义,因此社会中所有阶层,不分种族、性别、宗教皆可参与足以影响其利益之决策,政府角色则属于"转换型""促进型"的公共服务者,提供民众参与的途径❹。

但是,值得注意的是政府部门运用市场机制将公共产品供给责任转移到私人部门,自身角色有直接供给者转变规制者,但事实上,政府对于公私合作的最终的成败负有担保兜底责任,其责任反而更重大,而不是所谓的退却与脱逸。

分权、效率以及自主是多中心主义的理论核心,受其影响,政府规制在英国撒切尔时期和美国里根时期的改革以分权和多元为导向,推动以放松市场规制为核心的规制改革,解除规制,激发市场活力,同时充分运用行业协会、社会团体的力量实行社会自主规制,政府规制不再是由政府单一主体的一元,而是一个政府、市场、第三方组织多元的规制体系。此外,多中心主义理论所强调的效率和快速回应的特征,对政府规制革新的效率改革产生了深远的影响,政府规制革新趋向更加弹性和效率,政府规制运用手段和工具更加弹性,比如契约规制手段引入,同时考虑政府规制本身的成本与效率考量,成本—效率分析工具被引入到政府规制之中。

(二)合作国家理论是公私合作和政府规制革新的共同的理论支撑

从理论的脉络来看,多中心主义的发展推动了公私合作的发展,使得国家类型

---

❶ 【法】迪骥:《公法的变迁》,郑戈译,商务印书馆,2013 年,第 135 页。

❷ 吴英明:《公私部门协力关系和公民参与之探讨》,载《中国行政论丛》,2007 年,第 2 卷,第 3 期,第 12 页。

❸ Williamson, O. E. 1991. Comparative Economic Organization: The Analysis of Discrete Structure Alternatives. Administrative Science Quarterly, 36(2): 269-96.

❹ 江瑞祥:《公共建设执行之组织型式甄选》,载《公共行政学报》,1988 年,第 22 期,第 149-161 页。

从传统的警察国家向合作国家转型。合作国家理论的发展推动了政府规制的革新，合作型规制兴起，并成为重要的规制模式。第二次世界大战以后以凯恩斯主义和贝弗里奇社会保障理论为基础的福利国家成为主流。随着国家福利的功能和范围大幅扩展，致使国家在福利中的职能从消极的警察国家角色，转变为以福利国家形态出现的积极干预角色，福利国家与法治，弥补了市场失灵所引发的不足，英美国家因此在经济繁荣、社会平等以及充分就业等目标上，取得了令人满意的表现，成就了福利资本主义的黄金年代[1]。然而，1980 年以来，福利国家面对财政危机、福利陷阱、合法性质疑等重重困境，哈耶克甚至警告福利国家是“通向奴役之路”。此后，以弗里德曼为代表芝加哥经济学派展开一场长达三十年的“对福利的作战”（War on Welfare），福利国家所倚赖的社会民主主义和平等的自由主义被彻底地一一检视、分解批判和自我调整[2]。

受到公私法二元秩序的架构影响，过去国家对于责任的掌握，往往是以国家社会二元区分为前提，在提供个人自由发展的正当化基础的同时，确保个人能与国家保持一定“距离”而不受侵犯，尽管二元区分的架构有助于保持彼此间的距离感[3]，但随着国家与市场、第三部门之间的合作成为常态，在完全没有私人和社会力量参与的情况下完成国家任务变得十分困难，甚至不现实。因此，国家与社会彼此间的对立程度日益降低，而且这种趋势不仅发生在长期社会福利给付领域，并向全社会渗透扩张。在诸多领域也显示出国家身兼各种任务的“复合体”形象有别以往，因而姑且不论是时势所趋或是不得不的抉择，在善用整体社会力量的思维下，原先“专属的”国家任务已不若过去那般明显，此也反映出给付国家的发展瓶颈[4]。往往是藉由类似国家任务或“公共任务”乃至于“政府行为”等的概念来区划国家与社会领域，是故，社会得以自行形成秩序或规则，在此领域下发展出契约自由、私法自治等概念即属明证[5]。

福利国家转向合作国家，国家任务的主体不再仅由公共部门独自完成，公部门与私人共同分担达成法律目的的责任，现代国家任务已由积极的公共产品供给的直接履行者，转向为担保国家角色，逐渐卸除其履行责任，而退居身后成为国家责任的填补者，仅仅当私人给付不能或者履行重大瑕疵危及公共利益的情形下负担

---

[1] 郑俊严：《论福利国家的内在危机：从 Offe 与 Hayek 观点的探讨》，载《东吴社会工作学报》，2006 年，第 14 期。

[2] 张世雄：《理解福利国家：结构与制度的双元竞争，以及文化的遗落》，载《台湾社会福利学刊》，2011 年，第 10 卷，第 1 期。

[3] 李建良：《行政法入门》，元照出版有限公司，2004 年版，第 247 页。

[4] 黄锦堂：《行政任务民营化之研究》，《公法学与政治理论——吴庚大法官荣退论文集》，2004 年版，第 475 页。

[5] 李建良：《行政法入门》，元照出版有限公司，2004 年，第 246 页。

填补责任，国家基于担保角色与最终的承担者，承接私人给付承担直接履行责任。私人对国家责任的介入，对行政主体而言，国家从自己的给付责任中解放，但基于其仍具有持续一贯性的国家任务，取而代之而承担的可能是监督责任，同时也有可能是保证的责任或是组织化的责任❶。总而言之，在“合作国家”中，国家机关与诸社会势力间的距离已被消弭，国家机关不再自己单方定义公共福祉与实现公共福祉，而是与社会上之团体或个人合作。合作国家诚挚的要求参与，透过合作奖可以激发出社会的资讯来源与潜能❷。只是合作虽然有其正面评价，但缺点亦不容忽视。国家、社会与个人间之距离乃是法治国与民主的价值，合作有可能会导致距离感消失，造成个人特权、官商勾结，甚至腐化，因此，合作国家的规制优越性，只有在必要的距离被维持或重新设定时方能得到保障，从这点上讲，法律的重要任务只是创造距离与结构化的媒介❸。

合作国家的理论对政府规制的革新影响深远，合作国家模型的实质是政府的角色的重新定位，合作国家不仅要求在公共产品供给上发挥私人部门的作用，与之形成合作，同样在政府规制中亦发挥私人自主规制的作用，形成公私之间“合作型”的规制体制。合作国家理论是现代规制革新的重要理论来源，合作国家理论中关于公私主体之间平等合作的观点，为私法规制和社会自主规制突出传统公法规制的垄断奠定了理论基础，为私法规制和社会自主规制的兴起和发展提供了理论的空间。

（三）行政行为形式选择自由推动公私合作的多样化和政府规制工具活化

从行政法理论的发展来看，公私合作与政府规制革新都受到了行政裁量理论的深刻影响。行政裁量理论赋予了政府更为丰富的行为形态。行政事务的复杂性以及现代行政快速回应性的需求，行政裁量权日益受到重视。随着行政裁量理论的发展，行政机关被赋予更多的裁量空间，对行政行为的多样化的许容性日益放松。特别是国家形态由原来的警察国家到给付国家的转变，行政行为的行使已经发生了显著的变化。凡有关社会保险，社会救助，生活必需品的供给、举办职业训练、给于经济辅助及提供文化服务等措施，乃基于确认国家负有生存照顾的义务，进而主张国家应采取行政上措施，改善社会成员之生存环境及生活条件，故国家与人民间之法律关系并不必然是公法关系，亦有可能是私法关系，而面对此种多变的法律关系，行政主体之行为形式依德国实务以及理论之通说，认为国家于履行期行

---

❶ 程明修：《非型式化的行政任务》，《行政法之行为与法律关系理论》，新学林出版股份有限公司，2005 年版，第 227 页。

❷ 程明修：《公私协力行为对建构〈行政合作法〉之影响》，载《月旦法学》，2006 年，第 135 期。

❸ 程明修：《公私协力行为对建构〈行政合作法〉之影响》，载《月旦法学》，2006 年，第 135 期。

政任务时,若无相关法律之拘束,则其有选择以公法形式或私法形式之自由❶。形式的选择自由所涉及者不仅是给付机构的“组织形式”,也包括“行为形式”的选择自由。其中的选择自由包括三个层面的选择权:一是就给付主体而言,可以使选择公部门亦可选择私人部门或者两个的混合体;二是就行为的行使样态来看,可以选择法定的行为形式,亦可选择创新非形式化的行为;三是就形成的法律关系适用法律来看,可以选择为公法行为,亦可选择为私法行为❷。正如德国学者 Pestalozza 所指出的:“行政选择的过程是一种‘双重涵摄的尝试’,行为形式的选择同时意味着法律领域的选择,谁给行政机关行为形式的选择权,便是允许它决定关于程序、形式、义务程度、法律保证、责任、行政行为应遵循的法律规定及评价等的法律领域”❸。我国台湾地区的大法官解释 324 号和 540 号均对此种选择有过阐述:“行政机关对于行政作用之方式,固有选择之自由,如法律并无强制规定时,行政机关为达成公共行政上之目的,自可从公法行为、私法行为、单方行为或双方行为等不同方式中,选择运用” ❹。

因此,行政裁量理论契合了公私合作的多样态的特征,赋予了政府在执行公共任务时更为丰富的行为模式,而不仅限于传统的公法模式,运用私法完成公共任务成为新的潮流,满足了现代社会公共任务复杂化的需要。与此同时,就政府规制而言,政府的行政裁量权使得政府规制工具更加的多元和弹性,赋予政府更多的空间和余地,而不再固守传统僵化的高权行政行为模式。

当然,选择自由有其限度和界限。过度或者不受约束的选择自由容易导致法律的不安定性,造成行政行为和法律关系的识别困难。此外,公私法的选择自由将涉及法院的管辖和法律的适用问题,并对此造成困惑。更为重要的容易导致“遁入私法”的危险,行政机关往往使用私法的外衣,逃遁严密的公法规范,甚至会导致公共利益的旁落和公民基本权益的保障。这些困惑尤其是在公私法二元体系的大陆法系更为突出,甚至不相容。

二、背景的同一

从历史和发展过程的观察,公私合作与政府规制革新同处在 20 世纪 70 年代,公私合作与政府规制革新都是在经济自由化和契约治理改革的背景中兴起和发展的,构成了公私合作与政府规制革新的共同背景。

---

❶ 许宗力:《法与国家权力》,元照出版社,1999 年,第 7 页。

❷ 刘淑范:《公私伙伴关系(PPP)于欧盟法制下发展之初探:兼论德国公私合营事业(组织型之公私伙伴关系)适用政府采购法之争议》,载《台大法学论丛》,2011 年,第 40 卷,第 2 期。

❸ 黄越钦:《公法人与私法人》,载《政大法学评论》,1990 年,第 22 期。

❹ 陈爱娥:《公营事业民营化之合法性与合理性》,载《月旦法学杂志》,1998 年,第 36 期。

(一)经济自由化

经济自由化是20世纪70年代后的世界经济的发展趋势,经济滞胀后,自由主义市场经济成为美国和英国的主流学派,而凯恩斯主义逐渐退出,经济自由化浪潮在美国兴起,并迅速席卷全球。"随着原计划经济国家纷纷展开市场经济导向的经济转轨之后,市场经济理论进入发展高潮。相反,凯恩斯理论被视为国家干预主义的一种思潮,逐渐退入一个相对低迷的时期。"[1]经济自由化是推动公共领域引入市场机制和私人力量的重要原因。为解决财政危机,政府开始转向吸引社会和民间力量,发挥市场机制作用,以缓解财政危机。经济自由化在市场层面则是市场机制和私人力量的引入,英国实施了"民营化"的改革措施,德国推行了公用事业"共同经济义务"改革。在政府层面则是进一步的放松管制。日本则成立了"规制改革委员会"推动相关的经济自由化改革[2]。此外,OECD、WTO、APEC等国际组织也积极在其成员国积极推行市场化和解除规制的自由化政策。

经济自由化不仅推动了公私合作的发展,更为重要的是经济自由化的浪潮对公用事业治理结构产生重大挑战和深刻影响。经济自由化意味着国家对经济调控模式的改变,市场公平竞争机制逐渐成为经济活动基本秩序的框架,国家的角色重新定位,从过去的高权角色,向服务角色转变,国家在介入经济活动时,除了必须具备更强烈的正当性基础外,更应该严守补充性原则。全球一体化和自由化的竞争机制下,政府治理改革成为核心任务。同时,经济自由化下的政府治理改革席卷而来,传统公私对立,科层严密的治理体系受到挑战,公私合作的治理结构以及政府规制手段面临革新和改善。

总之,随着经济国际化、自由化及公部门民营化的潮流,现代公私部门的互动模式趋向于公私部门构成生命共同体,可视为相互依存、互动的一个"公、私连续体"(A Public-private Continuum),私部门不再只是依存于公部门之下的附合体,也不只是单纯配合公部门,而是与公部门形成一种水平式融合的互动关系。公私部门的互动从传统"指挥—命令""配合—互补"转化成"协同、合作、合伙"平等的关系,透过平等、合作,共同寻求解决公共事务的最佳方案[3]。

(二)契约治理的勃兴

为适应经济自由化之需要,通过政府治理改革提升竞争力,20世纪80年代开始,契约治理运动开始兴起。在20世纪最后几十年里,西方发达国家将契约观念逐渐引入公共部门的改革,并取得了成效。随后,契约以其体现出的巨大经济优势

---

[1] 袁志刚:《凯恩斯理论的现代意义及其局限》,光明日报理论版,2011年12月2日。

[2] 刘孔中、施俊吉:《管制革新》,中央研究院中山人文社会科学研究所专书,2002年,第4-20页。

[3] 李宗勋:《政府业务委外经营:理论与实务》,智胜文化出版公司,2003年,第66页。

和良好社会效果被现代政府广泛运用，政府治理模式也逐渐由垂直的、以等级权威为基础的“命令式”向平行的、以平等交易为基础的“契约式”模式转变❶。契约不仅是政府治理的形式，更是一种理念和方法。政府契约治理理论不仅强调政府不管是在处理政府内部关系还是外部关系上尽量采取具体明确的契约方式界定双方的权利义务，而且强调政府即使在没有签订具体明确契约的情况下，也要遵从自主、自由、平等、协商、公平、互惠、效率、合意、合作、责任等基本的契约理念和治理原则❷。

在英美法系，由于没有公私二元体系的束缚，契约在行政管理和规制领域应用有其天然的土壤与空间，诸如公共服务承外包契约、行政机关之间的合作契约等。在美国，公共特许权的授予，一般都要附带契约条款（起码是隐性的）作为交换；又如，在价格听证、环保标准、反托拉斯（绝大多数非刑事性质的反托拉斯案例都是通过当事人双方同意的判决解决的）中及其他管制领域中，讨价还价起着重要的作用，当然，契约方式的大量应用，与行政程序的推动、双方的利益成本考虑甚至经济的全球化等，都不无关联 。同时，在行政机构之间契约也被广泛地运用，由于行政事务的复杂性以及交叉关联的现象逐渐增多，美国联邦行政机关如今较多地使用了“行政协议”（Administrative Agreement）的方式以增强行政机关之间互相合作，进而使政府运转正常。在大陆法系，契约制度始终在不断地试图挑战与突破公私二元的藩篱。

法国将契约引入到公法领域由来已久，在1910年的中央行政法院对公共服务委托私人办理契约的性质做出明确的认定。第二次世界大战以后，福利国家遭遇困境，法国兴起了公共服务委托私人办理的高潮，将行政契约广泛地应用到经济发展和资源开发方面，以改进传统的命令式的执行计划方式，并称之为政府的合同政策，甚至有学者对公共服务领域过度滥用契约行为进行了批判。同样在德国，基于契约行为在行政领域的普及化与快速发展，德国早在1976年就颁布了《联邦德国行政程序法》并且设置专章对行政合同进行规范，以回应契约在行政领域的广泛运用的立法需求。

契约治理的勃兴，加快推动了公私合作的发展，同时契约也被广泛地运用到政府规制之中，契约已经成为极为重要的规制工具。公私合作主体平等、弹性协商的特征，推动了政府规制工具的革新。为顺应公私合作发展的需要，更具弹性，更强调主体平等协商的契约规制被广泛地运用，并成为政府规制革新的重要方式，由于公私合作兴起和发展，与传统的政府规制不同的是，契约已经被广泛大量地运用在政府规制中，成为政府规制的重要工具。

---

❶ 于正伟：《契约治理：现代政府的治理变革》，载《西南交通大学学报（社会科学版）》，2009年，第6期。

❷ 沈海军：《政府契约治理的核心要素与实现机制》，载《学术研究》，2013年，第8期。

三、作用的交互

公私合作和政府规制变迁高度契合,二者是规制与放松规制交叠更替的过程。一方面给传统的政府规制带来前所未有的挑战,另一方面,公私合作中的政府规制具有跨域私法与公法、主体多元、权限来源多元、规制形态多样的特质,公益性与企业性,效率与弹性等都需要重新思考新的规制理念和规制体系,探寻适应于合作国家时代下的新规制思维,改造和革新传统政府规制所面临的契机。政府规制需要根据公私合作的特性进行调适与革新,规制理念上,从放松规制到重塑规制,公私合作下的政府规制并非简单地放松或者解除规制,而是规制的重塑和"再规制"。规制手段上,将契约规制引入传统的规制中,从命令到契约转变,合作契约、行政指导等非型式化的柔性手段得到广泛运用。总体上政府规制自身也从规制到自治转变,从实质决策到信息提供转变,更加注重政府导航作用和社会力量发挥。公私合作与政府规制相互作用,相互影响,具有交互性。

(一)公私合作对政府规制的影响与促进

以公私合作、民营化等为标志的新自由主义和新公共管理理论的发展,对传统的政府规制和规制手段产生了巨大的冲击,虽然政府规制以及行政法等不断地自我革新、改造以及协调适应,但面对国家任务日益多样化与复杂化,推陈出新,强调权利保护与司法审查的传统行政法体系,对于这种变化无法给予回应。公私合作不仅引发了国家角色的变迁和契约型国家的兴起,也在某种程度上反映了单靠高权或单方管制的局限性,现代国家往往采取与私人对话、协商的方式来维系彼此的关系,连带地国家调控模式会趋向"契约化"发展❶。公私合作的发展对政府规制的影响和促进的作用是显著的、全方位的,公私合作推动了政府规制从理念、理论以及工具的全面革新。

其一,公私合作推开了解除规制的序幕。政府机关对于原有的规制法规进行松绑,采取解除或减少限制的措施,通过民营化、公私合作、去国家化、去集权化、减少补助、简化法律与行政程序,降低国家对产业的规制,开放市场竞争❷。福利国家的财政危机以及"规制俘虏"的大量出现之后,"解除规制"(Deregulation)似乎已成为规制革新的重心。以新自由主义和新公共管理理论为基础的规制革新,倡导市场自由,松绑经济,福利国家中大量政府的身影得以抽离。大量前置审批的废除,有效提升了企业的投资与成长,并增强竞争能力。但解除规制并非把市场开放就可以了,而是更要去促进市场竞争程度(Pro-competitive),解除规制并非让市场

---

❶ 陆敏清:《从德国修法历程论公私协力运用契约调控的发展》,载《兴国学报》,2003 年,1 月 31 日。

❷ 陈爱娥:《国家角色变迁下的行政任务》,载《月旦法学教室》,2003 年,第 3 期,第 106 页。

“任其自由”，而是透过适当的规制，维护公平竞争秩序，防止市场中的不公平竞争，以创造强化自由市场的竞争机能❶。公私合作的基本原理即在公共产品供给领域引入私人力量和市场机制对传统的处于垄断的公共产品供给领域的改造，因此，规制革新下的解除规制是公私合作的发展的必然要求。英国解除规制的开始就是顺应撒切尔政府推行民营化的结果。大量原处于高度垄断的地位公用事业被推行市场，高密度的规制体系得以放松或解除。“规制俘获”与“合谋腐败”被认为是公私合作魔咒，解决“规制俘获”的最佳途径即为“解除规制”。因此，解除规制与公私合作无论是在制度生产背景还是内在要求都是高度的契合，公私合作发展的核心就是解除不必要的规制。

其二，公私合作推动社会规制的发展。1970 年以后，除经济规制的品质得到改善之外，社会规制开始兴起。有愈来愈多的社会规制出现，它们虽不似以往的经济规制是以某一产业别的价格或厂商的进出来作为规制的标的，但却是以整体社会公益保护的观点出发，对产品质量、工作安全、环境保护、卫生健康等议题进行规制❷。以英国的规制改革为例，撒切尔夫人执政后，英国开始转而注意社会规制的问题，特别表现在相关法规命令的成长，保障工作者在工作场合不会受到性别、民族与地区等因素的歧视，重视工作场所的医疗与安全，英国政府不断透过法规扩大社会规制的范围，并且制订明确的规制规则，要求相关团体必须遵守❸。

其三，公私合作促进了社会自我规制的兴起。现代国家为维持其公益保障责任之以法治国要求，遂纳入合作国家责任分配之新思维，采行社会自我规制之间接规制手段，即政府、企业和公民社会分享公共权力，共同管理公共事务。治理是一种多元的、民主的、合作的行政模式，它强调政府、企业和公民社会的共同合作，在相互依存的环境中分享公共权力，共同管理公共事务❹。社会自我规制被认为是基于合作国家理念，个人或团体立于基本权主体的地位，在行使自由权、追求私益的同时，亦志愿性肩负起实现公共目的之责任❺。公部门与私部门、国家与人民间的协力不仅仅存在于给付面向将服务提供或生存照护的任务交由私人来参与完成，在干预面向——像是监督与制裁私人行为的场合——同样也留给经济、社会或其他私人行动者协力空间，涵括实体规范之设定、法律规定之控制与执行、甚至违

❶ 许宗力：《论行政任务的民营化》，《法与国家权力（二）》，元照出版有限公司，2007 年，第 429 页。

❷ 张其禄：《政府管制政策绩效评估——以 OECD 国家经验为例》，载《经社法制论丛》，2007 年 7 月，第 39 期。

❸ 郑国泰：《管制型国家之治理：以英国国铁民营化为个案分析》，载《师大学报：人文与社会类》，2008 年，总第 52 期，第 59-86 页。

❹ 郑国泰：《管制型国家之治理：以英国国铁民营化为个案分析》，载《师大学报：人文与社会类》，2008 年，总第 52 期，第 59-86 页。

❺ 詹镇荣：《民营化法与管制革新》，元照出版有限公司，2005 年，第 148-149 页。

法之制裁等层次。社会自我规制作为国家规制手段之一,其概念特征即在于透过私人实现公益。藉由法规之制定,社会自我规制被用来作为公益规制目的之实现工具。透过制度的取代,一方面寻求私人企业的协力,一方面也提升了个人或团体自我的竞争能力,这种近似于"自我监督"制度同时也吻合宪法植根于"自我负责"与"远离国家化"精神的人类图像[1]。20世纪到90年代初期,英国的规制型国家已经将自我规制在专业性、复杂性的领域得以广泛的运用,超出了以往的政府规制。

(二)政府规制对公私合作的塑形与规范

事实上,公私合作和政府规制之间的作用是双向的。政府规制同样推动了对公私合作产生深刻的影响。政府规制对公私合作的塑形、规范和推动作用是显而易见的,具体主要表现在以下三个方面:

其一,政府规制对公私合作的塑形。由于公私合作为集合性概念,具有高度的不确定性,灵活、弹性,政府规制则通过法律规范对公私合作进行法律规范上的类型化,对公私合作的类型、方式以及公私部门之间的法律进行规范化、明确化,对公私合作中公私部门之间角色定位、边界范围等不确定的模糊区域进行规范,从国外公私合作的发展来看,无论是英国的PF1还是德国的合作契约,政府对公私合作的程序性规范后,往往推动公私合作的重大发展和变革,公私合作中政府规制的发展,反映在公私合作上就是对公私合作不断地塑形过程。政府规制通过制度、标准、合同的形式对公私合作的程序进行规范,推动公私合作的程序化、法制化。

其二,政府规制对公私合作的激励。对于私人部门而言,明确和恰当的规制和法律规范,有利于公私合作规则的形成,进而降低公私部门之间合作的不确定性,私人部门对合作的风险、成本的可评估,降低合作的交易成本。同时,政府规制中经济性规制,有利于构建公私合作的诱因机制,提高私人部门参与意愿。此外,通过价格规制、税收、政府补贴机制等规制工具和方法,构建公私合作的诱因结构,吸引私人部门的参与,促进和推动公私合作的发展。

其三,政府规制是公私合作的信赖基础。由于公私合作是公私部门之间的一种长期合作与伙伴关系,但同时由于公私部门的性质、价值和个性的迥异,两者需要在高度差异甚至相对下建立合作关系,信赖是维系公私合作的最重要基础,如何构建公私部门之间的信赖关系是公私合作的关键。公私合作的法制化、透明化是建立信赖最为重要的方式。信赖源于确定的预期,而政府规制则恰好是这种结构性与客观性的信任基础来源,政府在对公私合作进行正当和合理的规制,构建完善

---

[1] 程明修:《行政法之行为与法律关系理论》,新学林出版股份有限公司,2005年,第225页。

合理的制度体系，其作用是对公私部门双方的共同制约和规范，这有利于公私双方在共同的框架下，共同协商对话，促进关系的透明化，推动公私之间的互信。“惟有既存完整的公、私协力法规系统，包括健全的公司法、银行法、税法、保险法、审计法、采购法、环保法、交通法、BOT之基本法或特别法、土地法等，民间的投资者会审度既存的相关法律的影响与成本效益分析，才会考虑是否参与”[1]。因此政府规制是公私部门之间信赖关系的基础，是私人部门参与公私合作意愿的首先的考量因素，也直接影响合作进行中的秩序。

[1] 郑锡锴：《法制化与公、私协力的管理——以BOT为例》，载《月旦法学杂志》，2010年，第5期。

第三章　公私合作的政府规制的制度分析与现实考察

规制革新绝非是将市场全面开放并解除所有一切规制，而是政府仍须为必要之规制，且其方法须为高质量之规制，故须规划完善的配套措施，并在规制与开放间寻求平衡点。

——赵清扬

公私合作的制度设计只有在有效的监管体制与适宜的市场环境下才可能实现，然而，人们常常会过度关注公私合作的潜在收益，而不去考量细节和配套制度等前提和外部环境以实现这种利益，有效的监管体制、适宜的市场环境、细节的制度设计，这一系列条件的满足都离不开政府规制❶。我国引进和推行公私合作较晚，于政府而言，对公私合作的规制乃是新生事物，较为陌生，没有建立起系统立体的规制体系和符合公私合作个性的良善规制。反映在实践中，因政府规制不当或规制过度导致的合作失败案例频繁发生，引发私人部门合作意愿不足、社会公众质疑不断的双重困境。立足实践，对国内外公私合作的政府规制法律规范的分析，比较先进国家的规制体系，通过对国内较早引入公私合作的水务和交通两个行业的10个"失败"案例的分析，归纳分析了我国公私合作实践中政府规制主体的角色冲突、规制工具失灵、规制缺位与规制过度，规制不当与规制能力不足的问题。

第一节　政府规制与规制革新的制度分析

从公私合作的视野下观察的规制需求、规制特征，并以此连结到既有的内国行政法所面临的新兴管制环境，包括多元的管制主体与多元的管制态样、多源的规制权限与多源的规制动能。公私合作和规制革新本身就是规制与放松是交叠更替的过程。公私合作以及国家认为变迁下林林总总的规制革新议题，一方面给传统的行政法带来前所未有的挑战，虽然为传统行政法的思维带来相当严峻的挑战，另一

❶ Catherine M Donnelly- Delegation of Governmental Power to PrivateParties：A-Comparative Perspective. London：Oxford University Press，2007. pp80-84. 转引自：陈思融、章贵桥，《民营化、逆民营化与政府规制革新》，载《中国行政管理》，2013年，第10期。

方面;公私合作中的政府规制具有跨域私法与公法、主体多元、权限来源多元、规制形态多样的特质,公益性与企业性,效率与弹性等都需要重新思考新的规制理念和规制体系,探寻适应于合作国家时代下的新规制思维,改造和革新传统行政法所面临的契机。传统行政法管制体系发展较早,主要偏重于干预行政,尤其来自自由法治国模式所建立的行政法总论释义学,偏重对既有已经取得的权利之存续保障,而不是取向发生中的变迁与创新的助成❶。以公私合作、民营化等为标志的新自由主义和新公共管理理论的发展,对传统的政府规制和规制手段产生了巨大的冲击,虽然政府规制以及行政法等不断的自我革新、改造以及调适应,但面对国家任务日益多样化与复杂化,推陈出新,强调权利保护与司法审查的传统行政法体系,对于这种变化无法给予回应。

一、规制国家的兴起

（一）政府规制的概念与特征

政府规制是经济学研究的一个热门,被誉为经济学"最激动人心的领域之一"❷,近年来,法学界对政府规制的研究也渐入佳境,兴起了一股研究热潮❸。由于"规制"为译来之词,"Regulation"有不同的译法,有被译为"管制""监管""规制"等❹。经济学家和法学领域对规制的定义有其不同视角和定位,经济学家史普博认为:"规制是行政机构制定并执行的直接干预市场机制或间接改变企业和消费者供需决策的一般规则或特殊行为。"❺Breyer 则将规制定义为政府企图控制私人企业关于价格、产出或产品质量等方面的决策,以避免企业的决策损失及公共利益。持类似观点的还有萨缪尔森,他将规制定义为:"规制是政府以命令的方法改变或控制企业的经营活动而颁布的规章或法律,以控制企业的价格、销售或生产决策。"❻

在法学上,"规制"这个炙手可热的用语并未被准确地定义。我们并没有努力

---

❶ 黄锦堂:《行政法总论之改革:基本问题要义与评论》,载《宪政时代》,2003 年,第 29 卷,第 265 页。

❷ 【美】维斯库斯著,陈甬军等译:《反垄断与管制经济学》,机械工业出版社,2004 年,第 4 页。

❸ 政府规制起源于美国的自然垄断领域的政府监管政策,其标志性的事件是美国的"格兰其运动"。格兰其运动中政府首先对铁路货运的运价进行了规制,密西西比州、明尼苏达州、威斯康星州等相继制定了一系列的铁路价格规制法案,形成了"格兰其法律"。对铁路价格的规制引发了一系列的争论,并有 7 个关于格兰其法律的案件诉讼至美国最高法院。1886 年大约有 25 个州成立类似铁路规制委员会的机构实行铁路行业的规制。1887 年《商务管制法》的出台和州际商务委员会的成立更是标志着美国进入到"规制国家"。

❹ 王俊豪:《管制经济学原理》,《高等教育出版社》,2007 年,第 1 版,第 3 页。

❺ 史普博:《管制与市场》,余晖等译,上海三联书店和上海人民出版社,1999 年,第 45 页。

❻ 萨缪尔森:《经济学》,高鸿业译,中国发展出版社,第 864-865 页。

地界定“规制”的概念……在努力在智识上将这些领域与“规制”加以区分——事实上就是要在政府的规制行为与政府活动的整个范围之间进行明确的区分，不仅困难重重，而且聚讼纷纭❶。在法学对于规制的概念，一般有广义和狭义之分，前者是指总体市场或交易活动的规制及监督，后者是指特定市场之行政介入规制❷。“规制”是指市场经济条件下国家干预经济政策的重要组成部分，是政府为实现某种公共政策目标，对微观经济主体进行的规范与制约。其措施主要通过规制部门对特定产业和微观经济活动主体的进入、退出、价格、投资及涉及环境安全、生命健康等行为进行监督与管理（监管）来实现❸。综上，作者认为政府规制是指政府为实现公共利益，通过正式与非正式的手段与工具对经济活动的干预和限制。依此，从行政法的视角观察政府规制❹，其具有以下三个特征：

一是规制主体的特定性。政府规制的主体是行政机关或者特定的规制机构，其主体具有法定性，即通过法律法规授权而获得规制主体的地位以及规制权。政府规制主体的特定性，也是政府规制不同于立法规制和司法规制的特征。在美国，政府规制的最大特征是由“独立规制机构（Independent Regulatory Agency）实施的独立规制”❺，但作者认为，我国有其特定的国情、政治制度以及权力结构体系，不宜直接引入美国式的独立规制机构，而宜采用“特定的行政主体”的表述。特定的行政主体包括综合性政府部门、承担行政职能的事业单位、特设机构以及授权的非政府组织等❻。“一方面体现了行政法学视角研究的特点，与政治学、管理学和宪法学等其他视角的研究中经常使用的‘政府’‘国家’‘行政机关’等相区别。另一

---

❶ 梳理相关文献，包括著名规制学者奥格斯、桑斯坦、布雷耶等均未对此进行准确的定义。【美】史蒂芬·布雷耶：《规制及其改革》，李洪雷等译，北京大学出版社，2008 年版，第 10 页。

❷ 陈樱琴：《管制革新之法律基础与政策调适》，载刘孔中、施俊吉主编《管制革新》，中央研究院中山人文科学研究所，2001 年，第 22 页。

❸ 谢地：《政府规制经济学》，高等教育出版社，2003 年，第 21 页。

❹ 政府规制是一个重要的政府职能，并且一般行政管理有共同的特点，因此我们有理由将政府规制法作为建立在行政法一般理论基础上的一个部门法分支来研究。参见茅铭晨：《政府管制法学原理》，上海财经大学出版社，2005 年，第 5 页。

❺ 独立规制机构依据特定的规制法规而特别设立，由总统提名，经议会同意后任命，具有准立法权、行政权和准司法权。参见王名扬：《美国行政法》，中国法制出版社，2005 年，第 177 页。邢鸿飞、徐金海：《论独立规制机构：制度成因与法理要件》，载《行政法学研究》，2008 年，第 3 期。

❻ 但与美国的这种独立规制机构不同，我国除少数几个如证监会、保监会、电监会机构、烟草专卖局等专门的规制部门之外，从中央到地方几乎所有政府机关都拥有规制权，并非独立和区别于一般的行政机关，通常行政管理机构拥有行政管理权与规制权于一体，甚至不再区分规制权和行政管理权，但实际上我国并不具有真正意义上的规制机构，这些机构不具备准立法权、行政权和准司法权，其职能、人员组成、工作程序均与一般行政机构无太大差别。美国的“独立规制机构”虽有其特殊的优势与功能，对于我国独立规制机构设置具有一定的借鉴意义。但笔者认为独立规制机构是基于美国等国家特定政治法律制度下产物，我国目前尚不具备成立美国式独立规制的条件，更为需要的是立足现实，研究中国本土资源下的规制制度与规制机构，文章中如无特别说明，规制机构与我国行政管理机关不加以区分。

方面，行政主体是具有行政法人格的法律实体，随着行政主体的社会化，其范围不再仅局限于行政机关，而是进一步包含了授权主体和具有公共事务管理职能的其他组织，可以涵盖综合性的政府部门、独立的规制机关和授权的非政府组织等不同的行使规制权的主体，符合我国规制权力的结构、配置与运行的实际。”❶

二是规制权的法定性。从权力来源上来看，规制权主要来源于宪法和组织法上的一般授权，即行政主体的“固有职权”以及权力机关（法律）或者上级行政机关的“特别授权。”❷因此规制主体的规制权具有法定性，规制权的行使需要符合一般行政法上的合法性原则和合理原则，同时必须遵循严格程序规定。

三是规制目的的特殊性。与一般的行政管理或者行政监督不同的是，规制有其特定目的。纠正市场失灵和追求公共利益被认为是政府规制的价值追求。政府规制的对象主要集中在（但不限于）经济活动领域以及其所涉及的“外部性”领域，主要是对垄断与竞争、经济领域的信息不对称和外部性问题进行监督、调节和干预，其目的是实现经济效率和社会效率的帕累托最优，维护社会公平与公正。❸ 因此，政府规制特定的目的在于透过政府规制修正市场失灵，保持垄断市场的规制，促进竞争性市场的竞争，确保广大消费者的利益。

四是规制手段的多样性。与传统的行政法理论不同，规制主体除了传统的行政许可、行政处罚、行政强制、行政给付等单方高权行政行为外，规制主体为实现规制目的，所采用的手段与工具呈现出多样性的特点。现代的规制手段，除了传统的法律与命令外，对非正式手段、私法规制、自我规制成为现代规制理论的重要组成部分❹。“相反，规制并不总是指令性的、公益的和集中化的。在某些领域，它的形成和实施都是通过自我规制机构，而非公共机构完成，为了追求多个目标，总是需要整合运用多种工具，例如类似于私法关系的特许契约❺”。行政指导、协商、交叉补贴、产业政策、质量控制、特别保护、拆分等手段与工具得到广泛的运用，并且呈现出公法手段与私法工具的交叉融合，协商合意取代单方强制的趋势。

（二）政府规制的类型

政府规制的分类，一般有二分法与三分法，即经济规制和社会规制二分法和经

---

❶ 江必新：《论行政规制基本理论》，载《法学》，2012 年，第 12 期。

❷ 茅铭晨：《政府管制法学原理》，上海财经大学出版社，2005 年，第 7 页。

❸ 茅铭晨：《政府管制法学原理》，上海财经大学出版社，2005 年，第 9 页。

❹ 关于现代规制理论发展下的规制工具、规制形态、规制特征的变革，将在后续章节中专门加以论述。

❺ 【英】安东尼·奥格斯：《规制：法律形式与经济学理论》，骆梅英译，中国人民大学出版社，2008 年，第 3 页。

济管制、社会管制与行政管制三分法❶。作者赞同OECD的观点,宜将其类型分为经济规制和社会规制。

(1)经济规制(Economic Regulation)

经济规制的意义是在以市场经济为基础,基于保障公共利益与提高效率等原因,以公权力介入并替代私营企业的部分决策(如定价、产能、营业范围等),是一种以行政程序代替市场价格机能形成机制的制度❷。经济规制主要存在于自然垄断和信息不对称问题的部门,其目的是以防止无效率资源配置的发生和确保需要者的公平利用为主要目的,通过被认可和许可的各种手段,对企业的进入、退出、价格、服务的质和量以及投资、财务、会计等方面的活动所进行的规制❸。经济规制的内涵在于填补竞争机制的不足,其目标亦在促进国民经济之安定繁荣与平衡发展。一般来说,经济规制在对垄断的管控,外部性的治理以及竞争秩序的维护方面有着发挥作用。经济规制是在干预私人市场之决策,特别是针对市场价格(Pricing)、竞争(Competition)、市场进入(Entry)或退出(Exit)的规范与干涉,经济规制的目标是减少竞争障碍,以提升市场运作的经济效率❹。虽然经济规制是政府达成经济发展所施行政策手段之一,不过就行政目的而言,规制目标在不同时代、不同经济体制就应有不同之考量,传统的经济规制,目的在于促进经济发展;新兴的经济规制,目的是应确保市场竞争。因为竞争机能发挥,才能降低因规制而产生资源配置的扭曲❺。尤其在公私合作中,经济规制肩负的双重责任,既要在公私合作中充分发挥市场机制的作用,构建经济诱因,促进公私合作的发展,又要承担纠正市场失灵、维护公共利益的责任。

(2)社会规制(Social Regulation)

与经济规制所关注信用与效率不同,社会规制关心的是,保障所有人不会受到社会歧视与承受不适当的社会风险。社会规制关注的是对卫生健康、质量安全、环境保护与消费者权益保护等事项进行一致性的规范,其有更强烈的公益及社会正义目标,着重社会安全与福利❻。在经济学看来,社会规制以对付外部性、公共性物品、非价值性物品、信息不对称等市场失灵为目的,也就是说,社会规制是以纠正

---

❶ 亦有学者将政府规制分为“经济性规制、社会性规制与反垄断规制”三类。参见王俊豪:《管制经济学原理》,《高等教育出版社》,2007年,第1版,第7页。OECD,1999. OECD Reviews of Regulatory Reform in the United State: Government Capacity to Assure High Quality Regulation, Paris: OECD.

❷ 张其禄:《管制行政:理论与经验分析》,商鼎文化出版社,2007年3月,第66页。

❸ 植草益.微观规制经济学(中译本).中国发展出版社,1992年,第27页。

❹ OECD(1997),The OECD Report on Regulatory Reform:Synthesis【M】. Paris:OECD.

❺ 徐筱菁:《国家干预经济活动之宪法基础与界限》,载刘孔中、施俊吉主编《管制革新》,中央研究院中山人文科学研究所,2001年,第73页。

❻ 吴英明:《公私部门协力关系和公民参与之探讨》,《中国行政论丛》,2007年,第2卷,第3期,第12页。

市场失灵下发生的资源配置的非效率性和分配的不公正性为目的,然而,这只是经济学的观点,社会规制的目的还有维持包括治安等在内的社会秩序及经济社会的稳定,因此不能仅从经济学的角度来谈论社会规制的目的[1]。相对于经济规制,社会规制发展较晚,“几乎所有主要的风险与环境规制机构都出现了,诸如美国环境保护署、美国联邦公路交通安全署、消费者产品安全委员会、职业安全与卫生规制机构以及核能规制委员会等组织机构都是在20世纪70年代开始运作的[2]”。但社会规制发展迅速,随着经济社会的发展,普遍对生活品质、社会安全、环境等更加关注和重视,社会规制逐渐成为规制研究和实践的中心,从美国的规制发展过程来看,“就规制类型而论,第一与第二波强调‘经济规制’,各种独立性的经济规制委员会以特定工业为对象。第三波则重视‘社会规制’,规制重心逐渐转移到如质量安全、消费者保护等社会关切的议题,不但规制政策的数量急遽增加,规制层级也从联邦政府拓展到地方政府层级。第四波则是趋于平衡,经济与社会规制并重”[3]。由于公私合作的领域多数集中在公用事业,涉及普遍服务和基本权利的保障,社会规制在政府规制中的作用日益增强,规制的重点逐步转向社会规制,内容不断扩展,方法不断改进。特别是基于公私合作的特殊性,强调市场机制和效益成本原则下,在社会规制中引入具有经济诱因的规制制度成为潮流与趋势,使强制性特点突出的社会规制更具弹性和效率。经济规制与社会规制比较见表3.1。

经济规制与社会规制比较[4] 表3.1

规制类型	经济规制	社会规制
规制基础	经济效率	社会正义
规制工具	行政许可 准入规制 投资规制 价格规制	安全标准 环境标准 普遍服务 福利政策
规制目的	经济增长	公序良俗
规制对象 (与关联第三人)	产业主体 经营者	消费者 社会弱势群体
利弊	规制失灵与俘获	强制性规制

[1] 植草益:《微观规制经济学》,朱绍文等译,中国发展出版社,1992年,第287页。

[2] W·吉帕·维斯库斯等:《反垄断与管制经济学》,陈甬军等译,机械工业出版社,2004年,第372页。

[3] 张其禄:《管制行政:理论与经验分析》,商鼎文化出版社,2007年3月第78页。

[4] 陈樱琴:《管制革新之法律基础与政策调适》,载刘孔中、施俊吉主编《管制革新》,中央研究院中山人文科学研究所,2001年,第22页。

(三)规制国家

自20世纪70年代凯恩斯式的福利国家开始受到挑战,福利国家开始调整。"福利混合"(Welfare Mix)、"福利多元主义"(Welfare Pluralism)、"福利的新混合经济"(New Mixed Economy of Welfare)的新观念纷纷出现。认为福利不应只由政府负担,志愿部门、营利部门、家庭与社区也都有责任,使"国家导向模型"(State-led Model),逐渐移转一部分服务到"市场导向模型"(Market-led Model)的服务提供❶。公私合作与民营化的发展,过去公共服务供给责任转移至私人部门或者交由市场,但事实上政府规制并未退却和萎缩,过去20多年来的民营化政策,虽使国营或公共服务提供的责任转移至民营由民间提供,但却并未使政府干涉的角色就此萎缩,甚至相反地,政府的规制反而更多也更重要,这种情况被学者称之为"规制国家"(Regulation State)兴起的现象❷。就是其本质而言,规制国家是政府与市场之间的一种新型关系模式和新的国家治理方式。

一是规制国家是政府和市场的一种关系模式。规制国家的重要特征是将市场作为规制工具,市场不仅被用于福利的最大化,还被用来构建激励机制革新政府,促进其自身可以更有效、更经济地运转❸。公私合作和民营化的浪潮下,国家实行市场经济、自由竞争,市场机制在资源分配中的作用得以充分发挥,但与此同时,市场机制自身无法解决诸如自然垄断、外部性、信息不对称、集体行动等市场失灵问题,因而设立政府规制机构,对市场的主体活动进行监管和控制,以预防和矫正市场失灵问题❹。随着规制的持续增加,已使得规制的模式开始产生变化,特别是规制国家中政府的"规制功能"日益重要,而非重视福利国家的"再分配"功能和凯恩斯型国家的"稳定功能"❺。随着市场导向的规制体制变得普遍,在政府与被管理的客体之间的合作也变得重要,规制能力建设和最佳性规制的追求,要求国家在规制目标的实现中,在确保私人部门参与和市场机制下所提供的公共产品和公共服务符合既定的标准和品质的同时,更为重要地保障私人参与者的权利与利益,实现政府与私人的共赢。

二是规制国家是一种新的治理方式。公私合作的快速发展,推动了公共管理

---

❶ 林万亿:《福利国家——历史比较的分析》,巨流出版有限公司,1995年,第349页。

❷ Moran, M. (2002), Understanding the Regulatory State, British Journal of Political Science, Vol. 32, pp. 391-413.

❸ Alfredc Aman. Jr. 著,袁曙宏译:《面向新世纪的行政法》,载《行政法学研究》,2000年,第3期。

❹ 郑春发、郑国泰:《治理典范变迁之研究:以国家角色转换为例》,载《新竹教育大学人文社会学报》,2009年,第2卷,第1期。

❺ 郑国泰:《管制型国家之治理:以英国国铁民营化为个案分析》,载《师大学报:人文与社会类》,2008年,总第52期,第59-86页。

与经济改革的进程,并标着国家形态进入到所谓的后民营化的“规制型国家”❶。规制国家概念的提出和确立被认为是从统治(Government)到治理(Governance)的转变的标志❷。规制已不再是以往僵化刚性的概念,而变得更为弹性、柔和,其涵括了公共管理革新中的民营化和改造后的国家市场的治理机制,例如:签约外包和公私合营的合作机制,规制革新在这个意义上,意味着一个提供大多数服务型国家向另一个国家类型的转变,它把这些职责转嫁给其他的服务提供者,同时引入了新的治理和规制形式❸。新治理作为一种新的国家统治过程,政府与拥有自我治理能力的其他组织或团体经由资源的相互依赖,达成共同治理,其特色在于中央、区域或地方层级,公或私部门,共同掌舵(Co-steering)、规制(Co-regulation)与合作,而形成的政府与社会的一种新的互动模式❹。在行政法看来,国家履行生存照顾义务所必须并非一定要由国家亲自给付,私人亦得参与提供,国家从“执行责任”转换到“规制责任”,国家行政亦以“规制行政”来代替“给付行政”❺。

二、公私合作中的政府规制革新

(一)重塑规制的开始

事实上,规制革新根植于新自由主义理论下的“双重策略”。规制学派(Regulation School)的国家理论学者 BobJessop 直指:这是因为“新自由主义”在全球化的过程中运用了“双重策略”:一方面主张私人领域中的解除管制,让市场竞争秩序自主运作形成,但另一方面,在面对社会已建立之阶级妥协时,却主张有利于市场秩序的“积极国家”,以强而有力的国家行为来改变市场之结构❻。进一步来说,国家性在全球化过程中,改变最大的有两项:一个是“国家本身成为竞争要素”;另一个则是“重组国家政策的优先级”。前者指的是国家在全球竞争秩序之中,国家机器的运作成为被以效率或效益等经济理性标准来评估,所以国民国家为了获得更好的评价,于是便必须缩编与改造官僚体系、削减社会安全体系以减少国家预算负担与赤字。而后者,则是指“国家竞争政策”(或生产据点政策)成为国家最优先的政

❶ Scott, C. (2005). Regulation in the age of governance: the rise of the post-regulatory state. In J. Jordana & D. Levi-Faur (Eds.), The Politics of Regulation. (pp. 145-176), Cheltenham: Edward Elgar.

❷ 治理是一种多元的、民主的、合作的行政模式,它强调政府、企业和公民社会的共同合作,在相互依存的环境中分享公共权力,共同管理公共事务。

❸ 郑国泰:《管制型国家之治理:以英国国铁民营化为个案分析》,《师大学报:人文与社会类》,2008 年,总第 52 期,第 59-86 页。

❹ 翁岳生:《行政法》,中国法制出版社,2009 年,第 104 页。

❺ 陈爱娥:《国家角色变迁下的行政任务》,《月旦法学教室》,2003 年,第 3 期,第 106 页。

❻ 林佳和:《经济全球化下的国家:从社会福利国到国际竞争国——兼论竞争力之意涵与法律之角色》,《劳工研究》,第 7 卷,第 1 期,2007 年 6 月,第 9 页。

策选择，于是包括充分就业、社会福利、社会安全、社会保护、环境保护以及城乡发展等政策，全部皆遭到遗忘❶。理解了新自由主义的双重策略，就不难理解为何福利国家或社会国家原则是在全球化过程对国家性带来的改变中冲击最大的。实际上，这就是双重标准式的自我矛盾，种种事实证明，最坚持自由放任经济制度的国家，却往往是国家主义观念最深刻，也最不信任外面世界的国家。里根治下的美国，及撒切尔时代的英国，便是其中两个最显著的例子，以“放松管制”为基础的公私合作后，事实上却是“重塑规制”的开始❷。

以英国为例，20 世纪 70 年代，英国实施大规模的引入民间资本和力量在公用事业领域开展公私合作（PFI 为代表）的改革，放松管制或者解除管制的同时，英国政府通过大量的立法，不断加强规制密度，建立专门规制机构，以保障公私合作下的公益追求。放任管制后英国主要的部门规制机构见表 3.2。

放松管制后英国主要的部门规制机构❸　　表 3.2

序号	设立时间（年）	规制机构名称	规制依据	机构规模（人数）
1	1971	民用航空局 Civil Aviation Authority	民用航空法 The Civil Aviation Act	1200
2	1984	通讯办公室 Office of Communications	电子通讯法案 The Telecom Act	210 ~ 220
3	1986	金融服务局 Financial Services Authority	金融服务法案 The Financial Services Act	2500
4	1991	自来水服务办公室 Office of Water Services	自来水工业法案 The Water Industry Act	230
5	1993	铁路规制办公室 Office of the Rail Regulator	铁路法案 The Railway Act	117
6	1999	天然气与电力市场办公室 Officeof the Gas and Electricity Markets	1986 年天然气法案 The Gas Act of 1986	334
7	2000	邮政服务委员会 The Postal Services Commission	邮政服务法案 The Postal Services Act	30

❶ 林佳和：《经济全球化下的国家：从社会福利国到国际竞争国——兼论竞争力之意涵与法律之角色》，《劳工研究》，第 7 卷，第 1 期，2007 年 6 月，第 7 页。

❷ Eric Hobsbawm：《极端的年代（下）》，郑明萱译，1996 年，第 617 页。

❸ 根据 OECD2002 年规制改革报告整理：OECD.（2002）. OECD Reviews of Regulatory Reform：United Kingdom—Challenges at the Cutting Edge. Paris：OECD，p. 54。

正如上所述，规制革新的本质是从“放松规制”到“再规制”过程中对规制的重塑。政府规制活动既然不能避免，甚至还有日益增加的趋势，那么对于因规制所产生的规制俘获、规制成本、规制风险等一系列的问题也应当予以正视，并不断通过改进与革新来予以矫正，这也正是“规制革新”（Regulatory Reforms）之所以出现的原因❶。规制本身有其局限性，与市场一样同样会失灵，各国兴起了放松规制的浪潮，以期减少不必要的规制，但减少不当干预并非规制的退出，其中核心在于“不当”，规制革新绝非是规制排除，而是因地制宜，有进有退。经济合作发展组织在1970年就提出规制革新并非把规制排除，而是在规制的过程中作阶段性的调整，是产业政策与竞争政策间的调和机制❷。“规制革新绝非是将市场全面开放并解除所有一切规制，而是政府仍须为必要之规制，且其方法须为高质量之规制，故须规划完善的配套措施，并在规制与开放间寻求平衡点”❸。规制革新一方面是解除规制和放松规制，向市场释放活力，另一方面则是规制品质的改善和提升以及新规制的产生，是“解除规制”与“重新规制”的结合。

（二）规制工具的革新

公私合作引导社会公众、非营利组织共同的合作参与，行政任务完成和社会福利的供给更具弹性和选择性，市场机制的引入减少了政府失灵的发生。然而，在强调开放市场、放松管制以及向民间让渡权力的公私合作的潮流下，是否当然意味着公部门的全面退却和规制的结束。强调合作主体之间地位平等和“放松管制”的公私合作中，公部门行使介入的正当性的疑问是不能回避的问题。观察规制发展的脉络，可以发现公私合作和民营化从来不是政府规制的撤除，而是“放松管制”和“重塑规制”的结合，“放松管制”既是传统的管制结束也是新规制的开启。以公用事业民营化为例，民营化浪潮中公用事业领域的前置许可解除，普遍放松进入管制，政府规制的重心从进入管制转移到品质控制与普遍服务义务的规制上，管制手段也从审批许可转变为事中事后的过程控制。因此，放松规制往往是政府直接干预的减少，市场价格、费率等更为有效政策调节机制被引入现代规制之中，经济规制工具在诸多领域不断地得到强化，逐步占据主导地位，传统的命令性的行政管制工具逐步被取代与完善。同时，环境安全、消费者权益保护等社会规制的场域则不断增强与重塑。

美国在放松管制的同时，也出台了大批管制法案，一方面放松市场准入等经济性管制措施，提振经济发展，另一方面法案一般都加强了诸如安全、品质以及环境

---

❶ 张其禄：《政府管制政策绩效评估——以OECD国家经验为例》，《经社法制论丛》，2007年7月，第38期。

❷ 赵扬清：《竞争政策与解除管制》，载《公平交易季刊》，1999年，第7卷，第1期。

❸ 赵扬清：《竞争政策与解除管制》，载《公平交易季刊》，1999年，第7卷，第1期。

等方面的社会性管制，以美国运输领域为例，美国在放松管制浪潮中，先后颁布了《铁路振兴和管制改革法案》《航空货运放松管制法》《航空客运放松管制法》《汽车运输法》《铁路法》和《公共汽车管理改革法》等一系列法案，同时成立州际贸易委员会、地面运输管理委员会等独立规制机构，强化对服务、安全、竞争等方面的规制。

事实上，由于政府与私人在参与公共任务上的本质上差异，为回应公共任务本身的公益性，管制的强度和密度大幅增加，运用各种管制措施依然是管制国家的重要特征。民营化与放松管制造就了规制国家兴起的条件，标志着新规制的时代的开启。一个不可抹杀的事实是：规制本身的不完美趋向于催生更多的规制，而非相反❶。

从公私合作的视野下观察的规制需求、规制特征，并以此连结到既有的内国行政法所面临的新兴管制环境，包括多元的管制主体与多元的管制态样、多源的规制权限与多源的规制动能。公私合作和规制革新本身就是规制与放松交叠更替的过程。公私合作以及国家认为变迁下林林总总的规制革新议题，一方面给传统的行政法带来前所未有的挑战，虽然为传统行政法的思维带来相当严峻的挑战，另一方面，公私合作中的政府规制具有跨域私法与公法、主体多元、权限来源多元、规制形态多样的特质，公益性与企业性，效率与弹性等都需要重新思考新的规制理念和规制体系，探寻适应于合作国家时代下的新规制思维，改造和革新传统行政法所面临的契机。传统行政法管制体系发展较早，主要偏重于干预行政，尤其来自自由法治国模式所建立的行政法总论释义学，偏重对既有已经取得的权利之存续保障，而不是取向发生中的变迁与创新的助成❷。以公私合作、民营化等为标志的新自由主义和新公共管理理论的发展，对传统的政府规制和规制手段产生了巨大的冲击，虽然政府规制以及行政法等不断的自我革新、改造以及调适应，但面对国家任务日益多样化与复杂化，推陈出新，强调权利保护与司法审查的传统行政法体系，对于这种变化无法给予回应。

第二节 公私合作中政府规制的法律规范分析

一、域外公私合作政府规制的法律规范分析

（一）英国公私合作的立法与契约规制

英国是公私合作发展的典型代表。英国政府通过公私合作获取现代化的高质

❶ 【英】安东尼·奥格斯著，罗梅英译，《规制法律形式与经济学理论》，中国人民大学出版社，2008 年，第 337 页。

❷ 黄锦堂：《行政法总论之改革：基本问题要义与评论》，载《宪政时代》，2003 年，第 29 卷，第 265 页。

量公共服务，提升国家竞争力，其范围涵盖多样化的商业结构组成与伙伴关系建构，民间融资提案（PFI）即是其中一种模式❶。一般认为PFI系指政府与民间机构间以长期契约方式约定，由民间机构投资公共设施资产，政府向民间机构购买符合约定质量的公共服务，并支付给付费用的一种民间参与公共建设模式❷。PFI最初制度设计的主要目标在于缓解公共财政危机，尤其是在资金需求庞大的基础设施建设领域，被视为融资功能的制度设计。随着PFI的不断发展，其功能和定位不断地拓展与扩充，经过20多年的经验积累，英国公私合作机制相对完善❸。英国公私合作的发展经历了从融资到治理，从基础设施建设到社会治理转变，在此变化过程中公私合作的概念和内涵也发生了巨大的变化。在立法上，PFI不断修正和扩张，PFI进一步发展到PFI2，其合同指南至今已有7版标准合同指南。在适用范围上，随着公私合作在英国的发展，适用领域也从原来的公用事业到社会治理的各个领域，PFI到PFI2的发展也从原有注重融资功能向公共的社会合作治理渗透与扩张，"自此一制度推动后，政府与民间合作关系逐渐热络，并以不同的合作方式打开公共建设市场，可说是英国民营化政策成功采行的一种官民合作的方式，并已成为政府现代化规划中的重要基石"❹。在制度构建上，1997年修正地方政府法（Local Government Act），对地方政府与私人部门之间公私合作契约的效力、特许期限、缔约程序、审计、司法审查等进行了详细的规定，并推动了PFI的进一步发展❺。原有的PFI不断地修正优化，减少政府投资比例，增加融资渠道，修正财政支出价值评估机制，增加信息的透明度，简化行政程序等。

1. 行政立法与指南

1993年英国成立PFP（Private Finance Panel，公私合作委员会），由政府和民间共同组成，提出促进公共服务PFI（Private Finance Initiative）的新方案，将以往由政府部门所从事的各类公共服务、社会资本的汇集、营运等领域上，引进民间公司的资金、技术和经营管理能力，并且由民间主导从事高效率、高效果的社会资本汇集之事业方法❻。1996年4月成立"公私合伙计划"（Public Private Partnership Programme）指导地方政府引进PFI作法，推动民间参与投资地方建设及服务。1997

❶ 自撒切尔夫人执政后，英国大力推行公用事业民营化以及出民间融资提案制（Private Finance Initiate，PFI），PFI是公私合作的重要形式之一。

❷ 王穆衡等，《民间参与公共建设制度之探讨》，台湾地区交通部运输研究所内部资料。

❸ 根据统计，到1991年，英国已有一半以上的公部门生产和服务转移私人所有，其中包括电话及电信、电力生产和配送、煤矿、天然气、自来水、钢铁、铁路以及部分核电厂在1980年到1991年间，因出售公有财产而得到的收入为450亿英镑，私有化成为国库收入的重要来源。参见《台湾公营事业民营化经济迷思的批判》第5页。

❹ 林万亿：《论我国的社会住宅政策与社会照顾的结合》，《国家政策季刊》，2003年，第4期。

❺ 王明德等：《民间参与公共建设国际案例分析》，台湾地区行政院公共工程委员会委托研究，2004年。

❻ Savage，S.，& Robins，L.（1990）. Public Policy Under Thatcher. London：Macmillan.

年新工党执政后，布莱尔对英国 PPP 的法律法规进行了全面的修订调整，继续推动 PFI 政策，成立 PFI 审议咨询委员会，发布指导性手册和书籍等，开始将 PFI 转为概念及范围都较为广泛的 PPPs 模式（Public Private Partnership）❶。英国政府 1996 年新定资本财管理条例实施后减少了公、私双方在进行协力专案时的交易成本。

1997 年修正地方政府法（Local Government Act），地方政府获得与民间机构签订 PFI 协议的法定资格。内容包括：地方政府缔约条件明确化、核准后的合约效力、核准程序、司法调查与审计调查在 PFI 案中的角色、合约终止条款的有效性、终止条款的处理及签约期限的特许。值得一提的是 1997 年修订通过《国家卫生服务法》（National Health Service Act）。该法中，首度明文允许医院可与民间机构签订 PFI 契约。因此医疗设施可以由民间机构兴建，并由民间机构提供公共服务。1998 年会计协会出版如何登载 PFI 契约的会计准则。1999 年又修正该会计准则。目前英国的 PFI 已经修订至 PFI2，更加详细和合理地对公私合作进行了定位，并且 PFI 以融资为核心，转向到 PFI2 的以合作和风险分担为核心，进行了修订和公布❷。

2006 年英国颁布了《公共合同规制法》（The Public Contracts Regulations ）和《公用事业部门合同规制法》（The Utilities Contract Regulations）规范包括公私合作在内的公共采购。在相关法律法规逐步完善并建立完整的辅导机制的条件下，PFI 模式在英国得到快速实施，英国政府也建立了完整的法律、政策、实施和监督框架，迅速积累了大量案例经验和研究成果。2012 年 12 月，PFI2 开始实施，英国财政部在原 PFI 制度的基本框架下，对 PFI 进行了改进，改革其中的争议和缺失，增加和扩充了包括提供更广泛的融资管道、增加长期计划债务及获利信息透明度、简化行政程序在内的多项制度，以提高公共建设计划的财政支出价值，创造更透明、简单、明确且低风险的二代 PFI 制度❸。

从公私合作在英国的发展来看，英国从 PFI 至公私合作的演变，已成功地整合私人资金、社会资本与技术，提高了公共服务的质量与效率，在政府契约导引下，成功地发展出公法下的政府契约（Public Law of Government Contract）及私法下的政府契约（Private Law of Governmentcontract）的模式，遇有争议时，由司法审查决定契约定作人于执行公共职能时是否已取得公权力的身份（Public Statues）❹。

英国公私合作的规范体系中，最具特色的是英国政府制定的各类指南和标准

---

❶ 金玉莹、许登科：《欧盟地区 PPPs 政策之推动历程与发展——以欧盟之研究与现况为主要观察》，第 127 页，台湾地区行政院委托项目研究报告，未出版。

❷ Timmins，Nicholas（2007），“Business to call for clarity on future of PFI deals”. October 24，Financial Times.

❸ 朱纪燕：《革新公私部门合作关系——英国 PFI2 制度简介》，载《当代财政》，2013 年，第 2 期。

❹ 李训民：《公法契约的控制——从公私合伙架构谈起》，载《行政法学研究》，2012 年，第 1 期。

合同。设立合同的标准条件和范本,标准化的招投标文件可以大量节约项目的法律服务费和其他成本,同时还能够使投标人与金融机构的谈判进行得更加顺利并节省时间。英国政府在1996年至2000年间连续制定了公私合作的技术准则(PFI Technote1-7),PFI Technote的内容涉及非常广泛,包含了公私合作的整个过程中的流程与准则,从预算、采购、咨询、供应商的选择、公共性的确定、合同管理等。2000年,PFI模式形成的经验和理念,扩展到其他公共服务,促使英国政府成立政府采购办公室(OGC,Office of Government Commerce),形成了一整套有效的采购办法和机制。2004年英国财政部出台《物超所值(Value for Money)评估指导》。2007年修订PFI标准合同第四版[Standardisation of PFI Contracts (SoPC) Version 4]❶。

这些指引包括但不限于:竞争性对话程序(Coopetitive Dialoge Procedure)、联营体指南(Joint Venture:A Guidance Note for Public Sector Bodies FomingJoint Ventures with Private Sector)、重大项目审批程序指南(Major Project Approval and Assurance Guidance)、物有所值指南(Value for Money Assessment Guidance),以《公共财物管理》(Managing Public Money 2007)为例子,详尽规范了PFI的操作规范,主要包括五个部分,物有所值指引(Value for Money Guidance)、实施工作小组指引(Operational Task force Guidance)、金融指引(Finance Guidance)、财政部工作小组技术要点(Treasury Task force Technical Notes)和一般性指南(General Guidance)❷。在非成文法的英国,公私合作规范指南与相关判例日益完备与缜密,这些规范不仅极大地推动了英国公私合作的发展,同时完善了公私合作中规制手段和程序。

总结英国公私合作的立法来看,英国是推动公私合作的代表性国家,20世纪80年代经济长期低迷、政府财政陷入困境、公共服务质量低落的危机,保守党推行以"尊重市场机制、小规模政府"为主要政策理念、进行行政改革与财政再造,并运用其政策手段来改造公私部门关系,并首先在城市更新和公用事业领域推进公私合作,引进私人部门和市场机制,推行公私合作。普通法系的英国,公私合作立法不是通案立法,而是项目立法。行政规则和相关指南构成了英国公私合作的规范体系。

2.政府规制的具体规范——以Standardization of PFI Contracts为例

英国立法中,包括政府规制在内的治理能力是公私合作执行和公共利益保障的决定性因素。"政府规制将强化正确的契约架构之建构,让契约得以适当的配置风险;而契约内容必须涵括维系服务质量之机制,亦需有资金评估机制和涵括争议解决方法,并让改变程序有其必要而且重要;主管机关才能监测契约中之服务之供

---

❶ 吴德美:《英国民间融资方案(PFI)的政治经济分析》,载《问题与研究》,2010年,第48卷,第3期。

❷ Standardization of PFI Contracts (SoPC) Version 4 (March 2007) available at http://www.hm-treasury.gov.uk/ppp_standardised_contracts.htm accessed March 2014.12.30.

给，并定期确认彼此的责任归属。”英国从 PFI 到 PFI2 的发展过程中，亦是一个加强和革新政府规制的过程。尤其是 PFI2 中对政府在公私合作中规制进行了详尽的规定。以 Standardization of PFI Contracts Version4 2007 为例，其第 4 章（公共服务供给迟延）、第 6 章（资讯公开）、第 7 章（公共服务的可负担）、第 9 章（服务标准与绩效监督）、第 10 章（价格与支付规制）、第 28 章（主管机关介入权）等，详细对公私合作中的政府规制条款进行了设计[1]：

其一，信息规制。以信息公开为核心的信息规制是英国公私合作规制的核心之一，提高透明度也是 PFI 制度设计的重点，英国政府寄希望通过信息公开制度加强公私合作的透明度，一方以加强外部力量对公私合作的监管，另一方面则是增强社会公众的信任度。PFI2 中的信息规制除了 PFI 中的项目信息、财政公开、遴选公开以外，进一步强化了信息规制和监督的力度，主要增加了五个方面的信息公开[2]：

（1）引进契约资产负债表项目监控制度。

（2）民间部门公开报酬等相关资讯。

（3）每年公布国有资产投入相关细节以及财务信息。

（4）设置信息公开以及合作成果回馈机制。

（5）引进服务定期再检查以及服务产出标准执行机制。

其二，服务质量规制。公共服务质量是公私合作成功与否的重要标准，也关乎社会公众的信心和政府的信誉。在“Standardization of PFI Contracts Version3”中专设第九章对服务质量规制和监督加以规定，其主要内容包括：

（1）制定服务质量的标准、流程以及绩效。

（2）质量监管的程序、频次以及监督费用的分担。其内容包括对每日持续对服务过程施以监控、评量服务是否达到契约所要求的标准，以及当服务水平未达契约标准时，要求民间机构实行补救措施等。

（3）建立质量要素、分包商的监控。

（4）公布服务绩效监控的结果以及合作契约履约成效。

其三，价格规制。价格规制是公共服务可负担性的重要因素，英国对公私合作后公共服务的价格规制亦相当的重视，在增强价格弹性和诱因机构建立的同时，赋予了政府部门对价格与付款机制的规制权，其主要包括：对付款条件、直接融资或间接非融资诱因、建构付款机制等。

其四，介入权。英国 PFI 契约对于介入权之行使，依其主体，可分为融资机构的介入权和政府的介入权，介入权行使的要件，则根据个案而规定或根据契约约定

[1] 参见环宇法律事务所：《民间参与公共建设推动议题改进之研究——政府如何获取长期公共服务》，台湾地区行政院公共工程委员会研究报告。

[2] 朱纪燕：《革新公私部门合作关系——英国 PF2 制度简介》，载《当代财政》，2013 年，第 26 期。

而异。"Standardisation of PFI Contracts Version4 2007"在第二十八章中具体规定了"主管机关的介入:主管机关之介入、承包商无违约情形之介入、承包商违约时之介入、进入权"❶。值得注意的是,政府介入权的行使则不论私人部门是否违约为前提。"英国制度下主办机关于民间机构无违约之情形,该服务对人身或财产有健康、安全、环境上之危险或为履行法律上之义务,主办机关即得以书面通知民间机构后行使介入权,但不论民间机构是否违约,只要主办机关行使介入权都不应中断民间机构服务费用之付款"。

值得注意的是,无论是 PFI 还是 PFI2 都始终强调政府规制在公私合作中的程度问题,防止政府规制过度。"主办机关必须认知 PFI 契约下长期伙伴关系的重要性,避免过度介入导致风险转嫁回主办机关。基于此,主办机关在 PFI 契约管理活动的涉入程度,可能要比传统模式来得小一些,当然介入程度会因为不同的公共建设性质不同而有不同"❷。因而,在研究公私合作的法律规范上的正当性的同时,亦需要研究公私合作中政府规制的适当性。

(二)德国公私合作的立法与程序规制

公私合作在英美法系的起源与其公私法之间宽松的界隔,公私法的模糊与一体是密不可分的。公私合作从英国引入到德国后,强调概念的精确解释以及泾渭分明的公私法二元体系的大陆法系,首先面临的是如何对弹性和模糊的"公私合作"进行界定,如何在公私合作与既有的规范制度体系之间进行协调、兼容,使其有效地运行。梳理德国公私合作的研究可以发现,"质疑"与"回应"是公私合作在德国的发展主线。然而,讨论和争论不断的同时,德国公私合作丝毫未受影响并快速发展。德国联邦、各邦及诸多地方自治团体不断扩大公私合作的运用。"从事生存照顾、地方自治和公共基础设施等国家任务,举凡经济性事业和非经济性事业皆可见其踪影。抑有进者,以少数股东身份加入原本由乡镇市地方自治团体独资设立之私法公司,或与其共同设立一新私法组织,仅执行特定之行政任务"❸。

1990 年以后,公私合作在德国被广泛讨论并逐渐形成共识。相对一致地认为,公私合作属于集合式概念,其下有各种合作模式,但基本上是指官方不再高权单独处理业务,而与业者间在公共服务的提供、财政取得与执行,建立一个伙伴关

---

❶ Standardization of PFI Contracts (SoPC) Version 4 (March 2007) available at http://www.hm-treasury.gov.uk/ppp_standardised_contracts.htm accessed March 2014.12.30.

❷ 环宇法律事务所:《民间参与公共建设推动议题改进之研究——政府如何获取长期公共服务》,台湾地区行政院公共工程委员会研究报告。

❸ 林明锵:《欧盟行政法—德国行政法总论之变革》,新学林出版社,2009 年,第 64 页。

系[1]。德国受新公共管理思潮和英国 PFI 的影响下,采取了专门的公私合作立法体系,2005 年 9 月生效施行的《公私合作促进法》,对德国公私合作的发展具有深远的意义[2]。"这标志着公私伙伴关系不再局限于政治议题的框围或仅属源自外国法的时尚概念而已,而是已经融入德国法律体系之中。影响所及,纵属先前质疑公私伙伴关系功能之行政法学者,亦逐渐正视采纳此一概念"[3]。集合论成为普遍认同的观点,并在德国《公私合作促进法》和后期修订的《行政程序法》得以确认。

另一方面德国联邦政府在 2004 年设立 PPP 推动中心(PPP Task Force),其具有四大任务,包括:推动示范项目(Pilot Projects)、加强基础工作(Fundamentals)、建立整合协调机制(Coordination),及公共关系及知识转化(Public Relations and Knowledge Transfer)[4]。由于德国成熟的行政程序法,德国公私合作的规制体系中,行政程序法仍占有十分重要的地位。虽然有专门的《公私合作促进法》,但该法仅为综合性促进法,重点回应公私合作发展后与政府采购、预算、税收等专门性法规的冲突与衔接问题,排除不利公私合作的法律上障碍或制度条件[5]。但是,没有对公私合作的具体程序以及具体规范加以规定,理论研究以及立法实践重点仍在于如何将公私合作纳入行政程序法规范。因而,德国公私合作的立法中特别强调了程序规制。

1. 竞争性谈判程序及其规制

在德国公私合作法中极具特点的就是合作者的遴选程序中引入了竞争性谈判程序,并在《公私合作促进法》第 1 条明确加以规范,明确"公共供货、建筑、劳务委托合同的招投标程序有以下几种:公开招标程序、不公开招标程序、议标程序或竞争性谈判程序[6]。"竞争性谈判制度的引入规范了竞争性谈判的适用范围、条件以及程序,既增加了合作对象遴选的弹性,又从程序和条件上加强了对公私合作对象

---

[1] 黄锦堂:《行政契约法主要适用问题之研究》,收录于"行政契约与新行政法"台湾行政法学会学术研讨会论文集(2001),第 45 页。

[2] 德国在推行公私合作先后制定了一系列的成文法加以规范,其中标志性的为 2005 年颁布《公私合作促进法》。此外根据《公私合作促进法》的相关规定,对包括《公共采购条例》《反竞争限制法》《远程道路私人融资法》《联邦预算法》及《税法》等方面有不适合公私合作的条件或不利实施的立法障碍予以专门的立法排除和修订,推进公私合作的发展。

[3] 刘淑范:《公私伙伴关系(PPP)于欧盟法制下发展之初探:兼论德国公私合营事业(组织型之公私伙伴关系)适用政府采购法之争议》,《台大法学论丛》,2011 年,第 40 卷,第 2 期。

[4] 金玉莹、许登科:《欧盟地区 PPPs 政策之推动历程与发展——以欧盟之研究与现况为主要观察》,第 141 页,台湾地区行政院委托项目研究报告,未出版。

[5] 詹镇荣:《民营化后国家影响与管制义务之理论与实践》,载《东吴大学法律学报》,2003 年,第 15 卷,第 1 期。

[6] 德国《公私合作促进法》第 1 条"反限制竞争法的修改"第 1 款。李以所:《德国公私合作制促进法研究》,中国民主法制出版社,2013 年,第 91 页。

选择的规制。根据《公私合作促进法》以及《公共采购法》的规定，竞争性谈判主要适用于“技术复杂性、法律关系复杂性、财务复杂性”的项目。“该公共采购非常复杂，乃至公共采购人没有能力：指定满足其需求和实现其目标的技术手段；指定项目计划的法律条件和融资条件”❶。竞争性对话机制，并非一种适用于所有项目之标准程序，而是以一定条件存在——特别复杂的项目为前提之公告招商案件才予以适用，是故，判断上有一定之不确定性，且不是每一个 PPPs 项目都须加以适用❷。因此竞争性谈判程序仍是严格控制，适用范围不得任意扩大。

2. 行政程序法的适用

虽然德国联邦程序法已经被认为难以适应德国公私合作的发展，特别是传统的行政程序法基于“公益保护”的理念，因而对合作契约的规制都做了较为详尽细致的规范。德国联邦行政程序法是德国公部门对公私合作进行监督规制的重要法律依据，尤其是关于合作行为的合法性和对合作中政府权力的规范。

公私合作促进法的颁布实施排除不利民间参与的现行法律框架，极大地改善公私合作发展的法治环境，但《公私合作促进法》并未能解决所有的法律问题，特别是在重视公法学的德国，关于合作契约法制的研究和争议不断，将公私合作纳入行政程序法的规范中，是德国公私合作法治化新的发展趋势与特色。德国联邦行政程序法中所规范的契约类型涉及公私合作的规范，在“行政契约”一章中加以规定。但是，德国《联邦行政程序法》自 1977 年颁布实施以来虽经历多次修订，但“行政契约”一章却一直未曾有修订。20 世纪 90 年代后，德国公私合作快速发展，加上国家任务减负及财政赤字日益扩张等因素，实务上各种公私合作行为即呈现蓬勃发展的现象，然而若因其涉及重大公益且其任务范围主要在履行行政任务，又将此种公私协力契约定位为行政契约之必要，而非传统上行政主体所为之私经济行为时，德国行程序法中关于行政契约法制的设计显然已无法予以有效规范❸。

但可以达成一致的是合作契约应当使用行政程序法之规定，为避免公部门和私部门间合意内容只顾私人利益而减损公共利益，造成第三人，尤其是消费者的不利，对合作契约的内容以及执行进行规范显得相当必要。根据《德国行政程序法》以及《公私合作促进法》的相关规定，对合作契约的行政程序法规制主要体现在以下几个方面❹：

---

❶ 李以所：《德国公私合作制促进法研究》，中国民主法制出版社，2013 年，第 34 页。

❷ Matthias Knauff, Im wettbewerblichen Dialog Zur Public Private Partnership? NZBau 2005, Heft5, S. 256. 转引自金玉莹、许登科：《欧盟地区 PPPs 政策之推动历程与发展——以欧盟之研究与现况为主要观察》，第 49 页，台湾地区行政院委托项目研究报告，未出版。

❸ 吴志光：《ETC 裁判与行政契约——兼论德国行政契约法制之变革方向》，载《月旦法学杂志》，2006 年，第 135 期，第 14 页。

❹ 詹镇荣：《促进民间参与公共建设法之现实与理论》，载《月旦法学杂志》，2007 年，第 134 期，第 52 页。

(1)合作契约当事人之选定:合作契约之一方当事人,亦即,一般私人或私法人,应在专业、给付能力、可信度上有助于合作任务之达成。

(2)合作契约内容、质量、范围以及控制与管理:契约之形成应依据需要而具备契约架构,特别是依契约类型确定契约条款。就给付契约而言,确保契约履行的稳定经常性且合于社会期待的质量与服务给付。

(3)契约变更和终止条款、接管权:合作契约关系中,履约事项有重大变更,契约的变更或终止应当经行政主管部门之审查和批准。德国公私合作政府规制主要法规见表3.3。

德国公私合作政府规制主要法规 表3.3

法规名称	规制内容
公共采购法	对供货采购、劳务采购和建筑采购的程序、规范、合同等进行了规范,明确建筑工程特许经营权属于公共采购
联邦预算法	确立了公私合作的评估机制以及预算约束机制
公私合作促进法	引入竞争性谈判制度,并对竞争性谈判的适用范围、程序条件、主体、责任进行了详尽的规定; 对远程公路建设中的收费性质进行了规定,明确了私部门的“公法收费”与“私法酬金”之间的选择权,并对二者的适用程序、条件以及政府规制进行了规范; 对公私合作中的预算、税收问题进行了规范
行政程序法	对合作契约的主体、法律适用以及程序的规范; 对合作契约的变更、违约责任的规范; 对合作契约中政府介入权进行了规范

(三)我国台湾地区公私合作的发展与立法

1. 台湾地区公私合作政府规制立法概况

台湾民间参与公共建设的开始应该追溯到1989年,台湾当局成立“公营事业移转民营推动小组”,由其制订了包括《公营事业移转民营条例》《公营事业移转民营条例实施细则》在内的一系列公营企业民营化的法规。1994年,台湾地区制定并颁布了《奖励民间参与交通建设条例》,为交通建设领域的民间参与公共建设开启了法源依据。自此,台湾才开始出现真正意义上的基础设施公私合作。《奖励民间参与交通建设条例》提出的主要奖励措施包括协助取得土地开发利用、融资与税捐优惠、补贴利息等[1]。此后,台湾地区立法主要考察日本和德国公私合作立法的经验,形成了以《政府采购法》和《行政程序法》为基础,以《奖励民间参与交通建设

[1] 江瑞祥:《公共建设执行之组织型式甄选》,载《公共行政学报》,2010年,第22期。

条例》和《促进民间参与公共建设法》为主干，并配套以《公营事业移转民营条例》《公营事业移转民营条例施行细则》《促进民间参与公共建设法施行细则》为辅助的成文法体系，有效地推动和规范公私合作的发展。根据台湾地区行政院2007年的统计，民间参与公共建设案件计有532件，其案件计划总规模高达新台币3791.93亿元，民间投资额度为3394.80亿元，约占总规模之90%，政府仅需出资10%。

2000年1月，台湾地区立法院审议通过了《促进民间参与公共建设法》，成为台湾基础设施领域公私合作的基础性法规。《促进民间参与公共建设法》分为六章，分别对用地和开发、融资与税收优惠、项目的申请与审核、政府的监督和管理作出了详尽的规定。《促进民间参与公共建设法》为公私合作模式的推广提供了基本的法律依据，尤其重要的是促进民间参与公共建设法对民间参与的范围进行了扩张，环境保护、教育医疗、电力、旅游、养老等领域均纳入到参促法的范围。《促进民间参与公共建设法》颁布后，台湾地区财政部、交通陆续制定一系列配套的实施细则加以落实，如：《促进民间参与公共建设法施行细则》《民间参与公共建设甄审委员会组织及评审办法》、《民间参与重大公共建设毗邻地区禁建限建办法》《民间参与公共建设申请及审核程序争议处理规则》《重大公共建设范围》《民间机构参与重大公共建设进口货物免征及分期缴纳关税办法》等。根据台湾地区的公私合作法律体系来看，以公共建设领域为例，民间参与公共建设中的合作对象遴选程序规范，如政府出资建设委托私人部门经营管理者，则适用于《采购法》规定程序，由私人部门投资建设公共建设则适用《促参法》的规定。对于公司组织形态的调整、资产的让售方式以及评价委员会的成立与组成规则，原有员工的权益保障等均要适用《公营事业移转民营条例》，如过程中遇有资产或者股权出售，需要一并对适用国有财产法的相关规定进行处置❶。

2.台湾地区公私合作政府规制立法规范

根据《促进民间参与公共建设法》和《奖励民间参与交通建设条例》等法律法规的规定，台湾地区公私合作中的政府规制正当性来源主要体现在以下方面：

（1）费率规制。台湾地区政府部门对民间参与公共建设后的收费费率实行规制，政府部门被赋予规制费率规制权。民间机构拟定之收费费率标准与其调整时机及方式，应依法报请主管机关核定后公告实施。主管机关为前项核定时，应经各项费率委员会审议。主管机关为核定费率，应设置费率委员审议。

“民间机构拟订之收费费率标准与其调整时机及方式，应依法报请主管机关核定后公告实施。主管机关为前项核定时，应经各该费率委员会审议。”❷

❶ 陈明灿、张蔚宏：《我国促参法下BOT之法制分析：以公私协力观点为基础》，载《公平交易季刊》，2004年，第13卷，第2期。

❷ 参见：《奖励民间参与交通建设条例》第40条。

"民间机构拟订之营运费率标准、调整时机及方式，应于主办机关与民间机构签订投资契约前，经各该公用事业主管机关依法核定后，由主办机关纳入契约并公告之。前项经核定之营运费率标准、调整时机及方式，于公共建设开始营运后如有修正必要，应经各该公用事业主管机关依法核定后，由主办机关修正投资契约相关规定并公告之。"❶

(2)处分规制。根据《促进民间参与公共建设法》与《奖励民间参与交通建设条例》的规定，考量到公共建设的公共属性，设置了权益资产转让的限制和审批规定，非经政府部门审批同意不得转让公共建设权益以及资产。民间机构取得兴建、运营交通建设的权利，不得转让、出租或为民事执行标的，其因兴建、运行所取得之资产、设施，非经主管机关统一，不得转让、出租或设定负担，反之则转让、出租或设定负担之行为无效。

"民间机构依本条例取得兴建、营运交通建设之权利，不得转让、出租或为民事执行之标的；其因兴建、营运所取得之资产、设备，非经主管机关同意，不得转让、出租或设定负担；违反者，其转让、出租或设定负担之行为无效。"❷

"民间机构依投资契约所取得之权利，除为第五十二条规定之改善计划或第五十三条规定之适当措施所需，且经主办机关同意者外，不得转让、出租、设定负担或为民事执行之标的。民间机构因兴建、营运所取得之营运资产、设备，非经主办机关同意，不得转让、出租或设定负担。但民间机构以第八条第一项第六款方式参与公共建设者，不在此限。违反前二项规定者，其转让、出租或设定负担之行为，无效。"❸

(3)介入权：公私合作中，政府机关对于施工进度严重滞后，工程质量管理重大瑕疵、经营不善或者其他影响社会公共利益时，政府部门可以责令限期改善，暂停运营、撤销许可。

"本条例所奖励之民间机构，于兴建或营运期间，如有施工进度严重落后，工程品管重大违失、经营不善或其他重大情事发生，主管机关得为下列处理：

一、限令定期改善。

二、逾期不改善或改善无效者，停止其兴建或营运一部或全部。

三、受停止兴建或营运处分六个月以上仍未改善者，废止其兴建或营运许可。

前项之处理于情况紧急，迟延即有损害重大公共利益或交通安全之虞者，得令其停止兴建或营运之一部或全部。"❹

---

❶ 参见：《促进民间参与公共建设法》第49条。

❷ 参见：《奖励民间参与交通建设条例》第42条。

❸ 参见：《促进民间参与公共建设法》第51条。

❹ 参见：《奖励民间参与交通建设条例》第43条

“民间机构于兴建或营运期间，如有施工进度严重落后、工程品质重大违失、经营不善或其他重大情事发生，主办机关依投资契约得为下列处理，并以书面通知民间机构：

一、要求定期改善。

二、届期不改善或改善无效者，中止其兴建、营运一部或全部。但主办机关依第三项规定同意融资机构、保证人或其指定之其他机构接管者，不在此限。

三、因前款中止兴建或营运，或经融资机构、保证人或其指定之其他机构接管后，持续相当期间仍未改善者，终止投资契约。”❶

(4)接管权。根据《促进民间参与公共建设法》与《奖励民间参与交通建设条例》的规定，政府部门在公私合作危及公共利益时的接管权。

“公共建设之兴建、营运如有施工进度严重落后、工程品质重大违失、经营不善或其他重大情事发生，于情况紧急，迟延即有损害重大公共利益或造成紧急危难之虞时，中央目的事业主管机关得令民间机构停止兴建或营运之一部或全部，并通知政府有关机关。

依前条第一项中止及前项停止其营运一部、全部或终止投资契约时，主办机关得采取适当措施，继续维持该公共建设之营运。必要时，并得予以强制接管营运；其接管营运办法，由中央目的事业主管机关于本法公布后一年内订定之。”❷

考察德国与英国以及我国台湾地区的立法模式来看，公私合作的立法架构，大致可以区分为概括式立法以及单一法规式立法两种，概括式立法，指立法机关将民间参与投资之所有或相同类型之案件，均统一规范于单一法规中并提供权利义务之基本架构，供契约双方作为议约之基础；另外所谓单一法规式立法，系指立法机关针对个别单一建设之特性，因案制宜予以特别立法且其权利义务之规定较为明确。例如台湾地区的《促参法》之通案式立法原则即属于概括式立法，利用此单一法令，来涵括各类诸如交通建设、文教设施或是观光农业等不同属性之公共建设，希望透过标准化之特许权合约来节省各计划规划、研究与办理招商之时间及成本❸。作者认为，考虑到公私合作复杂性和个案的差异性，每个公私合作项目的规模、属性或是期限都有其各自的特性，应当抛弃统一立法规范和僵化、标准的合约设计，而应在强调统一立法的同时，更需要关注到各个公私合作项目的不同属性以及项目特征，相对的更应视各项目的特性与需求来进行约束与制约，同时在合作契约框架的设计上，应当留有相当的空间和余地。

---

❶ 参见:《促进民间参与公共建设法》第52条。

❷ 参见:《促进民间参与公共建设法》第53条。

❸ 颜玉明:《我国促参法BOT契约法律性质初探》,《台湾本土法学杂志》,2006年,第82期。

二、国内公私合作政府规制的法律规范分析

我国公私合作的立法自改革开放初期起步，呈现出从地方到中央，专案立法与分散立法并进，立法与工作指引并重的特点，梳理国内公私合作的立法发展的历程，比较分析了我国公私合作立法中存在的冲突和问题。

（一）我国公私合作立法的发展历程

1. 探索起步期（1980—1999 年）

梳理改革开放后我国公私合作的发展，特别是基础设施领域的各种公私合作模式，发现公私合作起步与我国对外开放引进外资相伴而生，公私合作提供公共服务首先面向外资的开放。这一阶段规范多数以国务院和中央部委的规范性文件为主和个别部门规章构成。1995 年外经贸部发布的《以 BOT 方式吸收外商投资有关问题的通知》和国家计委、电力部、交通部于 1995 年联合下发的《关于试办外商投资特许项目审批管理有关问题的通知》，以这两文件为标志开启了基础设施领域的公私合作。值得一提的是，这一阶段制定了两部规章，开启了公私合作的立法。1994 年上海市针对延安东路隧道、打浦路隧道、南浦大桥和杨浦大桥等项目经营管理的专案立法——《延安东路隧道专营管理办法》和《上海市打浦路隧道、南浦大桥和杨浦大桥专营管理办法》，这是我国第一个公私合作方面的地方立法性文件。随后 1996 年，为吸引民间资金投资公路建设，解决大规模公路建设的巨大资金缺口，交通部制定出台了《公路经营权有偿转让管理办法》，对公路特许经营的交易转让作出了详细的规定，推动了我国收费公路的发展。探索起步期除了立法层级较低，以规范性文件为主特点外，形式上以项目专案或特定行业立法，内容上强调政府的行政审批、外资的管理为主要内容对公私合作尤其是 BOT 项目的管理。

2. 快速发展期（1999—2010 年）

这一阶段的立法以《中华人民共和国招标投标法》（以下简称《招标投标法》）和《中华人民共和国政府采购法》（以下简称《政府采购法》）为主干和标志，同时以以上两部法律为基础，制定了一系列部门规章，形成公私合作的框架性规范体系。1999 年颁布实施的《中华人民共和国招标投标法》规定在城市进行的轨道交通、收费公路、自来水、燃气、热力以及污水处理、垃圾处理等经营性基础设施建设项目，要采取招标等方式选择投资者；政府赋予中标投资者对该项目的特许经营权。2004 年建设部制定颁布了《市政公用事业特许经营管理办法》对供水、燃气、垃圾处置等城市公用事业领域特许经营进行了详细的规定，同时，各地方先后出台了大量地方性法规、政府规章及政策性文件，规范公用事业的特许经营，这些法规的制定和颁布极大地推进了私人参与城市公用事业的服务，开启了公用事业民营化的浪潮。根据统计在电力和热力生产和供应业中，私人控股比重从 2005 年 1.84 到

2010 年 14.5；供水领域从 2.59 到 13.81 发展迅速❶。1999—2010 年我国公私合作立法以及政策制定情况见表 3.4。

1999—2010 年我国公私合作立法以及政策制定情况 表 3.4

制定颁布的法规政策	性质与分类	部门与时间
深圳市公用事业特许经营条例	地方性法规	深圳市人大 2006 年
贵州省市政公用事业特许经营管理条例	地方性法规	贵州省人大 2007 年
山西省市政公用事业特许经营管理条例	地方性法规	山西省人大 2007 年
湖南省市政公用事业特许经营条例	地方性法规	湖南省人大 2008 年
市政公用事业特许经营管理办法	部门规章	建设部 2004 年
经营性公路建设项目投资人招标投标管理规定	部门规章	交通部 2007 年
长沙市供水行业特许经营办法	地方规章	长沙市政府 2004 年
深圳市公用事业特许经营办法	地方规章	深圳市政府 2004 年
天津市市政公用事业特许经营管理办法	地方规章	天津市政府 2005
乌鲁木齐市城市公共汽车客运特许经营管理办法	地方规章	乌鲁木齐市政府 2006 年
吉林市市政公用事业特许经营办法	地方规章	吉林市政府 2007 年
成都市人民政府特许经营权管理办法	地方规章	成都市政府 2009 年
上海市城市基础设施特许经营管理办法	地方规章	上海市政府 2010 年
昆明市特许经营权管理办法	地方规章	昆明市政府 2010 年
青海省市政公用事业特许经营管理条例	地方性法规	青海省人大 2009 年
城市市政公用事业利用外资暂行规定	规范性文件	建设部 2000 年
关于加快市政公用行业市场化进程的意见	规范性文件	建设部 2002 年
关于推进城市污水、垃圾处理产业化发展的意见	规范性文件	建设部 2002 年
关于加强市政公用事业监管的意见	规范性文件	建设部 2004 年
关于进一步鼓励和引导社会资本举办医疗机构意见	规范性文件	发展改革委等五部委 2010 年

3. 稳定完善期（2010 年—至今）

2010 年后，先关的立法趋于平稳，直到 2014 年公私合作模式被写入到政府报告，被大力推广，2014 年为推进公私合作模式，财政部成立了政府和社会资本合作（PPP）中心负责公私合作的推广和应用工作。2014 年末，财政部发布《政府采购竞争性磋商采购方式管理暂行办法》。2015 年 1 月 19 日，财政部又发布《关于规范政府和社会资本合作合同管理工作的通知》并附《PPP 项目合同指南（试行）》，发

❶ 石淑华：《中国公用事业民营化改革的若干反思》，中国经济出版社，2012 年。

改委等六部委制定出台了《基础设施和公用事业特许经营法》,一度沉寂的公私合作的立法再次掀起一轮高潮。随着一系列的立法和财政部、国家发改委等部门一系列的公私合作指南和标准合同的发布,公私合作的规范基本趋于完善。值得注意的是,2015 年修改的《行政诉讼法》也对公私合作机制给予了极大的关注,最终《行政诉讼法》修正案和司法解释明确将政府特许经营合同纳入行政诉讼的受案范围❶,但遗憾的是少有学者对此关注。2010 年以来我国公私合作立法以及政策制定情况见表 3.5。

2010 年以来我国公私合作立法以及政策制定情况　　表 3.5

制定颁布的法规政策	主 要 内 容	性质与分类	部门与时间
国务院关于加强地方政府性债务管理的意见	鼓励社会资本通过特许经营等方式,参与城市基础设施等有一定收益的公益性事业投资和运营;	规范性文件	国务院 2014 年
关于创新重点领域投融资机制鼓励社会投资的指导意见	在公共服务、资源环境、生态建设、基础设施等重点领域进一步创新投融资机制,充分发挥社会资本特别是民间资本的积极作用	规范性文件	国务院 2014 年
关于推广运用政府和社会资本合作模式有关问题的通知	拓宽城镇化建设融资渠道,促进政府职能加快转变,完善财政投入及管理方式,推广公私合作	规范性文件	财政部 2014 年
政府和社会资本合作模式操作指南(试行)	对公私合作项目的操作规范进行了规定	规范性文件	财政部 2014 年
关于开展政府和社会资本合作的指导意见	推动地方政府加快推进公私合作并对适用范围进行了扩大	规范性文件	国家发改委 2014 年
政府和社会资本合作项目通用合同指南	对合作合同拟定、条款设计等作出了规定	规范性文件	国家发改委 2014 年
基础设施和公用事业特许经营管理办法	对基础设施和公共事业的特许经营的范围、程序、争议解决等全面的规定。	部门规章(国务院同意)	国家发改委、财政部、建设部、交通运输部、水利部、人民银行 6 部委 2015 年

❶ 《中华人民共和国行政诉讼法》第二章受案范围第十一条:“认为行政机关不依法履行、未按照约定履行或者违法变更、解除政府特许经营协议、土地房屋征收补偿协议等协议的”。

(二)立法空白与冲突

虽然近年来,顺应公私合作发展的需要,中央各部委和地方政府爆发式的制定出台了一系列的规章和政策,但总体上我国的公私合作法律体系仍处于初发状态,与公私合作发达国家缜密的法规体系相比,仍十分的不完善。美国从里根时期放松管制以来,出台了涉及民营化和公私合作的法规规范130多部,项目专案立法20多个。德国不仅制定出台了10多部的法律,并专门制定了《公私合作促进法》[1]。相比较我国,整体公私合作的法律体系并未得到完善,立法层级过低,缺少主干性的立法。在立法层次上来看,中央层面,目前公私合作立法效力最高的是2015年经国务院同意由国家发改委等五部委联合制定出台的《基础设施和公用事业特许经营管理办法》,其性质仍为部门规章,缺少高位阶的主干性法律法规。可喜的是,湖北、河南、重庆、浙江等地尝试在立法权限内的探索,制定出台了一些地方性法规,尤其是在供水、供气等公用事业领域初步建立了公私合作的地方性法规体系框架。

此外,特别值得注意的是,由于缺乏统一的公私合作基本法,各个部委和地方出台的规章之间存在大量的冲突和矛盾,致使公私合作实践难以适从(表3.6)。例如财政部《政府和社会资本合作模式操作指南》和国家发改委《政府和社会资本合作项目通用合同指南》都强调了合同各方的平等主体地位,以市场机制为基础建立互惠合作关系,通过合同条款约定并保障权利义务[2]。在适用法律及争议解决中也将"仲裁"列为争议解决的方式之一,但新修订出台的《行政诉讼法》受案范围中明确将政府特许经营纳入到受案范围[3]。再如:《基础设施和公用事业特许经营管理办法》明确规定了公私合作遴选程序中规定适用《招标投标法》,然而财政部的规章和相关规范中明确规定适用《政府采购法》,两者究竟如何区分适用,亦未有定论,导致实践操作中做法各异。此外,从公私合作的实践来看,《招标投标法》亦有许多立法上的空白未有涉及,《招标投标法》以及相关规定主要是针对工程及工程相关的货物与服务的采购和招标,招投标立法时,公私合作尚未兴起,并未考量到公私合作的复杂性和多样性,因此并没有不涉及融资及长期运营管理等公私

[1] 李以所,《德国公私合作制促进法研究》,中国民主法制出版社,2013年6月,第17页。

[2] 参见《政府和社会资本合作项目通用合同指南(2014年版)》。

[3] 《行政诉讼法》第11条"认为行政机关不依法履行、未按照约定履行或者违法变更、解除政府特许经营协议、土地房屋征收补偿协议等协议的。"

合作的关键内容❶。例如,根据公私合作项目付费方式不同,可以将公私合作分为使用者付费、影子付费(政府直接付费)以及使用者付费与影子付费两者结合三种类型。根据《政府采购法》以及实施条例等规定,政府采购适用财政资金货物、工程以及服务的采购行为❷。其中财政资金包括纳入预算管理的资金和以财政性资金作为还款来源的借贷资金。国家机关、事业单位和团体组织的采购项目既使用财政性资金又使用非财政性资金的,使用财政性资金采购的部分以及财政性资金与非财政性资金无法分割采购的,统一适用政府采购法及其实施条例。对使用者付费的公私合作项目,适用《招标投标法》则无异议,但因项目资金来源并非财政性资金(企业自主投入),对项目建设中的供应商选择,既需适用《招标投标法》又适用《政府采购法》规定的竞争性谈判等非招标方式存在矛盾和依据不足。对于此问题,六部委联合出台的《基础设施和公用事业特许经营管理办法》也未作出规定。

因此,作者认为鉴于公私合作项目从立项开始涉及发改、财政、税收等全程,覆盖公用事业、土地、交通等各个领域,同时又关切到国计民生,因此,需要构建包括法律、法规及规章、政策、指南等多层次的法律规范体系。需要建立以《公私合作促进法》为核心,行政法规、部门规章为主体,多层次相互衔接的公私合作法规体系。中央和地方各自分工,各领域各行业协同推进,构建一个整体和完善的公私合作法规体系。特别是要加快推进《公私合作促进法》的进程,对于公私合作的核心问题、基本原则以及重要制度进行法律化,对公私合作的适用范围、性质、程序、分工以及规制内容予以明确。加快涉及公私合作的《招标投标法》、《政府采购法》、《预算法》等现有的法律法规的修订,适应公私合作发展的需要,加强公私合作制度的

---

❶ 参见由珊珊:《深圳:公用事业改革一路争议一路前行》,载《南方周末》,2010 年 7 月。深圳采用的是“招标招募”方式,引进战略投资者在国外叫“私募融资”,公开向社会表明需要引进的战略投资者必须是国际知名企业;而“招募”则是通过谈判确定最后的选择。通过这个方法,深圳在一年内完成了对 3 家国有独资公用事业企业引进战略投资者的改革:法国威利雅与通用首创水务公司获得水务集团 45% 股权;新希望集团和香港中华燃气公司共取得燃气集团 40% 股权;香港九龙巴士公司和深圳金信安水务投资有限公司各获得巴士集团 35% 和 9.7% 的股权。引发了极大的争议。

❷《中华人民共和国政府采购法》第 2 条:本法所称政府采购,是指各级国家机关、事业单位和团体组织,使用财政性资金采购依法制定的集中采购目录以内的或者采购限额标准以上的货物、工程和服务的行为。政府集中采购目录和采购限额标准依照本法规定的权限制定。本法所称采购,是指以合同方式有偿取得货物、工程和服务的行为,包括购买、租赁、委托、雇用等。本法所称货物,是指各种形态和种类的物品,包括原材料、燃料、设备、产品等。本法所称工程,是指建设工程,包括建筑物和构筑物的新建、改建、扩建、装修、拆除、修缮等。本法所称服务,是指除货物和工程以外的其他政府采购对象。《中华人民共和国政府采购法实施条例》第 2 条:政府采购法第二条所称财政性资金是指纳入预算管理的资金。以财政性资金作为还款来源的借贷资金,视同财政性资金。国家机关、事业单位和团体组织的采购项目既使用财政性资金又使用非财政性资金的,使用财政性资金采购的部分,适用政府采购法及本条例;财政性资金与非财政性资金无法分割采购的,统一适用政府采购法及本条例。

稳定性和可预见性，确保公私合作的有序进行。

发改委与财政部规范之冲突 表3.6

冲突点	财政部	国家发改委	区别与冲突
名称	《政府和社会资本合作模式操作指南(试行)》 《PPP项目合同指南(试行)》	《关于开展政府和社会资本合作的指导意见》 《政府和社会资本合作项目通用合同指南(2014版)》	公私合作的名称基本统一，无差异
适用范围	规范政府、社会资本和其他参与方开展政府和社会资本合作项目的识别、准备、采购、执行和移交等活动	PPP模式主要适用于政府负有提供责任又适宜市场化运作的公共服务、基础设施类项目。燃气、供电、供水、供热、污水及垃圾处理等市政设施，公路、铁路、机场、城市轨道交通等交通设施，医疗、旅游、教育培训、健康养老等公共服务项目，以及水利、资源环境和生态保护等项目均可推行PPP模式	两者各有侧重，财政部强调“政府采购”、发改委强调“项目程序”管理。财政部规定PPP项目适用《政府采购法》，否认了公私合作项目“政府投资项目”的性质
主管部门	财政部门加强与政府相关部门的协调，积极发挥第三方专业机构作用，全面统筹政府和社会资本合作管理工作	发展改革部门和行业管理部门	两部委均为管理部门的层级作出规定
私人主体的范围	民营企业、国有企业、外国企业和外商投资企业，但排除本级人民政府下属的政府融资平台公司及其控股的其他国有企业(上市公司除外)	国有企业、民营企业、外商投资企业、混合所有制企业，或其他投资、经营主体	财政部排除了本级政府的融资平台，发改委则未排除
出资比例以及控制权	政府在项目公司中的持股比例应当低于50%，且不具有实际控制力及管理权	未作规定	
审批程序	政府采购程序，且PPP项目不一定需要经过特许经营审批	特许经营权审批和投资项目审批程序	导致同一项目的重复审批问题

续上表

冲突点	财政部	国家发改委	区别与冲突
介入权	(1)定期获取有关项目计划和进度报告及其他相关资料; (2)在不影响项目正常施工的前提下进场检查和测试; (3)对建设承包商的选择进行有限的监控(例如设定资质要求等); (4)在特定情形下,介入项目的建设工作	若需要,可对项目建设招标采购、工程投资、工程质量、工程进度以及工程建设档案资料等事项安排特别监管措施,应在合同中明确监管的主体、内容、方法和程序,以及费用安排	财政部规范特别强调了介入权限度,并且列举了介入权行使的特定情形
争议解决方式	友好协商、专家裁决、仲裁、民事诉讼	协商、调解、仲裁、诉讼(民事诉讼还是行政诉讼未明确说明)	财政部明确:在PPP项目合同争议解决条款中,也可以选择诉讼作为最终的争议解决方式。需要特别注意的是,就PPP项目合同产生的合同争议,应属于平等的民事主体之间的争议,应适用民事诉讼程序,而非行政复议、行政诉讼程序。这一点不应因政府方是PPP项目合同的一方签约主体而有任何改变

第三节　公私合作中政府规制的现实考察

所有理论都有局限性,理论模型的局限性更大,因为,许多参数必须被固定在一个模型中,而不允许它们有所变化。把一个模型(如完全竞争市场模型)与内含于这种模型的理论相混淆,会进一步限制模型的适用性❶。然而公私合作并不是发生在理想模型的真空环境之中,而是在纷繁复杂的外部环境和社会背景中展开的。当人们普遍认为私有化是件好事时,比顺应潮流来证实人们这种普遍想法更

❶ 【美】埃莉诺·奥斯特罗姆:《公共事务的治理之道》,余逊达、陈旭东译,上海译文出版社,2012年。

有必要的是认识私有化的局限性和危害性❶。近年来英美国家，特别是拉美地区出现的“民营化的退潮与隐忧”，形成的“再国有化”的回购浪潮，呈现出“逆民营化”趋势。此外，于私部门而言，政府规制犹如一把达摩克利斯之剑，高悬在私人部门之上，因而对政府规制权的控制，防止政府规制权的恣意是私人部门参与公私合作的最大隐忧，也是确保公私合作成功的关键。2012 年重庆无偿收回经营期满 30 年的民营加油站事件❷，长春市政府废止《长春汇津污水处理专营管理办法》导致汇津污水处理公私合作项目停产事件❸，引发公众对政府规制的正当性与科学性的忧虑。考察公私合作的实际运行，对不同领域的公私合作的 10 个“失败”案例的分析，可以发现，很多时候，公私合作的制度设计初衷并没有如期而至，甚至是出现了林林总总的问题和困境。公私合作的局限性及其政府规制的不足，对政府规制提出了新的挑战，如何平衡行政性质规制与公私合作下的自主性，回应行政规制的科学性、正当性和合法性成为公私合作中行政性规制亟待解决的新命题，也是公私合作成败和社会公共利益维护的关键。我国公私合作实践中的政府规制问题分析见表 3.7。

一、公私合作中政府规制主体的角色冲突

在公私合作中公部门（政府）、私部门以及公民均扮演着多重角色，这种基于主体身份上的悖论也是公私合作的复杂性、矛盾性及其局限的机理所在。公私合作中公部门是合作的参与者、合作契约的缔约当事人，而同时，公部门又是公权力的主体，以公益为依归，行使宪法和法律上所授权的行政权。因而，在公私合作中存在规制主体与规制对象的重合，产生角色悖论和价值冲突。即：公部门为国家权力主体，以基本权利保护，提供普遍服务和维护公益为出发，遵循因公共利益而形成的公共价值集合，而私部门为基本权利主体，以经济理性为原则，追求利润最大

---

❶ 【德】魏伯乐、【美】奥兰杨、【瑞士】马赛厄斯·芬格：《私有化的局限》，王小卫、周婴译，上海三联出版社，2006 年，第 4 页。

❷ 2012 年“重庆加油站事件”，重庆市出台的《重庆市涪陵区加油加气站管理实施办法》规定无偿收回经营期满 30 年的民营加油站。该规定引发了人们对行政机关歧视民营企业、打压民营企业生存空间的讨论。参见：王柱国：《论行政规制的正当程序控制》，载《法商研究》，2014 年，第 3 期。

❸ 1999 年长春市政府通过招商引资，与汇津公司共同投资建设污水处理厂，2000 年 3 月汇津公司与长春排水公司签订了企业合作合同，设立了长春汇津污水处理厂，2000 年 7 月 14 日长春市政府颁布了《长春汇津污水处理专营管理办法》，2000 年年末污水处理厂完工投产，2003 年 2 月 28 日长春市政府废止了 2000 年颁布的《管理办法》。汇津公司认为政府是为了支持污水处理企业才颁布《管理办法》，这是政府做出的行政授权和行政许可，废除就相当于摧毁了合作的基础。长春市政府则认为该合同属于变相“固定回报”合同，《管理办法》是对这种违背法律的固定回报项目的支持。多次协商无果后，汇津公司向法院提起行政诉讼。败诉后，长春汇津污水处理厂于 2004 年 2 月底正式停产，日均 39 万吨的污水被直排松花江。参见张庆才：《汇津事件三问政府》，《决策》杂志，2005 年 12 月。

化。公私部门的属性和角色的迥异导致了公私之间营利性与公共性内生冲突(表3.7)。

我国公私合作实践中的政府规制问题分析　　表3.7

行业	案例(事件)	原因分析
供水	河南鲁山连续断水事件	规制手段失效,规制能力不足
	兰州自来水苯酚事件	规制法规体系不完善,政府规制缺位、外方具有一票否决权、高溢价收购
	湛江廉江市4500万赎回中法塘山水厂	政府部门缺乏经验、缺乏价格规制和盈利规制能力而导致决策失误
	青岛威立雅水务直排事件	高溢价中标、价格规制不当
交通	5年4次罢运,十堰市公交民营化改革搁浅	政府规制缺位,规制手段失效,诱因机制不合理
	合肥公交安全事件	过度放松规制、政府规制安全规制缺位
	深圳130亿回购高速免费通行	政府价格规制和财政评估能力不足,竞争性项目限制不当
	杭州湾跨海大桥民营资本退出事件	政府规制过度(建设程序、财务规制等)、规划变更
	河南民营化高速烂尾	准入规制缺失,运行方资金筹措、工程管理经验不足
	福州鑫远闽江四桥特许经营纠纷案	契约规制能力不足,竞争性项目限制不当。

(一)规制对象与规制主体的重叠

于公部门而言,公部门既是平等合作的一方主体,又是合作的规制者,公部门作为合作契约相对人与公私合作规制者的内生冲突。一方面在合作关系中公部门处于合作契约的平等相对人地位与角色,同时,公部门又担负行政任务,履行公部门的对公私合作的规制义务。因此,公部门在公私合作中既为合作关系中的主体(规制对象),又是公私合作的规制者。从公部门的公益守护者与促进者的角色来看,作为社会公共利益的代表者,政府不应有自己的特殊利益,行为选择应以公共利益为依归,但实际上,为不被追究公私合作失败的责任,证明自己对营利组织的选择正确,契约约定准确,行为合法合理,甚至获取良好的绩效评估结果,签订合约的公共部门有足够的动力来掩盖公私合作中的失败,甚至与营利性组织合谋侵害社会公众的权益[1]。一方面,角色重叠往往产生公私合谋的隐忧。公私合作往往集中在与公共利益密切相连的公用事业、基础设施营建与管理、社会福利等领域,而且合作关系复杂,合作契约的长期性,容易出现合作履行环境的变化,导致履约纠纷频繁。另一方面,公私合作中公部门运用行政权或者优势地位,规避合作风险,作为公私合作基石的平等原则进而被破坏。

观察和分析公私合作的10个失败案例可以发现,政府部门为了促进公私合作的达成,吸引私人参与公共基础设施的建设,而以招商引资的名义给予私人部门各种优惠条件,盲目承诺,同时由于政府缺乏相应的专业能力和契约协商谈判能力,导致合作契约高度的不对等,政府与私人之间的风险分担极为不合理。例如在收费公路以及供水领域,政府赋予了私人部门过度的垄断权,排除竞争性,违背了公私合作的本质,"特许期内不得新建设任何分流车辆的道路(包括以规划项目)"等极为不合理的条款,使得公私合作转化为私人垄断,并且侵害公共利益。再如在收费公路、供水等采用使用者付费机制的公私合作中,政府部门给予私人部门畸高的投资回报率,而提高公用事业的收费。深圳130亿回购高速免费通行案例中就是设置了极为不合理"不得新建任何竞争性道路"的条款,中法塘山水厂则被指水价一涨再涨,超出居民负担。

(二)平等合作与主体对象的矛盾

于私部门而言,私人部门是与公部门平等的契约方,又是直接行政给付者,给付对象则是非合作契约方的第三人。理想模型下的公私合作是基于自主且权力对等的主体为合作前提的,然而现实中,公私之间往往权力不对等,甚至是传统的规制者与被规制者的关系,私主体容易沦为公共部门政策推行的工具,以非营利组织为例,由于依赖公部门所提供的资源和财务支持,容易丧失公共性结社团体应具备的批判和反省的机能,合作关系中欠缺理性批判的空间,公私合作往往沦为一种国家和少数特殊利益团体瓜分福利资源的共犯结构[2]。私部门的自主性是自由市场运作的根基和现代立宪主义国家的基础,不能容许国家任意地侵害,因而公私合作中公私角色、任务、责任的处理需要格外审慎,市场能够异常灵活地抵制通过规制对资源进行再分配的善意努力,在经济阶梯最底层的人常常成为牺牲品[3]。公私合作失败的原因,是因为从一开始的"权力分享"之政策宣称,逐渐回归到公部门"权力支配"之惯性,如此一来,主导权又回归到公部门身上,私部门尽管握有技术,但却仍旧无法抵抗公部门的强力手段,致使公私协力破裂。因此,权力的开放

---

[1] 段绪柱:《公私合作制中的政府角色冲突及其消解》,载《行政论坛》,2012年,第4期。

[2] 张世雄:《权力的演进与困境:自由主义与社会福利的历史关联》,载《台大社会学刊》,2000年,第28期。

[3] 【英】安东尼·奥格斯:《规制:法律形式与经济学理论》,骆梅英译,中国人民大学出版社,2008年,第145页。

何其重要,但开放的程度也会间接影响合作的顺畅,若过于开放,则有可能导致私部门不受控制,以致公共利益遭受损害❶。

公私合作中合作双方主体平等性与规制者与被规制者之间矛盾是显而易见,以"杭州湾跨海大桥民营资本退出事件"为例,私人部门对杭州湾跨海大桥流量和收益的误判是导致民企退出公私合作的重要原因。但更为深层面次的原因在于由于政府在大桥设计建设过程与私人部门在决策中意见不一,政府多次调整工程规划和概算,作为合作方的政府与私人并未平等的协商,而是政府在大桥建设过程中过渡的介入和管制,使得大桥建设周期、规模、财务以及大桥的设计等不断调整和变更,民营资本在其中基本无任何的主导权和自主权,大桥项目从规划到建成的10年间多次追加投资,从规划阶段的64亿元到2011年的136亿元。平等合作与主体对象的矛盾对公私合作最为重要的是如何控制政府规制权,使得公私合作双方极易恣意而为的行政权有明确的预期,如何解决这对矛盾是构建公私部门之间合作信赖关系的关键。

二、公私合作中政府规制主体的职权交叉

(一)政府规制的边界模糊

公私合作的发展一方面所展现出来的主体平等性、市场机制的运用的独特优势和作用,同时,公私合作中内生局以及实践缺陷和困境又需要政府规制的介入与干预。然而,真正困难的是,公私合作中政府规制的边界和密度如何掌控和平衡。这种极富技巧性的拿捏,是公私合作中政府规制面临前所未有的挑战,一面是政府规制在公私合作的依据承担着规范、担保等责任,赋予对公私合作进行监督。另一面则是,公私合作中如何防止政府规制被滥用的忧虑。从"放松规制"到"再规制"的过程,政府规制难以把握"必要的合理限度"的标准,更何况市场与政府,规制与放松规制之间界限以及规制程度是如何的飘忽不定,模糊不清。以基础设施建设为例,若政府对于民间参与公共建设,规制强度过多,高密度过大,将会导致政府与私部门之间风险的配置的失衡,对私部门造成严重的负担,更为重要的是私部门的创新、弹性与效率的降低,若政府放松规制,监督管理不足,私部门追求私利,虽然能顾及引入了私部门参与以提高效率,却往往会减损公益。因此如何公私利益兼顾,又发挥私部门的优点,成为政府规制必须面对的难题。亦如上所述,公私合作的本意在于放松管制,通过市场机制来提高政府提供公共服务的效率和品质,政府则承担最终的担保责任,而以"最小干预"为原则,规制和介入应当审慎考量,若政府规制过多过密,则将破坏公私合作中公部门与私部

❶ 曾冠球:《为什么沦为不情愿伙伴?公私伙伴关系失灵个案的制度解释》,《台湾民主季刊》,2011年,第8期,第83-133页。

门之间的微妙平衡，阻碍市场机制的有效发挥。但不可忽略的是，私部门具有天然的营利性驱动力，公部门又需防止私部门因其追求自利而减损公共利益的情况之发生。

从公私合作的政府规制实践来看，当前尚处于初发状态，传统的政府规制思维、方式以及逻辑均在不断的变革之中，在“规制”与“解除规制”上，我国的政府规制工具和方式的运用，一方面受传统管控思维的影响，对公私合作，特别是公用事业公私合作的过度干预，缩限私人部门的自主权，有违公私合作引入市场竞争机制的本质；另一方面，则存在规制缺位，公私合作后放松规制，过度解除政府责任，公共服务质量、价格以及供给持续性、可负担性的问题频发，导致公共利益减损。总体来看，政府规制在公私合作中的介入过多，干预过深过细。规制结构上，规制过度与缺位并存，规制不合理，一方面，公私合作中的公共利益保护监督缺位，将公私合作视为卸除政府责任的工具，规制缺位；另一方面，对公私合作，特别是合作经营的微观事务干预过多过细，正因此，建设部《关于加快市政公用行业市场化进程的意见》中已经提出，“要从直接管理变为宏观管理、从管理行业转变为管理市场、从对企业负责转变为对公众负责[1]。”因此，公私合作中政府规制的边界问题的实质是政府与市场之间的关系，是政府规制与自主规制的分工与平衡，这也是公私合作中政府规制所面临的核心难题。

（二）政府规制的职权交叉

由于我国的行政体制，目前承担公私合作的规制职责的主体分散在多个部分，职责分工交叉。公私合作往往涉及多个法律关系和主管部门，规制权散落在财政、发改、物价、国土、交通、建设、水利等不同的部门和机构，同一项目由多个不同部门管理，容易导致项目流程复杂，规制效率低下。公私合作项目的财政投资以及资金效率由财政审计部门负责，项目可行性则由行业主管部门和发改部门负责，收费和价格则由物价部门负责，难以形成统一协调一致的规制体系。这种“分散规制”的体制，导致各种规制政策、规制措施难以协调统一，规制职权交叉容易导致重复规制和规制空白。规制职权交叉不仅造成价格、投资、行业管理各项工作的协调难度大、决策时效差、规制效率低下的弊端，难以适应公私合作灵活、弹性的要求，而且使规制部门容易受到政策制定部门和产业企业的双重影响，严重妨碍规制决策执行的公正、独立、有效[2]。然而具体到个案的项目中，则可能涉及更多规制部门，以采用使用者付费收费公路为例，项目立项由交通部门、发改部门根据项目大小共同负责，项目财政投资则有财政部门、审计部门负责，土地则有国土部门负责，工程建

---

[1] 李嘉娜：《市政公用事业监管的行政法研究》，中国政法大学出版社，2012 年，第 101 页。

[2] 任玉龙：《从国际经验角度探讨我国现代电力监管体系的构建》，载《工业工程》，2008 年 9 月，第 5 期。

设则有交通部门、质监部门分别管理，经营过程物价部门管理收费价格、工商部门负责不正当竞争和反垄断等，几乎涉及80%以上的政府组成部门。

更让人疑惑和困扰的是，目前国家层面有财政部、国家发改委两部门分别建立了两套不同的公私合作的政策法规体系，在立法、指南、支持政策、项目审批等方面各自为政，出现了两个部委、两套规范体系、两个不同的项目审批和管理流程，产生了"PPP项目到底谁说了算"的迷惘与争议❶。中央部委管理权限分工以及规章之间的冲突和矛盾，直接影响地方推行公私合作，以交通基础设施项目为例，假设地方欲将其列入公私合作项目，则涉及政府财政投入，则必须获得成为财政部认可的公私合作项目，适用《政府采购法》或《竞争性磋商管理办法》。但政府投资项目管理程序以及相关规定，又必须满足国家发改委的现行法规，即按照特许经营管理的有关规定进行招标。职责交叉不仅造成不同法律法规之间的相互衔接的问题外，更为复杂的是，由于公私合作规制权分配关系到审批流程再造，关系到各个职能部门之间职责划分和权力再分配，事实上，规制权分工的实质是规制权的分配，程序再造。更令人遗憾的是，目前公私合作规制主体分散难以解决，各个部委之间也并没有建立起相互之间的协调机制。收费公路政府规制主体分析见图3.1。

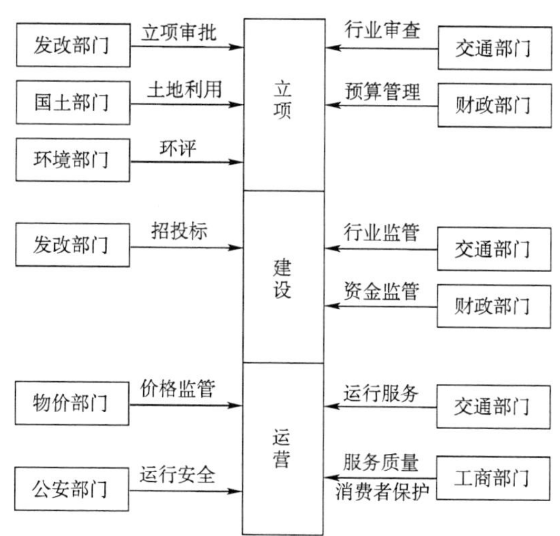

图3.1　收费公路政府规制主体分析

三、公私合作中激励规制的失灵

现代规制国家面对经济事务之管理，尊重市场机制是首要不二法门，经济规制

---

❶ "南方周末"2015年4月25日报道"PPP项目到底谁说了算"。

以“负面清单”方式，即在经济自由化的大原则下，发挥人类创造价值的最大诱因❶。从竞争和垄断的关系上来看，公用事业企业与垄断是联系在一起的，因此在一个自由市场经济下，竞争机制不能当然及于公用事业，因此有必要由特定机构对公用事业企业在费率、运营和服务等方面进行规制，以保证竞争性。也就是说，公用事业企业的竞争机制不是通过竞争立法下的市场机制实现的，而是透过政府管制来实现❷。但由于我国目前市场机制尚不完善，特别是公私合作领域往往涉及国计民生，多属于自然垄断行业，市场机制往往被严苛的准入改制、价格规制所替代。随着公私合作的发展，公共产品领域市场机制的引入，要求政府放松规制，更加注重规制的弹性和市场性格。原有的计划经济模式下的激励性规制已经无法适应公私合作的需要，诱因结构和激励规制发生失灵的现象屡见不鲜，已经成为公私合作式失败，特别是“逆民营化”的主要原因之一。

（一）严格的数量规制限制竞争机制的形成

由于传统管控思维和计划经济的影响，经济规制中则强调数量管控，严格对于市场进入进行规制，特许经营者的选择，往往竞争不足。传统的政府规制工具，多数以“命令—控制”为核心，行政许可、行政监督、数量限制、强制标准等高权单方的行政行为为主要的规制工具。但在公私合作中存在高度的信息不对称，公私之间的公益保护和私人利益之间的博弈的特点，传统的行政命令式思维难以适应公私合作的本质要求，刚性单一的高权模式捉襟见肘。公私合作对政府规制工具提出了较高的要求，分析我国公私合作中出现的问题，可以发现，在传统规制理念和模式的影响下，公私合作中的政府规制依然援用传统的规制模式与工具，受之影响，过度地强化政府的主导作用，采用自上而下的统一规制标准，缺乏弹性和灵活性的规制工具，难以适应以市场竞争机制为内核的公私合作的需要。同时，在具体的规制工具上，以往所普遍采用的严格的数量规制正在被有“资格、能力以及信用”构成的准入规制所代替，以发挥公私合作中的市场竞争机制。

公私合作中政府规制一方面需要对合作者（进入者）进行一定的数量和规模的限制，防止自然垄断行业的竞争过度，另一方面，则又需要保持公私合作具有一定的竞争性，以发挥市场机制的作用。从这一角度观察，公私合作的政府规制是在垄断与竞争之间的一种平衡。但从目前的我国的公私合作的实践来看，在准入规制上，实行严格的准入规制，甚至是数量管制，存在规制过度导致市场竞争机制无法在公私合作发挥作用，例如目前我国的公共交通、供水等行业都实行严格数量规

---

❶ 刘孔中、施俊吉，《管制革新》，中央研究院中山人文科学研究所，2001 年，第 65 页。

❷ 徐金海：《论公用事业的竞争法规制》，载《商业时代》，2008 年，第 29 期。

制，著名"十堰公交民营化失败"案例中，多数学者认为公交市场的经营主体的数量管制是其失败根本原因，十堰市仅赋予单一私人主体的独家经营权，事实上被未产生公私合作制度设计应有的竞争机制。

（二）严格价格规制制约公私合作效率的提升

受计划经济的影响，我国目前对公私合作中的价格管制较为严格，尤其是涉及的公共事业领域，一般均实行政府定价或者政府指导价。这种无差异式的价格规制，虽然可以有效地抑制私人部门政府特许之垄断地位攫取超额利润，保护社会公共利益，但同时，另一方面，这种僵化无弹性的定价机制同样抑制了市场竞争的发生，降低甚至消灭了私人部门降低成本追求效率的动力。

其一，价格规制缺乏弹性。由于实行的严格的政府定价或者政府指导价，私人部门的价格自主调控空间被挤压，政府价格规制调价机制程序复杂效率低下，往往滞后于市场价格的波动，同时，政府定价和指导价相对稳定，调价周期长，价格缺乏弹性，对公私合作提升效率的作用微乎其微。

其二，价格形成机制失真。由于公私合作一般均为自然垄断领域，即便推行公私合作后，其仍居于一定的垄断地位，目前价格形成机制中，考量市场竞争机制下同类价格成了个别企业的成本定价，事实上并未发挥市场定价机制的作用，不利于促进公私合作效率的提升。此外，由于政府定价需要考量的因素和定价模型具有相当的不确定性，无法进行定量精准的成本识别和成本测算，而是最终由公私部门之间博弈以及双方谈判能力决定的，因而，也容易出现价格规制的寻租和俘获问题，当然价格规制还设有公众参与制度，但其发挥的作用并不明显。

四、公私合作中普遍服务的缺失

观察我国公私合作的实践，可以发现在规制类型上，偏重经济规制，偏废社会规制，社会规制未能得到足够的重视。同时，社会规制中，公私合作下的消费者权利保护以及亲贫规制、普遍服务不足，交叉补贴、普遍服务基金等诱因结构未能引入社会规制，经济诱因在社会规制中运用不足。上述 10 个案例中，部分政府在公私合作中，公权力角色的淡忘和公共责任的卸除，政府通过公私合作，将特许经营权一卖了之，过度的注重私人部门的报价，典型的做法就是"最高价中标"，而忽视私人部门信用、运营能力等关键条件，使得私人部门为了追求利益，而不履行合作契约中的"利润不高"或者是"无利润"的普遍服务义务，导致"吸脂"（Cream Skimming）现象的频发。公用事业私人进入后产生"挑肥拣瘦"，高利润和高附加值的服务，导致弱势群体或者偏远地区的普遍服务不足，"吸脂"所产生的结果，一方面使不经济或偏远地区的消费者，无法以均一的价格享受全国相同的服务，另一方面，吸脂成功的新进入者会压迫既有事业的经营，无法对于特定地区或特定顾客群提供服务[1]。每个民众无论身处何地都能用合理的价格取得一般质量的服务外，更应基于宏观的普及服务思维，对于社会经济条件弱势的民众，若受制于负担能力而无法取得服务，亦应给予优惠与协助，同时考量到福利制度的稳定，及其适用范围应能及于全国，宜透过政策制定相关的法令规范，一方面使福利制度得以稳定与落实，另一方面也能使这些弱势的民众能享有稳定的福利制度。维持普遍服务最主要的问题在于事业的收益，由于提供偏远地区普及服务大多不符合成本效益，以至于会影响事业整体经营，因此政府政策乃以达成普及服务的目的并避免业者营运因提供服务而受影响为主要考虑。主要采用普及服务基金、政府补贴、服务券等的方式，以权衡服务提供商与服务接受者之权益。实践中如民营公交对老年人等弱势群体的拒载，私营供水企业停止偏远地区供水等，“兰州自来水苯酚事件”的主要原因就是供水企业为节约成本而不履行必要的管道维护义务，“河南鲁山连续断水事件”的主要原因也是因为部分偏远地区管道维修成本过高，供水企业有意拖延所致。

公私合作的核心是把竞争机制引入公共物品和服务的供给过程中，用市场代替政府，竞争代替垄断。但是，竞争处方不可能是万能药，不可能治愈政府规模和效率方面的病症[2]，由于公共性与营利性的天然禀异，私人部门基于利益的考量，并不愿意去填补政府部门脱逸之后的公共服务领域，尤其是无盈利性的公共服务[3]。一方面，公私合作的目的在于解除不必要的政府规制，透过市场竞争机制，提升公共服务的效率以及服务品质，并提供公平合理的收费标准，惠及全体消费者。但私人部门基于商业利益的考量，极易选择高利润的服务项目或者地区提供服务，造成偏远地区和弱势群体，无法享受公平合理的基本公共服务。另一方面，拉美国家的公用事业民营化等方式推进市场化进程，但公私合作制度的引入并没有改变消费者（公民）对服务质量的满意度，1998—2002 年阿根廷民众对改革的支持率和满意度从 50% 下降到 10%，巴西从 55% 下降到 35%，墨西哥从 60% 下降到 25%，智利和玻利维亚从 60% 下降到 40%[4]。

其一，价格暴利。利润的诱因确实可能让营利部门注重效率，但是如果效率的提升并未反映在价格下降或品质的提升，则可能私人部门获取了过高的利润，由此，商业上的最佳决策往往对公共目标来说并不是最佳的，竞争迫使服务提供者们忽视外部性。私营部门从来没有真正承担过提供公共服务的风险。当成本超过收

[1] 许峰：《中国公用事业：民营企业进入中的亲贫规制》，复旦大学博士论文，2006 年。

[2] 郑若谷，干春晖，余典范：《中国产业结构变迁对经济增长和波动的影响研究》，载 2010 年中国产业组织前沿论坛会议论文集，第 184-199 页。

[3] 廖俊松：《民营化之外——福利国家民营化的省思》，载《空大行政学报》，2009 年，第 9 期。

[4] 石淑华：《中国公用事业民营化改革的若干反思》，中国经济出版社，2012 年，第 48 页。

益时，私营者们的反应往往是要求补贴、提高收费、削减必要投资和维护，或者干脆走开❶。法国格列诺布尔市水务民营化，水务服务私有化在成本效益方面未见任何调高，但在没有明显原因的情况下消费价格却提高了，并导致了腐败和民众的抗议，格列诺布尔市水务“滑铁卢”表明将水务服务授权给私营企业经营时，地方政府还是缺乏足够知识来制定合适的管制方法❷。民营化亦可能导致福利财货服务的价格高扬、筛选案主或服务输送无法达到偏远地区等问题，造成最需要者如偏远地区居民或贫民，反而得到较少或品质较差的福利服务，而深化了“服务双元化”的状况❸。公私合作和私有化的拥护者通常认为虽然在私营情况下价格可能上升，但是由于改进服务以及使穷人也享受到服务，因此，提价是合理的。遗憾的是，大量典型的证据对这一观点提出了怀疑，在社会福利供给领域，需求最殷切的弱势人口却又往往得不到适当的资讯供给，无法享受较佳的服务供给，因此，想要透过竞争来提升效率的做法，成效仍然有待检验❹。在社会服务领域，民营化缺少必要的规制，往往导致“摘樱桃”“撇奶皮”的现象，将选择服务高收益的群体和领域，而忽视偏远地区、消费量低的居住区域或者低收益服务项目❺。私营服务提供者有着强烈的动机来主要为那些有能力支付商业化价格以及使企业的间接成本得以最小化的人提供服务。

其二，质量并未改善。一般认为通过公私合作引入市场机制和民间力量能有效改革和提升公共服务的品质和水平，同时提供多样性的服务选择。然而同样遗憾的是，现实的结果并非必然。日本国铁民营还是公私合作的典型案例，民营化初期其取得了有效的成果，但随后矛盾很快显现，由于日本型第三部门是以地方政府和民间企业共同出资、共同经营的，导致在实际的运作上公私间权责不分，导致了相互推诿，形成了缺乏责任的经营体制。最后，由于民营化之后的铁路依旧亏损，大部分公司都尽可能延长车辆的使用年限，车站等基础设施的兴建与维修不足，服务质量快速下降，形成恶性循环，最后日本国铁“再国有化”。同样类似的案例在拉美国家的自来水供给、巴黎地铁等呈现出相同的现象，公私合作后服务质量并未有效改善甚至是出现倒退。笔者对 2009 年以来的浙江政府经营与民间经营的高速公路服务质量和路面性能进行分析，发现民营收费公路的服务质量和路面质量

---

❶ 【德】魏伯乐、【美】奥兰杨、【瑞士】马赛厄斯·芬格：《私有化的局限》，王小卫、周婴译，上海三联出版社，2006 年，第 15 页。

❷ 【德】魏伯乐、【美】奥兰杨、【瑞士】马赛厄斯·芬格：《私有化的局限》，王小卫、周婴译，上海三联出版社，2006 年，第 32 页。

❸ 郑清霞、吕朝贤等：《福利私有化及其对台湾福利政策的意涵》，载《人文及社会科学集刊》，1995 年，第 7 卷，第 2 期。

❹ 廖俊松：《民营化之外——福利国家民营化的省思》，载《空大行政学报》，2009 年，第 9 期。

❺ 植草益：《微观规制经济学》[M]，朱绍文等译. 北京：中国发展出版社，1992 年。

并未得到改善，反而落后于政府经营。私营高速公路和国有高速公路路面养护质量对比见图3.2。

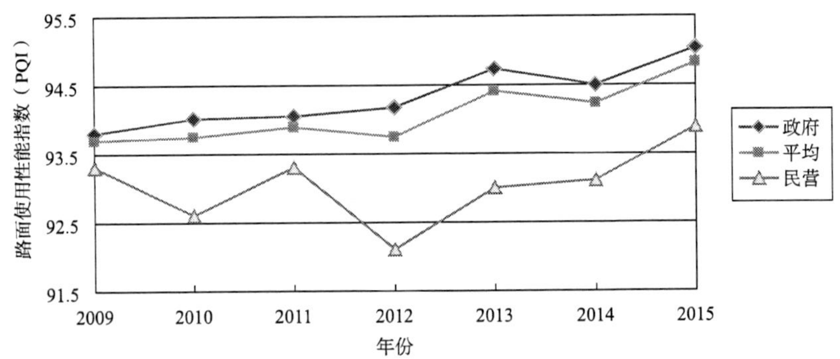

图3.2　私营高速公路与国有高速公路路面养护质量对比图

此外，所谓的公共服务的选择权增加，也并非如假设的美好。公共服务和公共产品的供给中，如果政府是服务的唯一提供者，则会剥夺人民选择的自由，若民营化后，案主的需求可以因为更弹性和更多元的选择而获得满足❶。不可否认，“公共服务民营化”将会有助于解决公众的选择权问题。单纯地从供给层面来看民营化，确实有助于公共服务更加多元。但这并不意味着个人选择就能更多地拥有，只有当个人能控制自己的生产所得，才能拥有维生的资源与完全的自主能力❷。甚至有时候会因为组织所处的情景和条件的不同，而使得公部门的执行绩效比私部门更好。公众个体因不同的禀赋同样会形成选择困难，相反，少数弱势群体选择权因此而减少。

五、公私合作中政府规制的俘获

公私合作容易沦为“共谋互利”的可能。有学者这样评述公私合作，所谓的“公私协力”只是一种外观表象，实则意在“共谋互利”，公私协力一眼可辩，利益互谋却隐而未现，不易察觉，公私伙伴或官商共谋，往往只是一线之隔❸。市场机制与经济诱因是民营化的基因，同时也是民营化的病灶❹。公共选择理论认为多重角色的混同和选择过程的封闭性，使得合作机制难以免于利益团体的干扰影响甚至是俘获，合作过程可能成为行政机关、行业以及强大的公益团体借以共谋破坏公

❶ 江亮演、应福国：《社会福利与公设民营化制度探讨》，载《社区发展季刊》，2005年，第1期。

❷ 郑清霞、吕朝贤等：《福利私有化及其对台湾福利政策的意涵》，载《人文及社会科学集刊》，1995年，第7卷，第2期。

❸ 刘淑范：《行政任务之变迁与公私合营事业之发展脉络》，载《中研院法学期刊》，2008年，第2期。

❹ 刘淑范：《行政任务之变迁与公私合营事业之发展脉络》，载《中研院法学期刊》，2008年，第2期。

共利益的机制，非但不能提供利益代表模式的替代性方案，甚至会恶化其所有的弱点❶，并因此造成官商勾结、个人特权与腐化。以公私合作广泛运用的社会福利给付为例，福利给付具有较强的专业性、非营利性，导致私人参与福利给付后，福利给付市场竞争不充分，高昂的退出成本，合作关系的固化和透明价值的缺失，而形成公私共生依赖，合作中的监督机制被搁置失效。

消除垄断被认为是公私合作的价值取向和重要理由，"公用事业公私合作不仅可以改善政府机关提供产品和服务的能力，而且可以为私人部门创造更多的机会和价值，通过公私权力转移的过程，可以打破政府对于公共事务的垄断"❷。然而，公部门在公私合作过程中，只注重财政包袱的卸载和民间资金的引入，忽视了竞争机制的培育，实际上是将国有企业的垄断经营转变为民间企业的垄断经营，将国有企业的低效率变为民营企业的低效率。一些公用事业产品如水、电、气等价格不断上涨，甚至出现"政府定价、企业赚钱、百姓付费"现象，就是由于缺乏竞争，缺少降低生产成本的动机，只好将各种费用转嫁到消费者身上❸。由于公私合作的领域与项目为"准公共产品"，甚至是公共产品，具有自然垄断属性，公私合作并没有改变其垄断的特征。"即使采用民营化方式经营，效果也可能只是将原有的公权力性质的垄断转向私权力性质的垄断，变化的只是垄断的主体，除了可能会带来新的私人垄断，还有可能产生由于政府寻租导致的行政垄断"❹。

然而，合作契约的长期性与退出困难，导致私人垄断。公私合作往往要求在政府和私人主体之间建立长期的联系，由于大多数公共服务的复杂性等特征，公私合作契约经常是多年期。以 BOT、PPP 等典型的类型来看，这些契约通常都是 10 年，甚至 30～50 年的长期合同，再加上私人部门进入公共服务契约后，由于合作对象选择程序复杂、昂贵以及供给连续性的考量，即便出现履约瑕疵甚至是履行不能，原有合作对象也不易被更换，从而形成退出困难。事实上，仅仅是从唯一的政府者供给转变为唯一的私人提供者而已，公众的选择权和供应商的弹性往往没有增加。政府与民间机构之间的互动关系容易受到民选官员、利益团体、专业机构或管辖权重叠的政府部门参与者的一项，可能基于政治野心、利益、课责考量改变契约系统与契约的裁定，而伙伴协商模式下的购买服务契约，其所具有弹性的优点也因而受到影响❺。事实上。并不是所有的公共产品和服务的转让都会增加公众自由选择服务的机会，未形成有效竞争的民营化仅仅是从公共垄断转移到私人垄断而已，并

❶ 【美】朱迪弗里曼：《合作治理与新行政法》，毕海波、陈标冲译，商务印书馆，2010 年，第 46 页。
❷ 史际春，肖竹：《公用事业民营化及其相关法律问题研究》，载《北京大学学报》，2004 年，第 4 期。
❸ 石淑华：《中国公用事业民营化改革的若干反思》，中国经济出版社，2012 年，第 18 页。
❹ 姜政扬、王秋雯：《对以民营化方式消除公用事业垄断问题之反思》，载《河北法学》，2011 年，第 9 期。
❺ 郑清霞、吕朝贤等：《福利私有化及其对台湾福利政策的意涵》，载《人文及社会科学集刊》，1995 年，第 7 卷，第 2 期。

没有扩大选择范围。私有化的支持者往往声称私有化会导致更多的竞争，从而提高效率。但是有些私有化案例，尤其是那些伴随着放松管制的——导致了权力集中到一些供应商手中，并最终导致了伴随垄断或半垄断情形的不良后果。在自然垄断的情形下，对基础设施实行私有化就会出现一个明显的问题。如果考虑的服务只是一个单独的水务系统或者输电网，那么竞争仍只是一个幻想，甚至连投标本身也往往是没有竞争性的。例如在水务部门，少数跨国公司控制了市场，从而可以像一个垄断集团一样来获得长期专营合同[1]。

因此，“如果只有政府撤资，没有特许经营权的竞争取得，那么进入的资本必定会利用其垄断地位为所欲为，把政府垄断变为市场垄断，不仅没有动力追求效率的提升，更会毫无顾忌地侵犯消费者的利益[2]。”公私合作并未改变公用事业的自然垄断性的特征，防止垄断依然是政府规制的重要议题和需求，同时，公共选择理论和规制俘获理论也已经阐明公私合作产生的新的行政垄断的规制——即“对规制者的规制”也不容忽视。防止“公的垄断”转变为“私的垄断”生产了公私合作政府规制的新需求。可以说，对私人垄断的有效规制是决定公私合作达成公私合作目的和决定成败的关键性因素。

---

[1] 【德】魏伯乐、【美】奥兰杨、【瑞士】马赛厄斯·芬格：《私有化的局限》，王小卫、周婴译，上海三联出版社，2006 年，第 442 页。

[2] 史际春，肖竹：《公用事业民营化及其相关法律问题研究》，载《北京大学学报·社会科学版》，2004 年，第 4 期。

第四章　公私合作的政府规制主体之重塑

现代的社会，国家在国民经济中所扮演的角色，并非如一般所惯常使用的二分法，即国家与市场，或公共部门与私人部门各立山头，互为消长，公与私已纠结在一起，无法截然划分。

——黄世鑫

公私合作中政府角色定位是公私合作成败的关键。公私合作不仅产生了政府的多重角色悖论，同时也推动了政府角色从供给者到规制者的转型。公私合作中的政府规制首要的是要处理好角色定位，平衡政府作为合作者、规制者、担保者三重角色。公私合作对规制主体的影响和重塑是从角色定位到规制原则、规制工具以及规制密度的全方位的重塑，是对传统政府规制的重构。公私合作中政府的多重角色，导致了公私合作法律关系的复杂化和规制权力来源的双重性，公私合作法律关系亦从传统二面法律关系转为三面复合的法律关系，基于规制权力和契约权利的法律关系，认为公私合作中政府规制的权源不再是单一的公法，而是公法与私法的双重赋权，具有政府权力和契约权利的双重性格。

第一节　公私合作的政府规制主体的角色定位

公私合作中政府不再仅仅是与私人部门对立的单一角色，而是集规制者、合作者、担保者三重角色于一身。公私合作的兴起实质是对政府角色和国家任务的重构，推动了政府角色从公共产品的供给者到规制者的转变，公私合作中的政府规制主体亦不单是政府所垄断，而呈现出多元的样态，规制职责与合作者、第三部门的自治组织等分享，政府规制与社会自治互补合作，寻找在规制者、合作者以及担保者三重角色之间的定位与平衡点。

一、主体角色之变换

(一)政府角色:从供给者到规制者

国家以及国家概念处于一个变迁的进程中❶。公私合作的兴起,国家从公共产品的生产者、给付者的角色转化为分析者、促进者、规制者及分配者,把生产给付工作交由民间执行,国家将原属于自己的职责范围内之行政任务向私人与社会释出,其自身不再扮演所产生者、给付者、分配者或执行者之角色❷,换而言之,在公私合作与民营化的全球浪潮下,国家与私人共同分担国家任务,国家从提供人民基本的生存照顾的福利国家转变为担保国家。而国家现代化之进一步发展,将社会各部门主体,引介进入国家之行为层次的合作式行政,在国家与社会行动主体间的诸多合作结构中,国家作为一中介角色于行为形式上采取协调、合作、调和等❸。国家从原来的公共服务提供者转变为规制者,规制转而成为国家任务。公私合作的类型中不管是公权力委托、业务委托、解除管制、国家去任务化、行政任务民营化等皆反映出国家角色的转换,国家与私人共同分担达成法律目的的责任,国家仍以"公益"为主要目标,负有监督及担保其有效实现的最后责任❹。国家以创造经济成长及规划社会福利的有利环境为主,国家由生产部门撤出的资源要如何成功地转换为规制者,其中所牵涉的不仅是资源数量的部门移转而已,重要的是国家是否已具备综合各方利益以权衡得失的规制规范❺。

国家任务的变迁不仅导致国家角色的变化,行政任务的快速变化和外部环境高度不确定,受制于复杂科层体系的公部门难以作出迅速、有效的回应。公部门规制措施亦从超越传统以公权力主体直接规制之单方高权手段,朝向柔软化之手法,即行政规制自直接、正式,逐渐转变为间接、非正式,以因应社会新生之规制需求❻。这种"柔软化"表现为五个特征:其一,柔软化是个别化可能性,透过柔软化,

---

❶ B. Jessop, Veränderte Staatlichkeit-Veränderungen von Staatlichkeit und Staatsprojekten, in: D. Grimm (Hrsg.), Staatsaufgaben, 1996, S. 43. 转引自刘宗德:《公私协力与自主规制之公法学理论》,载《月旦法学杂志》,2013 年 6 月。

❷ 詹镇荣:《国家任务》,载《月旦法学教室》,2003 年,第 3 期。

❸ 参见张桐锐:《合作国家》,载《当代公法新论(中):翁岳生七秩诞辰祝寿论文集》,2003 年,第 56 页。张桐锐:《行政法与合作国家》,载《月旦法学杂志》,2005 年,第 121 期。

❹ 黄锦堂:《行政组织法之基本问题》,载翁岳生编,载《行政法》(上册),元照出版有限公司,2006 年,第 276-277 页。

❺ 陈淳文:《公民、消费者、国家与市场》,载《人文及社会科学集刊》,2003 年,第 15 卷,第 2 期,第 274-275 页。

❻ 刘宗德教授因此提出了"国家行为柔软化"的概念,国家任务的"柔软化"是公私合作所具有的弹性、多元、回应性的特质契合与回应。刘宗德:《公私协力与自主规制之公法学理论》,载《月旦法学杂志》,2013 年 6 月。

增加其适用于个案实际形态的可能；其二，变革化与最新化可能性，透过柔软化，使其易于适应科学与技术之变革；其三，自由化可能性柔软活动形态，对关系人的赋予较大判断余地；其四，接受乃至于合意可能性，透过柔软化，国家所为判断能扩张获得合意之效果；其五，效率化可能性，柔软化提升国家手段之经济效率❶。公私合作中，政府与私人共同合作分担公共任务，国家从“供给者”转为“规制者”的角色转变，直接反映出了公共任务执行的模式的变化和国家责任的变化。

公私合作中私法介入公法领域，充分利用公法与私法所各自不同的功能，公法与私法在公私合作中互为融合运用成为政府规制的可能。原来的公法体系以权力与权利之间的对立为参照系，主张以法律约束权力，用权利限制权力，但由于社会的急剧转型和社会问题的不断凸显，人民期待政府履行的职能越来越多，如果一味地束缚政府的手脚，将不利于公共服务系统的高效运转❷。“公私合作下的公民和社会生活的治理模式是合作治理而非原来的国家治理❸，而合作与规制之间的互惠关系催生出更多形式的治理模式❹”。

由于继受大陆法系，我国法律体系以公私法二元为基础，公部门与公行为以公法为规制，私部门与私行为则以私法为规制，但在公私合作中，国家以私法行为完成公共任务，同时政府公权力大量的介入渗透到私法领域，公私法交织融合。日趋复杂的社会环境，特别是公私合作中展现出行为多元化的特质，传统的公私法二元体系无法回应公私合作中私人部门的法律地位，其究竟是适用公法还是私法？新治理理论和现代公法似乎都反对这种公私严格区别的看法，它认为现今应是协力(Collaboration)取代竞争而成为公私关系的特色，公私合作不但不应视为违反行政的实务，新治理更将合作视为一种互补，而成为解决公共问题的重要特色，立法者享有将一现存之国家任务予以“私人化”(Privatisierung)之形成权限，立法者只有在所谓“绝对(Absolute)”或“原生(Originar)”之国家任务上，必须受“国家保留”之限制，而不得将该任务私人化❺。对此，台湾地区郑健才法官认为：

“按法律之平等性，系就相同之前提事实，赋予相同之法律效果，使标准只有一个。故“法律就是法律”，原不必有‘私法’与‘公法’之分；‘契约就是契约’，原亦不必有‘私法契约’与‘公法契约’之分。只因民事诉讼与行政诉讼诉讼分途，不得

---

❶ 刘宗德：《公私协力与自主规制之公法学理论》，载《月旦法学杂志》，2013 年 6 月。

❷ 狄骥：《公法的变迁》，郑戈译，商务印书馆，2013 年，第 234 页。

❸ 维森特—琼斯(PeterVincent-Jones)亦指出，在现代公共管理中，所谓“新公共契约”便是一种混杂了公私法效果的规制机制。参见：Peter Vincent-Jones, The New Public Contracting: Regulation, Responsiveness, Relationality . New York: Oxford University Press, 2006.

❹ Jody Freeman, “Extending Public Law Norms through Privatization”, Harvard Law Review 116, No. 5[2003]: 1285.

❺ 詹镇荣：《国家任务》，载《月旦法学教室》，2005 年，第 3 期。

不削足适履,而将法律强分为'私法'与'公法',又从而将契约强分为'私法契约'与'公法契约'。其实,二者之区别标准何在,由于观察角度之不同,各是其所是,各非其所非。英、美先进国家,不作如此却别,亦未闻因此而损其为法治国之地位"[1]。

总之,当公私合作成为发展的必然趋势,公私合作领域和疆土的不断扩展,公私合作具有浓郁的公私法混合性质,公私法融合了公私合作行为的性质模糊以及私人定位和适用法律的困境,公私法融合是现代政府规制所必须面对和应对的挑战。

(二)规制主体:从单一到多元

现代社会的分工更趋细化,功能呈现分化,社会结构日趋复杂。高度复杂和功能细分的社会体系与传统的单一调控模式适应,因此,国家控管的形式不再能像过往以单方高权行政命令的形式形成社会关系。公共任务履行的新发展趋势是纳入高密度、多态样的公私伙伴关系,公部门履行公共任务方式的转型也促使国家与私人兼任务分配新方式的探寻[2]。现代社会的急速变迁,国家的规制需求日渐提升,但政府本身经常无法迅速、弹性、有效率地回应来自规制对象的瞬息万变,当代行政活动的场域不再逗留于原本的高权事务内,而越来越活跃于国家与社会两极间新类型的活动场域[3]。一直以来公私合作的重心及实践场域一直将焦点放在给付行政上,但随着公共任务履行手段趋向多元多样,在行政目的上相对于给付行政的秩序行政,也受到公私协力的思维所影响[4]。在合作国家理念下,公私合作的手段减轻的不仅是公共给付服务负担,政府亦可能与私人共同合作来履行规制任务,政府规制在协调、控管复杂的制度性结构时,利用社会的、经济的自主管制有越来越强烈的趋势[5]。

(1)行政助手与行政受托人。基于专业知识技能及资源的有效运用,而使私人参与国家任务的履行,以补充国家于履行其任务时于功能上的不足,即将民间资源与专业纳入国家公权力范围内之方式,以共同协助国家任务之履行,根据履行国家任务的参与程度,可分为行政助手、行政委托、专家参与等类型[6]。公私合作中私人参与行政任务履行的方式最为常见的是行政委托与行政辅助。在行政委托的场

---

[1] 刘宗德:《公私协力与自主规制之公法学理论》,载《月旦法学杂志》,2013年6月。

[2] 王毓正:《论国家环境保护任务之私化》,载《月旦法学杂志》,2004年,第104期。

[3] 李翱宇:《行政法上自主管制之研究》,载《国立台北大学法律学系硕士论文》,2010年,第56页。

[4] 詹镇荣:《论民营化类型中之公私协力》,载《民营化法与管制革新》,元照出版有限公司,2005年,第18页。

[5] 张桐锐:《合作国家》,载《当代公法新论》,元照出版有限公司,2002年,第549页。

[6] 张桐锐:《合作国家》,载《当代公法新论》,元照出版有限公司,2002年,第607页。

合,私法主体虽独力完成行政任务,且在法定受托权限范围内对外居于行政主体之地位,或至少视为行政机关,其在受托范围内享有行使公权力之权能❶。行政辅助则是作为履行辅助工作或者事项而引入私人主体的参与,私人作为非独立的辅助机关,因行政机关之委托并受其指示从事活动,而欠缺对外与第三人直接的法律关系。现代行政下,行政委托与行政辅助行为日益广泛,越来越多的非行政主体担负行政职能或者具体实施任务,参与到政府规制之中,成为政府规制的重要的力量。

(2)行业自治组织。现代社会中,行业自治组织已是普遍现象。行业自治规范对法律规范起到了补充和发展的作用,并对于推动稳定、有序、健康的市场交易秩序的建立,对于推动市场经济的健康发展,起到了积极的作用。行业自治规范是基于当事人的同意而产生的,因此应具有一定的法律效力,对当事人应具有相应的约束力❷。在法律定性之归属上,自治行政主体系法律所创设之团体,成为国家组织之一部分,并具有公法人之资格,而通说亦将自治行政归类于公行政之一环,即行政法学理上之间接之国家行政❸。普遍认同的是行会享有较大的自治权,举凡各该行业执业资格的设定、取得、执业守则、行规、共同利益的维护、纷争的调处,乃至会员的惩戒等,都由各该行会自行负责,国家并不介入,在德国法上,一般涉及行业规制的行政事务,从国家任务领域分权出去,交由各该同业公会自行负责处理,同时并赋予各该同业公会公法人资格,承认在自治范围内从事的行为是公权力的行使,会员对其有服从义务❹。行业自治组织规范的效力范围和强制逐有扩张之势,在德国,行业协会的自治规章作为行政法的渊源之一,直接具有法定的强制性❺,在美国,行业协会的自治规章仅具有指导意义,必须得到官方的认可后方具有法律效力❻。

公私合作中,第三部门的作用逐渐显现,尤其是在合作性规制中,政府规制失灵时,政府部门往往借助行业自治组织力量,以实现良好的规制。我国大量行业组织在法律授权下获得了规制主体地位和资格,比如,注册会计师协会,经由《中华人民共和国注册会计师法》的授权,负责办理会计师注册工作,并拥有对注册会计师的任职资格和执业情况的监督检查权。再如中国足协的体育协会,经过《中华人民

---

❶ 吴庚:《行政法之理论与实务》,中国人民大学出版社,2008 年,第 189 页。

❷ 屠世超:《行业自治规范的法律效力及其效力审查机制》,载《政治与法律》,2009 年,第 3 期。

❸ 吴庚:《行政法之理论与实务》,中国人民大学出版社,2008 年,第 10 页。

❹ 许宗力:《国家机关的法人化——行政组织再造的另——选择途径》,载《月旦法学杂志》,2000 年,第 57 期。

❺ 王名扬:《法国行政法》,中国政法大学出版社,1997 年,第 527-528 页

❻ 黎军:《行业组织的行政法问题研究》,北京大学出版社,2002 年,第 166 页。

共和国体育法》的授权,中国足协拥有注册许可、停赛整顿等权力[1]。

(3)社会自主规制。公私合作的兴起,公部门与私部门之间形成协力与合作模式,规制主体趋于多元,规制模式将"命令式规制"转向公私部门之间"协商与伙伴化",公私部门将共同分担规制责任[2],基于私人自治的"社会自主规制"作用更为突出。公私合作中规制重心不再是传统以行政命令、行政处分搭配裁罚效果的直接、高权的规制手段,代之以国家调控能力的重视,这是国家本身成为竞争要素,同时成为整体竞争秩序的一部分的同时,为了符合国家理性所必然的相应转型,也是"国家权力行使的形式变迁"的脉络中,"合作、社会自主规制与政治调控之组合"萌芽的契机[3]。公私合作管制领域,国家亦与私人共同合作,将部分公益责任分配私人,以纾解国家规制任务之负荷,而其最典型作法乃是在国家一定法规范框架下,容许私经济主体自行实施"社会自主规制",亦即政府与民间共同执行规制任务的一种机制[4]。

社会自主规制一般指个体或者团体本于基本权主体之地位,在行使自由权、追求私益的同时,自愿性地肩负起实现公共目的的责任[5]。社会自主规制一般分为:完全不受国家影响之社会自我规制、受国家诱引之社会自我规制和国家参与之社会自我规制三种类型[6]。社会自主规制作为国家规制手段,其本质即为透过私人实现公益,"若国家之规制利益并非只在于单纯地规范团体之势力,更是超越此等之外,尚欲透过法规之创设使其发挥更多之公共功能,则此等团体即被赋予更多之国家行政色彩,而转变为公法上之自治行政"[7]。在社会自主规制模型中,国家角色处于扮演协助私人完成自主规制的角色地位。社会自主规制强调国家事务上由私人自主管理[8]。自主规制中的规制可以理解为国家以法律为手段来影响并调控

---

[1] 《中华人民共和国注册会计师法》第37条:"注册会计师协会应当对注册会计师的任职资格和执业情况进行年度检查。"《中华人民共和国体育法》第31条:"全国单项体育竞赛由该项运动的全国性协会负责管理。"

[2] 刘宗德:《公私协力与自主规制之公法学理论》,载《月旦法学杂志》,2013年6月。

[3] 林佳和:《公私协力在劳动法上的理论与实践》,载《全球化下之管制行政法》,2011年,第448页。

[4] 原田大树:《自主规制的公法学的研究》,有斐阁出版,2007年,第48页。

[5] 詹镇荣:《论民营化类型中之公私协力》,载《民营化法与管制革新》,元照出版有限公司,2005年,第149页。

[6] 受国家诱引之社会自我规制是指,政府通过各种正、负棉诱因,激发私经济主体的行为动机,致使其为自我规制,实现国家预设的公共目的。国家参与之社会自我规制是指,国家的参与程度进一步强化,因诱因提升为自行参与,成为社会自我规制关系中的一方当事人,在实务中政府通过行政契约、民事契约或者其他类型行政行为形式与私经济主体间签订契约或自我设限协议,使私经济主体负担自我规制之"协定上义务"。詹镇荣:《论民营化类型中之公私协力》,载《民营化法与管制革新》,元照出版有限公司,2005年,第161-163页。

[7] 詹镇荣:《德国法中社会自我管制机制初探》,载《政大法学评论》,2004年4月,第78期。

[8] 陈慈阳:《环境法总论》,2003年,第209页。转引自:詹镇荣,《论民营化类型中之公私协力》,《民营化法与管制革新》,元照出版有限公司,2005年,第161-163页。

私人有所付出来履行公共任务，并且承担担保责任，其出发点是调控目标得以由社会进程自主实现❶。因此，自主管制可以看成是坐落于国家直接命令式控管与纯粹自主规制之间的调控形式，一方面不只是单纯不受拘束的私人行为，他方面也不是直接行使国家高权来履行公共任务，而是一种秩序法上的高权手段与纯粹自主规制的结合，希冀理想上能够使两种规制手段的效果得以发挥❷。

自主管制虽为管制松绑潮流下的产物，但其与以往的公私合作管制模式不同之处在于，虽然社会自主管制亦属于国家管制类型之一，但该管制模式的出发点系从社会中人民的角度为出发，强调国家中众多事务本质上私人有权自行管理❸。在此种管制模式中，而对私部门而言，希望政府能采取具有弹性的管制模式，而所谓有弹性的管制模式即管制之内容是经由公私部门双方协调相互沟通过，而非仅是政府单方面决定性的管制，以避免政府与私部门间总是处于敌对的局面，或者以私部门透过自我约束（管制）的方式，以代替政府更严格的管制。

因此，在公私合作理念下的政府规制不能再固守国家与社会二元对立的观点，新的社会治理结构是去中心化、形成分散的多中心主义。规制主体上强调公私之间的合作，私人部门参与成为规制的主体，社会自我规制与政府规制不再二者选择其一的地位，而是地位相互平等合作，功能上相互补充。在规制手段上政府规制不应再是上对下的科层体系间的互动关系，而是水平位阶间的沟通模式。

二、多重角色之平衡

正如前章所述，公私合作中公部门不再是公共服务的唯一提供者，公部门的角色从原来的公共服务的提供者和执行者向促进者、规制者转变。因此，在公私合作中公部门承担多重角色。

（一）合作者

公私合作中公部门首先的一个角色与私部门的合作的参与者，是合作契约的相对人，公私合作的核心是公部门与私人之间建立基于平等互惠的伙伴关系。公部门与私人部门的关系不再是简单的规制与被规制的关系，转而成为基于契约的平等伙伴关系。在公私合作理论的推动下，政府的功能和形态从原来的给付行政、福利政府转向合作行政、契约型政府。但公私合作有别于传统外包模式下单纯的契约买卖、交易关系。“若以连续体角度视之，合作治理不同于传统政府层级节制

❶ 林明锵：《同业公会与经济自律——评大法官及行政法院相关解释与判决》，载《台北大学法学论丛》，2009年，第71期。

❷ 刘家嘉：《台湾环境法制自主管制之研究》，国立高雄大学政治法律学系，2009年硕士论文。

❸ 詹镇荣：《论民营化类型中之公私协力》，载《民营化法与管制革新》，元照出版有限公司，2005年，第18页。

或外包的权威导向安排，而是介于权威导向安排与讲求自利、竞争与私人产权的市场导向安排之间的制度形式，意味着治理焦点从市场竞争机制转变为合作协调机制”❶。因此，公私合作中的公部门不仅是合同买方，更是政府期许自己做“市场导航员”（Market Leader），在质量与价格上具有竞争力，并设定服务标准以公权力强制合作对象遵守，同时，政府通过信息披露、提供服务等途径，推动公私合作达成，亦承担“促进或协调者”的角色❷。

作为合作者，政府与私人之间在合作意义上，双方基于平等地位，但公私之间存在事实上的不平等，这种不平等在公私中突如表现在获取和占据信息的不平等。因此，在公私合作中为保护私人部门相对弱势之地位，往往赋予私人部门特殊的权利，并对作为合作者的政府设置相应的义务与限制❸。类似这样的规定，在我国收费公路特许经营中，也往往通过契约设定“不新建平行公路”的条款约定，赋予私人部门一定的垄断权力。德国修订《社会救助法》改变了这一规定，不再赋予公益性民间福利团体优势地位。“仅规定其他私人主体如能提供适当的设施，或能扩建、创办，行政主体即不应由自己新建设设施。”❹换而言之，只有在社会和私人力量没有能力或者没有意愿提供救助服务时，政府才能自己新建救助设施。因此，这一规定有力地推进了德国在社会救助中寻求和促进合作动机。

（二）规制者

公私合作中政府的另外一个重要角色是“规制者”。民营化大事萨瓦斯说言，“在任何情况下，民营化的基础设施特许权都需要有效的政府规制”❺。如前章节所述，公私合作中虽然大量的公共产品由私人直接向社会提供，社会公众与私人通过契约关系达成公共产品的给付，似乎仅为私法上的关系。但事实上，公部门并未解除法律上的公共产品供给义务，而是供给方式的改变而已，政府并未卸除该种义务。这种公共服务供给方式的转变，是政府部门的任务发生变化，规制成为政府的重要职责，其负有对私人提供公共产品的监督和规范责任。公私合作中普遍存在政府在竞争维护、消费者权益保护、普遍服务规制等方面进一步扩张和强化政府规

---

❶ 陈敦源、张世杰：《公私协力伙伴关系的吊诡》，2008 年中兴大学国家政策与公共事务研究所“公共治理学术研讨会”论文集，第 83 页。

❷ 曾冠球：《协力治理观点下公共管理者的挑战与能力建立》，载《文官制度季刊》，2011 年，第 3 期。

❸ 例如在德国的福利法上采取赋予参与社会福利供给的私人部门在营建福利设施和场所时具有优先的新建与扩建权，并且在限制公部门在一定时期内不增加福利社会和场所的规定来保护私人部门的利益和对公部门的限制。

❹ 孙迺翊：《社会福利服务契约法制初探——从我国社会福利机构公设民营之经验谈起》，载《月旦法学杂志》，第 177 期，第 252-253 页。

❺ 【美】E. S. 萨瓦斯：《民营化与公私部门的伙伴关系》，周志忍等译，中国人民大学出版社，2002 年，第 263 页。

制密度的事实。对于公共服务的供给,必须要有一定数量的市场供给者,否则由于其自然垄断性,容易导致市场的垄断,形成单一的供给者。此时,公部门应当维持供给市场的竞争性,包括一定数量的供给者,防止不正当竞争的发生。“当竞争者属于营利事业体时,在竞争市场活动下,可能发生独占情形,因而有反拖拉斯主义的产生,国家应成为维持市场机制的推动者,有调节市场、平稳物价、开拓重大事业、提升人民生活、追求公益的任务”❶。“若业者同时垄断,则有反托拉斯法—公平交易法予以规制;若基于经济规模及营业考量,仅有一家愿意营运,政府更要确保业者不当地限制其他竞争者,防止其以此为借口而忽视人民的生存照顾义务,损及大众之权益,保障公平且运作正常之竞争条件”❷。此外,就公私合作的参与者而且,为保障私人主体参与的公平性,政府在推进公私合作时在选择合作对象(或委托人)时应当保障其参与竞争权利的保障,并需有公开透明的程序保障。

(三)担保者

公私合作中政府仍担负有各种不同的监督与担保义务,为履行此种义务,政府往往难免也要加强在这方面的规制,反而不是解除规制。再者,民营化的情形,也与国家除任务化有别,民营化项目的国家任务属性并未改变,只是私人参与履行任之程度不同,所以国家对该任务之适法履行仍负有责任❸。特别是在涉及公民基本权利的公用事业领域,公部门在许可私人部门执行公服务时,不可能完全依据市场机制来运作,还是需要适当的规制措施来避免落入失控、脱序的情形,因此国家并非完全卸责,而系角色进行转换,以担保者之立场,进而控制并维持行政任务之运作❹。换而言之,在公私合作中政府有直接供给责任转变为担保责任,政府自身不再直接提供公共服务,而且是政府基于规制者的角色,通过规制手段担保公共服务供给。从风险分担的角度观察,政府是“风险的分担者与填补者”,在合作中私人发生危机和困难不能履行合作契约相关义务时,公部门立即补位,分担风险,降低公私合作失败带来的社会问题。事实上,从担保行政的视角来看,如前章所述,事实上,政府是最后一道防线的提供者(Residual Provider, or Provider of Last Resort),其一,在公私合作失败时,政府承担最后的承接责任,履行担保责任;其二,由政府提供基本的服务给那些无法在市场上获得较好服务保障的人❺。公私合作中

---

❶ 董保城、湛中乐着,《国家责任法——兼论大陆地区行政补偿与行政赔偿》,元照出版公司,2008 年 9 月第二版,第 2 页。

❷ 詹镇荣:《民营化后国家影响与管制义务之理论与实践》,载《民营化与管制革新》,元照出版公司,2005 年 9 月,第 131 页。

❸ 《欧盟地区 PPPs 政策之推动历程与发展——以欧盟之研究与现况为主要观察》,台湾地区行政院研究报告。

❹ 刘宗德:《公私协力与自主规制之公法学理论》,载《月旦法学杂志》,2013 年 6 月。

❺ 曾冠球:《协力治理观点下公共管理者的挑战与能力建立》,载《文官制度季刊》,2011 年,第 3 期。

政府担保者的角色体现在当私人主体出现履行不能或者侵害公共利益时，担保者所具有的介入权和接管权。

（四）三重角色之平衡

公私合作中政府存在多重角色的冲突和悖论。公私合作过程中，公部门除了扮演参与者的角色，与私部门、第三部门或公民维持良好互动关系外，同时也身兼主管机关的规制者身份，因此在互动过程中时常会有角色矛盾的冲突产生❶。一方面，公私合作强调公私部门之间的平等、互利的合作地位，具有私法上主体平等的性格；另一方面，公部门基于公益保障的国家义务，又需运用其公权力在合作过程进行必要的干预与影响，具有公法的不平等地位。若是无法在合作者及规制者两种身份以及公益与私利之间中取得平衡，合作往往难以达成。三重角色的冲突的本质，也即为公益性和企业之间进行平衡。多重身份的角色以及多重利益的衡量，公部门恰如处于天平的两端，寻找三重角色之平衡点，这是解决公私合作中角色悖论的关键所在。“我们所需要的是适度的平衡，在自由与秩序之间，在创新与维持之间，在私营部门与公共领域之间。在私营与公共领域之间寻求适度平衡，防止极端是私有化的主体与关键”❷。在公私合作政府三重角色中合作者、规制者处在合作过程的前阶段，而担保者处于替补承接的位置。规制者既要平衡拿捏促进合作达成与政府规制之间的尺度，又要平衡合作者与社会公众（第三人利益保护）之间的平衡。同时，规制者、合作者和担保者的角色应当处在同一水平线上，并由规制者平衡。总之，政府作为“合作者”“规制者”和“担保者”，三者是处在统一水平线上，其地位平等，不可偏废一方。在力量和价值上，三者是均衡等量的，“合作者”与“担保者”所代表的公益与私益在公私合作中并无优劣高低之分，而是水平等价的保护，这也是公私合作的本质特征所在。而“规制者”则遵循行政中立的原则，处在“合作者”和“担保者”之间的均衡点，以平衡“合作者”和“担保者”的冲突。

第二节　公私合作的政府规制主体的权源和法律关系

与传统的政府规制不同，公私合作中规制权来源于公法与契约两种不同权源。公法上的规制权是政府基于规制主体地位，由法律法规赋予或者通过授权获得的权力；契约上的规制权利则政府基于合作契约当事人地位，由合作双方合意达成的

---

❶ 曾冠球：《协力治理观点下公共管理者的挑战与能力建立》，载《文官制度季刊》，2011 年，第 3 期。

❷ 【德】魏伯乐、【美】奥兰杨、【瑞士】马赛厄斯·芬格：《私有化的局限》，王小卫、周婴译，上海三联出版社，2006 年，第 3 页。

契约权利。规制权来源的不同以及公私合作政府的不同角色也使得法律关系变得更为复杂,由单一的行政主体与相对人的单面法律关系转变为公部门、私人部门以及社会公众三面法律关系。

一、规制权源

公私合作中政府作为合作者与规制者的双重身份,从前述的政府角色与合作中的法律关系分析来看,公私合作中政府规制的权力来源主要基于合作当事人地位的契约上权利以及作为规制者的规制权❶。

(一)基于规制主体地位的权力

一般行政权大多来源于宪法与组织法的"一般授权",或者是行政机关的作为行政主体的"固有职权"不同的是,规制权往往来源于特定法律、法规的授权,或者来源于权力机关和上级行政机关专门决议的"特别授权"❷。公私合作中无论何种形式的合作,政府作为行政权的主体地位未曾改变,为保障基本公共服务的有效供给和维护公共利益的需要实行必要之规制。基于规制主体地位的规制权,其权力来源是法律法规所赋予或者经授权而获得的,因此,在此意义上的规制权本质上是一种行政权。

但是由于各国体制和法律体系的不同,政府规制权的来源也有所差异,在美国,独立规制机构是由国会依法设立的,并在授权法律中规定了独立规制机构的职责权限、规制机构成员的身份保障、规制机构的决策程序及问责机制等。美国州际商务委员会、联邦通讯委员会(1934)、证券交易委员会(1934)、联邦能源委员会(1935)、国家劳工关系委员会(1935)、民用航空委员会(1938)等均是依据专门的法案设立并授权其特定的规制权❸。德国吸收了美国独立规制的模式,既有通过专门法律授权,亦有行政机关基于"固有职权"获得的规制权。尽管各国规制主体的规制权力来源不尽相同,但一般独立规制机构管辖范围为某一特定领域或者某个特定的事项,而我国缺乏真正的独立规制机构,规制权与行政管理权混同,规制权也都集中在"综合性的管理部门"。我国规制机构的规制权来源上,呈现出多样性,主要有行政机关的"固有职权"、特定的法律法规授权以及行政机关的"三定方

---

❶ 联合国工业发展组织认为完善的法律制度和发挥主管机构的监管作用为 BOT 计划成功之关键因素:"政府为推动 BOT 计划,需制定私人参与相关的基本法律,规范政府与私人执行 BOT 计划时的游戏规则,政府在 BOT 计划中的角色由单一转为多重,其所考虑的因素亦不像传统公共建设,更为复杂、传统的管理方式在 BOT 计划已不适用。需要发挥政府基于契约当事人和主管机关的地位,政府在计划执行阶段必须安排适当之监督管理机制,以促进合作的达成并监控 BOT 计划"。参见:UNIDO (1996), Guidelines for infrastructure development through Build-Operate Transfer (BOT) projects, UNIDO, Vienna.

❷ 茅铭晨:《政府管制法学原理》,上海财经大学出版社,2005 年,第 7 页。

❸ 宋华琳:《美国行政法上的独立规制机构》,载《清华法学》,2010 年,第 6 期。

案"等,有较大的随意性和不确定性❶。在未来,应尽量让机构调整与法律变革同步,实现规制机构的法定化,通过法律来确定规制机构的法律地位,明确规制机构的组织、职权;规定规制机构依法具有制定规则、执行规则和裁决争议的权力,要求规制机构应遵循法定程序行使权力❷。

依此,基于规制主体地位的规制权,在规制的属性上属于直接规制,其权力来源于规制主体本身固有的职权,以及法律法规上的授权。因此,规制权的行使必须得到法律上明确的授权,符合法定的程序,遵循合法性原则。同时,规制的强度则应当充分考量合作中公私之间合作伙伴关系,遵循比例原则,以防止政府滥用合作中的不对等地位,损害合作双方平等互利的合作基础,在这点上,笔者认为与传统的行政权主动性与积极性有较大的差异,规制权的适用和行使具有谦抑性,处于补充地位。

(二)基于契约当事人地位的权利

公私合作中政府作为合作关系的一方,以合作契约规定的权利义务为内容,协商规范公私合作的整个过程。公部门基于契约上的权利对公私合作进行必要监督管理,因此,所谓基于合作当事人的权利所产生的规制权,其实质就是一种契约的规制。通过契约治理是公私合作中政府规制的重要内容,也是公私合作中政府规制有别于一般规制的标志和手段❸。契约规制上的弹性、协商等特征符合公私合作内在属性的要求。契约规制方式具有较好的回应性和协商性,解决了公私合作中长期性和复杂性的问题,解决传统规制的僵化、刚性、滞缓等局限。以特许经营为例,传统的公共设施建设与运营中,政府基于业主地位出资,通过招投标程序将工程建设交由私人部门建设,建设完工验收后,私部门依据合同取得合同对价。但在特许经营中,以 BOT 为例,公私部门的关系则发生本质性的变化,政府与私人部门签订合作契约,政府部门授权私人部门建设与营运的特许权,整个建设运营由私部门进行主导,这也是公私合作的精髓所在,因此,公部门对私部门的规范与监督关系,不同于传统的政府主导模式,公部门的规制更加放松,规制密度更小。同时政府基于合同规定进行相应的监管,根据契约约定的设计规范、标准,工程转分包的限制,工程质量、工程进度进行规范。原则上,唯有私部门发生影响公共服务质量和公共利益时,公部门基于主管机关的地位的规制方可行使和介入。

---

❶ 茅铭晨:《政府管制法学原理》,上海财经大学出版社,2005 年,第 7 页。

❷ 宋华琳:《美国行政法上的独立规制机构》,载《清华法学》,2010 年,第 6 期。

❸ 此问题将在后文专章进行论述。

二、法律关系

(一)公私合作中的三面法律关系

传统行政机关与相对人的单向法律关系,其权利义务以及救济方式较为明确,但在公私合作中,由于公私合作的形态多样,公私法融合,并涉及第三人关系,公私合作中呈现出多面混合的法律关系。传统行政法理论基本上系以控权为核心,构想如何控制行政,使行政权力对于相对人权利或利益之干涉限于最小且必要之程度,其基础在于:“自由主义国家行政法”(如采取侵害保留原则、重视消极行政、二面关系等)、“公法与私法二元论”“行政权优越地位论”及“行政处分核心论”❶。公私合作中私人参与公共行政,传统行政主体——相对人的单面纵向法律关系逐渐转向行政主体、私人主体与公民之间多面混合关系发展,组织形式与行为模式已经超越了“公法与私法二元论”基本命题,国家与社会、公部门与私部门的关系不再是当然的对立与隔绝。由于公私合作内涵的开放性和形式的多样性,如何在法律上定义公私合作变得极为困难,“公私合作表现形式的多样性和应用范围的广泛性不允许对这个概念进行封闭性的界定,必须为未来可能出现的新形式留下空间,行政部门与私人之间的多维合作开辟了大量机会,不能通过定义将它们剪裁掉”❷。错综复杂的合作关系也很难再用传统的非公即私的方式加以定性,公私合作中法律保留原则的适用、合作契约的公、私法属性、契约内容必要条款的拟定以及公部门的公益与任务责任之确保等,皆对传统的公权力委托、行政辅助、行政契约等制度造成冲击和挑战❸。公私合作中三面法律关系如图4.1所示。

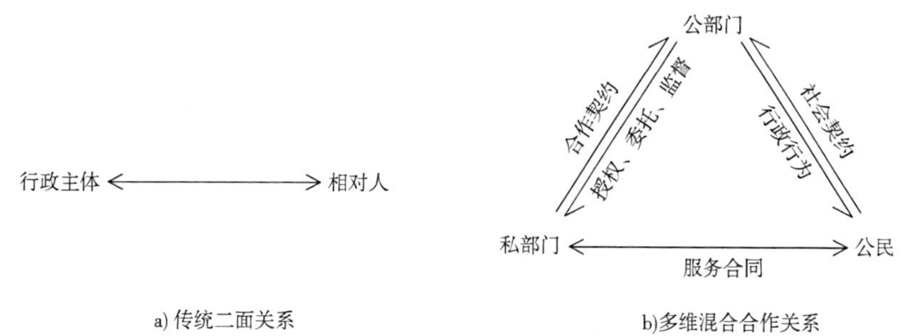

图4.1　公私合作中三面法律关系

许宗力教授将公私合作的法律关系分为“合作关系”与“给付关系”两个面向

---

❶ 刘宗德:《日本行政法学之现状分析》,载《行政法基本原理》,学林出版社,1998年,第41-43页。

❷ 【德】汉斯·J·沃尔夫、奥托·巴霍夫、罗尔夫·施托贝尔著,高家伟译《行政法》第三卷,商务印书馆2007年,第453页。

❸ 刘淑范:《行政任务之变迁与公私合营事业之发展脉络》,载《中研院法学期刊》,2008年,第2期。

来分析。其中合作关系即为政府与合作者之间的关系，以公法为形塑；“给付关系”即为合作者与第三人（例如给付受领者、消费者）间的关系，一般为私法关系。同时，许宗力教授还就其法律性质做了分析：“国家与私人就公共任务之责任分配后，针对彼此合作关系之条件与内容，是一种公法的形塑，但非必然就是公法关系，且同时考量私人与第三人的给付关系面向。此外，就给付关系而言，则通常是私法关系。这两个法律关系，因属解决共同问题之关联而有法律关系之连结。也就是说，公法与私法有功能异，但透过彼此之补充或取代等共同作用，始能实现国家责任—担保共同问题之解决❶。”但是，许宗力教授从两个面向分析了公私合作中的法律关系及其性质判断，依然是运用传统的公私法分立的角度进行的，但事实上，实践中的公私合作更为复杂多样，呈现多个层次，同时，也忽略了公私合作中，给付受领者与政府（国家）之间的关系，而这组关系，恰恰是公私合作中政府在公私合作后对于公共服务的责任确立。因此，基于公私合作中的多面混合法律关系，也导致规制所形成的法律关系不再是简单的命令与控制的单向法律关系，而变得更为复杂。为了更为清晰地观察公私合作的由规制所形成法律关系的层次性，可分为内部关系与外部关系两个层面进行分析。

（二）规制主体与规制对象的内部法律关系

由于公私合作的类型多样，一般认为公部门与合作对象之间的法律关系主要通过四种方式形成：以法律上直接规定成立、依行政处分成立、依行政合同成立、依民事合同成立等。由于各种不同形式成立的合作关系有不同的法律性质和法律关系，但无论通过何种形式成立的合作关系，以公部门、私部门以及社会公众三者之间的关系为标准，这种合作关系处在公、私部门两者相对社会公众所形成的，我们将其定义为内部法律关系。

这种法律关系的性质可以是公法性质，亦可能是私法性质。“行政机关与受委托人将行政业务委托民间办理时，委托人可以行政处分、行政命令或契约创设双方法律关系。以契约方式者，视业务的公、私法性质，双方签订的公法、私法契约关系，双方立于平等地位，不相互隶属”❷。至于内部法律关系的定性，则是通过确定委托所依据的法规性质以及契约属性，来明确公私双方的法律地位和权利义务关系以及争议的救济方式。其一，公法形成的规制关系。根据规制权力来源和公私合作中公部门的不同角色，主要有单方行为和行政合同两种不同的方式。单方行为是指公部门基于公法上的主体的地位，依据法律法规上的规定行使相应的规制权力。行政合同形成的规制关系是指，规制主体与规制对象除了法律法规直接设

❶ 许登科：《德国担保国家理论为基础之公私协力法制》，国立台北大学法律系博士论文。

❷ 林明锵：《委托委办与行政程序》，载《台湾本土法学杂志》，2002年，第19期。

定外权利义务关系,也在行政合同中加以约定。这种约定与一般的私法契约的显著区别就是行政优益权,行政机关在行政合同中所享有的较行政相对人优先的权利,当发生有损公共利益的情形之下,行政机关有对合同履行的指挥权、监督权以及对合同的单方变更解除权等。其二,私法形成的规制关系。依私法所形成的法律关系即指,公私部门通过私法契约建立的法律关系,此种法律关系与一般的民事法律关系并无异意。典型的政府事务的外包等❶。公私合作的政府事务委托民间,多是由行政机关与民间之间签订私法契约,由民间部门以承揽合同的方式进行。

(三)规制主体与第三人的外部法律关系

规制主体与第三人的外部关系,也即为公部门与社会公众之间的关系,这类法律关系需要回答的一个问题是,即公部门在实行公私合作将公共任务委托给私人执行,是否需要利益相关当事人的同意,如私人在执行公共任务时未能提供符合品质和标准的服务时,第三人是否有向公部门请求的权利。在公私合作下,私部门或者合作机构履行行政任务时,亦与第三人发生法律关系,而此种法律关系通常涉及不特定的第三人,并关切到第三人的基本权益保障问题。在学界及实务均承认"行政私法"理论下,从事行政任务的私法组织之行为并非以私法作为业务执行之唯一规范基础,亦受到公行政所受的公法上拘束,尤其是宪法上的规范要求。因此,在私人执行业务时虽与相对人发生私法上的法律关系,但另一方面则受宪法所保障基本权的拘束。因而,私法自治与契约自由原则受到公法的拘束与规范,例如公用事业的强制缔约权就是典型的代表。一般理论上认为私人主体不履行此种义务或履行不能时,第三人可以通过诉讼请求公部门,承担最后的担保责任履行相应的供给义务。

❶ 亦有行政合同的识别主体认为,合同一方为行政机关即为行政合同。

第五章　公私合作中政府规制的原则与密度

市场也许需要更多的管制，但是我们可以从寻求一个更为合作的或者是“共同演化”（Co-evolutionary）的管制形式中获益，包括在政府、私营部门和市民社会之间的反馈。

——魏伯乐

规制主体的重塑和新法律关系的形成必然引发新的规制原则的产生，与传统政府规制原则不同，公私合作的政府规制更加强调合作、透明与效率。这种变化主要体现在规制原则和规制工具的变化，更加契合公私合作的性格。在规制原则上，更加突出补充性原则、效率原则、合作原则以及透明原则。在规制工具上，从型式化到非型式化，从规制到自治，从命令到契约，从实质决策到信息提供四个方面的转变，以适用公私合作下的政府规制的需要。公私合作中政府规制的密度是关系私人部门经营自主权和公益保护的关键因素，但困难的是，政府与市场的边界总是模糊不清，动态变化；“合作者”（市场）与“规制者”（政府）的角色冲突如何平衡，公私合作中政府规制的介入程度如何判断。公益性、自偿率、政府出资比例三个基准能较好地体现政府介入强度和密度，同时，自偿率、政府出资比例和公益性三个判断基准又与“合作者”“规制者”和“担保者”三重角色相应吻合。

第一节　公私合作中政府规制权的适用原则

公私合作中如何发挥政府规制的应有作用，平衡合作中的自主性与规制，保障私部门有效发挥市场机制的优势，促进合作目的的达成，平衡企业性与公共性的冲突，保障第三人权益，维护社会公共利益是政府在规制制度设计中的价值遵循。规制应当坚持什么样的原则，将成为成败的关键。与传统的公法和规制不同，基于公私合作的特殊性，公私合作中的政府规制又应有哪些特殊性的原则呢？毋庸置疑，传统公法和规制中合法性原则、比例原则、诚实信用等仍然发挥着巨大的作用，也是公私合作政府规制所要遵循的原则。更加值得注意的是，随着新自由主义、公私合作、民营化的兴起，传统的公法和规制所面临的内外部环境都在发生深刻的变化,同时公私合作又有其自身的特殊性,因此,除了研究传统一般的公法原则和规制理念外,更为重要的是更加深入地分析公私合作的特质,寻找公私合作中政府规制所特有抑或是更加值得关切的原则,实现公私合作中的最佳规制。

一、补充原则

市场失灵是政府规制的前提,相对于市场机制的运行,政府规制永远是第二选择。如果没有市场失灵,政府规制机构不应也不能介入;出现市场失灵,也不是必然要介入,只有在政府规制机构能解决市场失灵问题,而且规制所获得的效益必须能证明为其所花费的规制成本是适当的情况之下,政府所实施的规制治理才具有正当性❶。就公私合作而言,公法规制处于补充和辅助地位,也被称之为补充性原则,即只有在市场或者社会无法实现自行满足需求时,政府才得以介入,承担公共服务的给付者和执行的责任。补充性原则是指:相对个人以及社会团体而言,国家自我给付应仅居于“备位”之立场。唯有当市场失灵,而无法以符合社会期待之方式提供人民生存所需之财货与服务时,国家始有自行介入、以给付行政手段实现人民生存照顾之法律义务❷。

从国家与社会的角度观察,国家相较于社会,无论如何为较大规模、较高层级的团体,因此依补充性原则,只要社会本身可以承担的任务,国家即应居于补充之地位,放任由社会中的私人来承担❸。补充性原则主要表现在国家与其他权利主体在涉及同一事项之执行时,责任位阶应如何分配之问题,根据补充性原则之基本理念,某事项若能由较低层级为更佳、更妥适执行者,则较高层级则无再行置喙之余地,析言之,私经济主体与社会之自我形成空间应优先于来自国家之外部干预而受到考量与尊重,当社会自我管制即足以满足公益实现之目的时,则国家之“并行性”干预手段即失去正当性❹。公私合作的核心要义正是发挥市场机制的作用,在公共服务的供给中引入私人的力量参与竞争,通过自由和有效的竞争来提升公共服务的效率和品质,满足更加多元和弹性的公共服务需求。因此,公私合作的政府规制的关键在公法规制的界线。公私合作的政府规制应当是更加审慎,更加注重发挥私人部门自主规制的作用,只有在市场失灵、自主规制失效的前提下,公法上规制方得介入的最后手段。“国家权力行使的补充特性,对于物品制造与服务提供等涉及人民生存照顾之事项,首应由人民自身透过工作权等自由权行使之方式,自

❶ 郑春发、郑国泰:《治理典范变迁之研究:以国家角色转换为例》,载《新竹教育大学人文社会学报》,2009年,第2卷,第1期。

❷ 詹镇荣:《民营化法与管制革新》,元照出版有限公司,2005年,第278页。

❸ 陈爱娥:《公营事业民营化之合法性与合理性》,载《月旦法学杂志》,1998年,第36期,第40页。

❹ 詹镇荣:《民营化法与管制革新》,元照出版有限公司,2005年,第345页。

行实现。唯有待人民或社会无法自行满足需求，国家始得介入，进而扮演给付者与执行者之角色”[1]。在日本PFI法中就对公私合作中的政府规制补充性作了特别规定。“主办机关对于民间机构的监督管理，系为确保能提供适切之公共服务，而仅就可能对选定事业实施有影响之必要范围且最小限度之方式为之。”[2]

国家不仅在行为本身介入时应受到限制，公部门应当基于补充地位，遵从最后手段原则，同时在规制手段之选择上，规制手段密度和手段的选择则应当适用最小干预原则，甚至负有应先行采取社会自我管制手段之法律上的义务。因而，公私合作内部控制和自我规制功能的发挥在公私合作中是值得高度关注的问题。

二、效率原则

政府规制的第一个问题即是其与市场逻辑的调和，如何在效率和市场调适之间平衡。规制国家的本质与市场并不一致，但却要运用市场机制，来进行服务供给，所以产生了效率的问题[3]。也可以说公私合作的政府规制不再仅仅是市场失灵的矫治，而是一个不断在规制与市场效率之间选择取舍的过程。“效率”系重视完成工作数量和所花费的时间与物质成本，希望以最小之投入而获得最大之产出，强调目标达成的程度，即重视工作质量及所提供劳务之服务水平，政府实施行政管制要求成本最少，且具有相当之质量及服务水平，得以比例原则作为衡量标准之一[4]。效率原则关切到规制“目的—手段”间之相对关系，即如何利用最少、最经济的资源投入以达成实现特定目标的最佳化。现代合作国家借助于社会自我管制的手段，利用私经济主体之自愿性与民间资源，以实现国家公益性规制目标，减少和避免国家以制裁为后盾的高成本单方高权手段和规制失灵的情形[5]。

效率原则从两个层面来考量。其一，在是否需要规制方案的选择上，是否有比政府规制更具效率的非规制政策工具，政府规制是否是解决问题的最佳选择。政府规制介入的正当性不仅要考虑以最后手段与最小干预为原则，亦需要考量规制所需的成本与效率，考察有无替代性方案。其二，在规制手段的选择上，是否有更有效率的方式和手段可以选择，有别于一般的规制，除了成本—效率外，规制的回

---

[1] 詹镇荣：《经济行政法上规制性之社会自我管制》，载《民营化法与管制革新》，元照出版有限公司，2005年，第147页。

[2] 环宇法律事务所：《民间参与公共建设推动议题改进之研究——政府如何获取长期公共服务》，台湾地区行政院公共工程委员会研究报告。

[3] 郑春发、郑国泰：《治理典范变迁之研究：以国家角色转换为例》，载《新竹教育大学人文社会学报》，2009年，第2卷，第1期。

[4] 郑国泰：《管制型国家之治理：以英国国铁民营化为个案分析》，载《师大学报（人文与社会类）》，2008年，第52期，第59-86页。

[5] 詹镇荣：《德国法中“社会自我管制”机制初探》，载《民营化法与管制革新》，元照出版有限公司，2005年，第168页。

应性、时效性和弹性是公私合作中规制的重要考量标准,应当更加重视规制的品质和中立,政府不仅要追求规制行为的高效率,更要注重规制后公私合作提供的公共服务的质量和社会服务的水平。作者认为,规制理论革新趋向“最佳规制”,强调“规制革新的目的是在追求更佳的规制质量(Quality)与绩效(Performance),以达成一种‘好的规制’(Good Regulation)”❶,公私合作中政府规制更需要从经济与成本效益的角度出发,找寻最具经济效率的规制方式。

三、合作原则

合作原则如同公私合作的本意一样,强调在规制中政府与私人部门之间的互动。首先是主体上的合作,其次是公法与私法中各种规制工具的有效配合,发挥各自优势,通过政府规制与自主规制的互动,形成一种公私法互为补充的形态。合作原则与公开透明、公众参与相联系。合作原则意味着全面开放公共事务的治理界限,政府以对话、商谈、合作的方式,建立与非政府组织和公民社会的合作伙伴关系。合作原则要求政府、企业和公民社会分享公共权力,共同管理公共事务,因为现代意义上的规制是一种多元的、民主的、合作的行政模式,对政府部门而言,政府规制就是从供给—掌舵的渐变(规制成为新的国家任务);对公民社会而言,规制就是从排斥—参与,对峙—合作的转变(社会自主规制日趋重要)。这是一种以公共利益为目标的社会合作过程。从这一意义上讲,公私合作中政府规制实质上是一种合协管理与监督❷。

合作性规制是近年来公私合作理念的进一步延伸和拓展,在原“国家保留”的规制责任,国家亦与私人合作,将部分公益责任分配于私人,以减轻国家规制任务的负荷,进而节省因高密度管制所需投入之人力、预算等行政资源,充分考量规制行为的合法性与适当性❸。就政府规制而言,政府在一定的法律框架下,由政府与私人部门共同执行规制任务。OECD 提出的规制更进一步强化了规制的正当性,并认为过去由国家命令与控制式的规制方式已难以适应现代行政的需要,取而代之的是当前强调公民参与责任共享的自我管制(Self-regulation)与共同管制(Co-regulation),来追求更佳的管制(Better Regulation)❹。合作原则最典型的做法就是“社会自我规制”。从规制模式角度来看社会自我规制,是规制主体与规制对象的共同合作,共同担负规制责任,私人部门在一定程度和范围内自愿地作为国家的合

❶ 陈爱娥:《公营事业民营化之合法性与合理性》,载《月旦法学杂志》,1998 年,第 36 期,第 40 页。

❷ 郑国泰:《管制型国家之治理:以英国国铁民营化为个案分析》,载《师大学报(人文与社会类)》,2008 年,第 52 期,第 59-86 页。

❸ 刘宗德:《公私协力与自主规制之公法学理论》,载《月旦法学杂志》,2013 年,第 6 期。

❹ OECD(1997),The OECD Report on Regulatory Reform:Synthesis[M]. Paris:OECD.

作伙伴，协助公共目的之实现。

四、透明原则

透明原则在现代规制理论中作用愈加凸显，成为一项基本原则，也是解决公私合作中信息不对称和交易成本的重要手段。OECD 在其规制发展报告中总结了发达国家的五个规制原则，“透明原则”（Transparency）、“责任原则”（Accountability）“目标原则”（Targeting）“比例原则”（Proportionality）和“一致原则”（Consistency），将透明性原则列在突出的首要位置❶。透明度原则对规制及其防治规制俘获，有着重要意义。透明原则要求，公私合作中公部门与私部门之间信息要对等。其一，透明原则与公众参与紧密相连。要求政府在规制政策和工具的制定过程中公众参与，管制的过程必须能够对公众公开，并且接受公众的监督。一个符合透明原则的管制制度应给公众提供充分的相关信息，使民众确实了解管制的理由与目的，以使公众具有制度性的途径来参与及了解管制决策之制定与形成。管制治理所强调的是，政府如何推动优良的管制政策以及减少不必要的管制法规的障碍，把原属于政府管制的领域，以更公开透明的方式，让所有相关利害关系人能充分参与其中，共同协力达成政府管制的目标，进而提升人民的经济与社会福祉❷。其二，透明原则要求在政府需要处理好信息获取权与个人信息保护、商业秘密之间的关系。公私合作往往涉及社会公共利益，亦与《信息公开条例》规定的“与人民群众利益密切相关”相符。但是，由于公共企事业单位本身与政府或行政机关具有不同的属性，尤其是在其本身具有独立法人资格的情况下，在从事的活动中，公共企事业单位的活动应可被划分为属于法人本身的事务和属于对外的公共事务两大类型，前者属于法人自身私领域中的事项，只要不受到公共性法律规范的制约，原则上属于自治范围（经营自主权）之内的事项，对社会不承担说明义务，因此，属于不予公开的信息范围❸。因此，透明原则在于通过透明的规制政策和规制过程，平衡公众知情权与商业秘密保护，解决合作中的信息不对称，保障公众对公私合作的信息的知情权。

第二节　公私合作中政府规制的工具选择

公私合作的兴起和发展与政府规制的变迁高度契合，二者相互影响。公私合

❶ OECD（1997），The OECD Report on Regulatory Reform：Synthesis[M]. Paris：OECD.

❷ 陈淳文：《公法契约与私法契约之划分：法国法制概述》，载于《行政契约与新行政法》，台湾行政法学会主编，元照出版有限公司，2002 年，第 149-150 页。

❸ 朱芒：《公共企事业单位应如何信息公开》，载《中国法学》，2013 年，第 2 期。

作的发展推动了政府规制的革新,公私合作于政府规制而言,不仅是在宏观层面的规制理念、规制理论上的影响与推动,更是在微观层面的具体规制工具选择上的影响和变革。

一、从型式化到非型式化

对规制手段的类型而言,由于公私合作的类型的多样性和复杂性,其规制手段亦呈现出多样性,尤其是非传统的行政行为的广泛运用,成为公私合作政府规制的重要特征。行政行为的多样化和非正式化也是现代行政法和政府规制理论讨论的热点话题,并成为推行新行政法发展的重要动因。非正式行政行为具有多样、非强制、柔性的特点,能有效减少传统规制手段所产生的被规制者的抗拒,提高规制政策执行的阻碍和成本,提高规制效率。以非强制和命令为基础的"软法"已经成为行政法领域的重要议题,更是被立法和诸多规制机构所采用,成为新兴重要的规制手段。

非正式行政行为概念来源于德国行政法,除了"法律上规定的程序行为",或"法律效果的决定"之外,由政府机关与行政机关所为,所有法律上未规定,以及与行政上之"协议行为"的范围内私人所作成,但是在法规中已提供的公法或私法程序与决定形成过程中,可能导致"意欲效果"发生的相关"事实行为"❶,被称为非正式行政行为。传统行政法管制体系对于变迁中的社会已设计有调适机制,但整体来说,面对行政任务日益多样化与复杂化,强调权利保护与司法审查的传统行政法体系,对于各种生活领域或社会事实的迅速变化已无法妥为因应。鉴于传统的规制手段已不再绝对有效,自20世纪60年代开始,德国行政法理论与实务逐渐热衷于探讨法律如何既能维持对行政的规范拘束,又能够对行政作适度的松绑;对于"裁量""不确定法律概念"与"判断余地"等概念的细腻讨论,便是致力寻求行政拘束性与自主性平衡的范例❷。行政权为因应日渐膨胀的行政任务,却仅能支配有限的型式化行政行为,加上型式化行政行为具有过度抽象性、过度集中性,缺乏对行政过程及行政法法律关系之研究,因此为减轻行政机关管制成本,规避法定程序的不弹性,而有未型式化行政行为在实务上广为出现的情形❸。

其一,摆脱日益僵化的法规束缚,提升规制效率。在依法行政原则的要求下,以控权理论为核心的传统的行政行为受到诸多法律的严密规范与拘束,僵化的形

---

❶ 陈春生:《行政法学上之非正式行政行为与行政指导》,载于《行政法之学理与体系》,三民书局出版,1996年,第246页。

❷ 黄舒芃:《行政正确取代行政合法——初探德国行政法革新路线的方法论难题》,载于《中研院法学期刊》,2011年,第8期,第264、268-269页。

❸ 许宗力:《双方行政行为——以非正式协商、协议与行政契约为中心》,载于《新世纪经济法制之建构与挑战——廖义男教授六秩诞辰祝寿论文集》,元照出版有限公司,2002年9月,第259-262页。

式主义以及繁杂的程序规范，将会产出庞大的时间成本和行政成本，增加行政相对人和行政机关的负担，降低行政运转的效率。此外，从外部环境来看，现代社会中行政事务更为复杂与不确定，因此，非正式行政行为可以较好地克服行政僵化，通过非正式的互动协商，减少法律解释和适用上的困难，大量的协商与非正式的行为，有助于提高行政机关与相对人之间的互信与合作，事先消弭争议和诉讼，降低争议诉讼的成本，提升法的安定性，避免争议的产生。

其二，回应行政事务快速变化和复杂化需求。由于非正式行政行为具有可变性、弹性及创造性的功能，在规制部门面对快速变迁和专业化程度愈高的规制事务时，非正式行政行为对现代社会的复杂性事务可以通过行政机关灵活自主的行为选择适当的方式，实现规制目的。此外，现今的行政功能已逐渐转变成为人民的伙伴与公益协调者等合作国家模型下的角色，以非型式化行政行为的方式为非正式协商或沟通的情况，可以使得行政拥有更大的形成空间来实践其服务者的角色，能符合当代行政的新形象❶。

面对非型式化行政行为以合作基础作为协商或是信息提供的态样所作成的行政行为，势必是吾人日后所要面临的问题。非正式行政行为亦有其非类型化、缺少安定性等不足，从对大陆法系的不断探索来看，德国首先立法上给予非正式行政行为足够的空间，同时不断对现实社会中出现的非正式行政行为加以类型化规定，“型式化之工作系以放宽对型式的归类标准或证明标准为出发点，再根据事物之本质加以类型化、型式化，使得因为未型式化行政行为的产生，而被破坏平衡的形式学说，重新得到和谐，同时也得以不断改革、补充、修正形式学说之内涵❷。”值得注意的是，就规制手段之类型而言，除一般行政法行为外，晚近引起行政法学界与实务重视并热烈讨论之所谓的“非型式行政行为”或“非正式行政行为”在经济规制手段之运用上，亦日居要角。为避免因传统高权行为之采行使受规制产业产生抗拒，致规制目的无法有效达成，此等非以强制、命令为后盾之间接规制手段或所谓的“柔性法”更是逐渐被规制立法者与行政机构所采用，而成为现代行政法之一种新兴规制手段态样❸。

从国家规制手段方面来看，法律管制之优点在于形式理性，藉此可以担保决定的可预测性与平等性，但是对于社会行政中之给付无法化约成金钱或劳务对价有关，特别是在儿童、青少年福利或社会救助领域，往往需要受管制对象之自发性行

❶ 程明修：《公私协力契约与行政合作法：以德国联邦行政程序法之改革构想为核心》，载于《兴大法学》，第7期。

❷ 林明锵：《欧盟行政法——德国行政法总论之变革》，新学林出版社，2009年，第357-358页。

❸ 许宗力：《双方行政行为——以非正式协商、协定与行政契约为中心》，载于《新世纪经济法制之建构与挑战——廖义男教授六秩诞辰祝寿论文集》，元照出版有限公司，2002年。

为，在此法律管制中最典型的"条件模式"显然无能为力❶。因此，在法律管制有其界限，在管制需求一直存在下，"非型式化的行政行为"即应运而生，强调柔软、弹性、摆脱法律拘束等特点，这种反弹表现在法律规定模式即采用"目的模式"，也可以说是一个重要的发展趋势，藉此因应法律管制能力之不足❷。

二、从命令到契约

20 世纪 50 年代以后，以提升效率为出发点和重点的"新公共管理"，倡导新治理模式，推动公私部门之间的协调与合作，达成共同治理（Co-steering）、共同规制（Co-regulation）之目标❸。传统上国家以高权的"命令——规制"模式已无法适用现代社会之情境，其因乃在传统上以"形式理性"为基础，正由于现代社会环境变动迅速，各类科学技术日新月异，亦即不断有新的事实发生而无法完全经由相关组织或机关事先订出"条件"，使得传统上之"形式理性"与"条件模式"遭遇极大的冲击与挑战，是以，时有新的事务出现因无法规之规范而无法处理之情形❹。因此，有必要重新思考规制型国家之中规制的角色，针对规制治理重新思索行政权定位，从过去自由放任的态度，转向积极的规制治理，来强调规制的公正性、透明性、专业化、独立性、可信度和课责性之治理系统。而合作之行政行为对于建构在大陆法公、私二元区分前提下之现行法秩序，势必造成相当之冲击与影响，是以必须尽速发展一套"行政合作法"，以规范公私合作所形成之行政法关系、行政行为形式及行政法律制度。

然而管制型国家推进革新公共管理，把运作功能从管制中抽离，例如：民营化或者分殊公共服务之购买者和供给者，例如签约外包，或是在政府部门内区分运作和政策任务，以及成立执行机构等。这些供给管理的改革，都是着重在从过去的控制，转换成管制的自主权，从过去的官僚机制，转换成管制的工具使用，所以，在管制型国家之中，课责系统会因为其管制职能和价值的不同，而形成不同的课责（向上课责、水平课责、向下课责）。在管制型国家之中，政府部门管制服务之供给，例如：设置标准、顺服和执法之监督，运用法令管制和契约的工作，货值准契约（Quasi-contract）、自我管制（Self-regulation）等型式，来推行其管制。因此，越来越

❶ 张桐锐：《行政法与合作国家》，载于《月旦法学杂志》，2005 年，第 121 期。

❷ 程明修：《公私协力契约与行政合作法：以德国联邦行政程序法之改革构想为核心》，载于《兴大法学》第 7 期。

❸ 张其禄：《规制行政：理论与经验分析》，商鼎文化出版社，2007 年 3 月，第 66 页。

❹ 程明修：《公私协力契约与行政合作法：以德国联邦行政程序法之改革构想为核心》，载于《兴大法学》，第 7 期。

注重正式法令和由自由主机构来监督[1]。

在美国最为普遍的民营化形式,是运用私营部门来执行以往由政府所提供的社会服务。这种情形中主要的管理手段是"契约"。例如,在联邦和州的层级,监狱管理愈来愈常被外包给私营部门。垃圾清理、铲雪由私营部门来处理的情形亦十分普遍,社会福利行政的许多方面——例如资格认定——也由私人单位来实施。"外包"(Contracting out)与机关的去规制化是类似的,因为政府对于最终结果仍须负责,但是政府已无须介入对于事业的日常规制和管理。私营部门如今藉由与政府的契约而扮演主导的角色。而且私营部门并非公部门机关,因此不太可能受到诸如行政程序法、信息公开法等法规的约束。更重要的是,缔约过程本身常常是某种形式的招标程序,而这个程序所最为强调的乃是"成本"[2]。

三、从规制到自治

公私合作特征下的规制变革,需要重新思考公私合作中的国家规制的角色,针对规制治理重新思索行政权定位,从过去自由放任的态度,到积极的规制治理,来强调规制的公正性、透明性、专业化、独立性、可信度和归责性的治理体系。管制治理除了应重视制度的建构之外,也应着重其实质核心,进而建立在市场原则、公共利益和合法性认同基础上的合作。而政府的角色已不再是划桨而是掌舵,也不是控制而是协调[3]。再者,重新校正规制机构在科层体制之角色,针对管制机构的治理系统进行深入研究,由于规制的技术性和复杂性,规制机构逐渐使用诱因式的管制技术,来取代命令—控制式的管制工具,以强调规制过程的参与性,提出整体性的规制绩效[4]。放眼全球的行政规制体系,从规制主体、规制对象到规制权限运作时所产生的功能上的特色,都相当复杂多元,这些主体与对象之间的互动关系,不仅只存在于国家与国家之间或内国政府与个人之间,而是相互交错,形成立体的网络体系。

在全球的行政规制体系,从规制主体、规制对象到规制权限运作时所产生的功能上特色,都相当复杂多元,这些主体与对象之间的互动关系,不仅只存在于国家与国家之间或内国政府与个人之间,而是相互交错,形成立体的网络体系。因此,公私合作中政府规制表现出的行政权的行使主体与程序亦迈向多元化,尤其是国

---

❶ 郑春发、郑国泰:《治理典范变迁之研究:以国家角色转变为例》,载于《新竹教育大学人文社会学报》,2009 年,第二卷,第 1 期。

❷ Alfred C. Aman, Jr:《由下而上的全球化:一个国内的观点》,载于《宪政时代》,2008 年 1 月。

❸ 郑国泰:《管制型国家之治理:以英国国铁民营化为个案分析》,载于《师大学报(人文与社会类)》,2008 年,第 52 期。

❹ 郑春发、郑国泰:《治理典范变迁之研究:以国家角色转变为例》,载于《新竹教育大学人文社会学报》,2009 年,第二卷,第 1 期。

家与人民之间关系的演变，以及公私部门的揉合混杂；行政权行使的手段与方式也有显著的变迁，从而有“正式”到“非正式”、从“命令式规制”到“伙伴化协商”以及从“实质决策”到“程序参与及信息提供”等发展趋势❶。

规制革新的目的是在追求更佳的规制质量（Quality）与绩效（Performance），以达成一种“好的规制”（Good Regulation）。虽然规制革新涉及多元的面向，但传统的规制革新却多仅侧重于规制的经济及效率层面，亦即只以规制工具的选择或成本效益评估的方式来作为最主要的改革策略，但这种改革的方式显然是忽略了规制本身可能是更为复杂的政治、经济、社会、文化与价值等面向下的产物，同时规制活动也不仅只是局限于政府对企业或非官方活动的规制，它还包括了政府内部的规制活动、国际的规制活动，甚至是某些非正式制度的自我规制活动等❷。外在环境改变，国家或政府角色及职能须随之调整及适应，国家与人民之权利义务关系亦将为之擅递。而由德国行政法学者 Otto Mayer 所建构之传统行政法学——以“行政处分”之单方高权行为为中心之行政作用法——，势必难以满足现在“公私合作”之行政事实的需要。现代国家发展趋势已是由“规范国家”转变为“协商国家”❸，作为此等规制理念转变下最典型之机制呈现，应属于所谓之“受国家规制之社会自我规制”，简称“社会自我规制”手段。在概念理解上，自我规制系指非国家层级为使其行为具备法规范所要求之一定标准，出于自我意愿所采行之主动措施❹。

当传统国家高权之“命令－规制”模式已无法适用现代社会之情境及法律规制有其限制面时，则须另觅一条蹊径——“分散的脉络规制”，社会结构是多元、多中心、分散的状态，国家政治系统亦是其中之一，不再位居层级结构之顶点，完全支配其他的次级系统，而趋向于平行之互动结构，强调合作与协商关系，导引至非强制的“社会自我规制”或“工具化的社会自我规制”，将社会自我规制当作实现国家任务的手段❺。在英国撒切尔夫人时期，包括电信、航空、自来水、电力等均引入市场化的竞争机制❻，同时建立一整套的规制体系，特别是英国的规制事业型国家已经将自我规制系统（Systems of Sself-regulation），运用在金融事业、医疗事业等专业

---

❶ 张文贞：《面对全球化——台湾行政法发展的契机与挑战》，载于《当代公法新论》，2002 年，第 15-23 页。

❷ 张其禄：《规制行政：理论与经验分析》，商鼎文化出版社，2007 年 3 月，第 66 页。

❸ 程明修：《公私协力契约与行政合作法：以德国联邦行政程序法之改革构想为核心》，载于《兴大法学》，第 7 期。

❹ 詹镇荣：《论民营化类型中之公私协力》，《民营化法与规制革新》，元照出版有限公司，2005 年，第 32 页。

❺ 刘宗德：《公私协力与自主规制之公法学理论》，载于《月旦法学杂志》，2013 年，第 6 期。

❻ 英国公用事业民营化开始时间大体如下：电信事业（British Telecom）1984；天然气（British Gas）1986；航空事业和机场（British Airways British、Airports Authority）1987；水力公司（Water Iindustry）1989；电力公司（Electricity Industry）1989 年；铁路（British Rail）1995。

性较强的领域，在这些领域实行大规模和深入的自我规制，同时，这些自我规制的规范甚至大大超过了传统的法律和行政规则。

四、从实质决策到信息提供

信息不对称是导致市场失灵的重要原因，甚至有学者研究发现，对信息的掌握程度直接影响获得的财富。政府部门如何促进信息流通能够提高配置效率，信息规制制度因此获得了经济基础上的正当性。信息规制在解决公共产品的外部性和合作中的对等性上，尤其具有独特的地位和功能。由于传统的命令控制型的规制手段无法解决公私合作中涌现的各种新挑战，信息规制的优势逐步显现，越来越受到重视。这种地位和功能，从公私合作的理论模型和实践来看，主要有两个不同的面向来观察。

一是面向规制主体的信息披露。面向政府的信息公开是为促进公私部门之间合作的达成，解决公私合作中公私部门之间信息不对称，基于法规的强制性披露义务和合作契约的信息公开义务。公私合作中由于存在大量的信息不对称情况，容易导致合作双方地位之不平等和合作的失败，合作中政府与私人部门均有其各自的信息优势，尤其是政府部门，由于对私部门和合作过程信息掌握不完全，导致政府规制的无效甚至失败。因此公私合作过程中政府通过强制信息披露、备案、信息公开等制度以解决这种“信息不对称”带来的规制无效。公私合作中对规制主体来讲，不可避免的是，规制者获取的信息将是不完全的，而被规制者则被假定会有其环境影响的内部知识，而管制者缺乏取得完整信息的能力，因而如何获取必要的规制信息是规制主体面临的最大挑战之一。

公私合作中由于私部门基于技术和经验的优势，以及实际运行中对信息的掌握，容易导致私部门“隐匿性信息”的出现，导致规制主体无法获取必要的信息，发生规制不能或者规制失效。例如，在公私合作中基础设施建设以及运行的成本的有关信息多数掌握在私部门中，公部门往往无法获知，因此也无法合理地确定合作的成本以及收费的价格，唯有规制部门能合理地获取正确的信息，例如：私部门的投资资本、经营收益、消费者需求等相关详细具体的信息，才能进行有效的规制。因此，从公私合作的阶段来看，主要在事前和事后的信息披露。在公私合作达成前，公私合作中公部门在识别合作对象时，要求私部门提供相应的资质、资本、人员结构、信用等信息的申请文件或者投标书，在一些涉及公共利益的特殊领域，这些文件甚至被要求向社会公众公开披露。在公私合作的实际运行中，公部门为掌握项目的实践运行情况，实施有效监管，监管部门通过监督检查、定期备案、年度报告等方式要求私部门披露运行的财务、质量等情况。

二是面向消费者权益保护的信息公开。“在现代宪政理论上，公民获得信息的权利具有相当重要的地位——以使其能够获得与其生活与福利信息相关的私人信息和公共信息”❶。由于公私合作往往涉及公民和消费的基本权益问题，因此，此时的公私合作以及参与的私人部门负有公共服务的价格、品质等各个方面的信息公开义务。行政任务民营化的同时，也伴随着争议，如有人认为除非信息公开法扩展适用于私人主体，否则民营化会削弱公众的知情权❷。民营化所引发的行政任务由公到私的转变，使这些公民由行政服务的相对人变为民营企业的消费者，如何保障其原享有的权益不因民营化受损并有所扩展，是衡量民营化是否成功的重要标志❸。“公共事业民营化后的关键议题是消费者团体如何充分获取相关服务信息。在英国，消费团体并没有法定权利直接去获取该类信息，至多在供电与供水服务中拥有与企业代表定期会见的权利。同时，供电与供水公司必须就一系列规范指南向消费者委员会进行咨询。涉及消费者投诉的相关信息以及一般性服务政策，英国天然气公司以及其他公司有义务向天然气消费者委员会提供该类信息”❹。“原本信息自由法的立法目的在于钳控20世纪崛起的行政国家，公众通过获取政府信息，以达到对科层官僚的监控，促成良好行政与善治的实现。但随着民营化的浪潮，公共治理的模式发生巨变，信息自由法本来意欲确立更稳固的政府责任机制，不料传统意义上的政府却悄然从后门溜走。这对于公民信息权的实现构成巨大挑战”❺。“民营化导致个人获取公共服务的信息变得愈加困难。这对责任机制造成了损害，因为责任机制涉及对于公共服务履行质量的解释，如果信息无法获取，那么问责就无法展开，公共服务合同的承包方(Contractor)经常会辩解道，涉及合同履行的相关信息属于商业机密，尤其涉及财务信息时，这种情形屡见不鲜”❻。换言之，由于消费者相对于生产和经营企业而言，在信息上居于明显的劣势，信息规制因此成为政府针对信息不对称带来的“市场失灵”现象而采取的有效规制工具❼。

在英国，公用事业民营化实践中，各行业消费者团体扮演了一个积极的角色，

---

❶ 安东尼奥格斯：《规制法律形式与经济学基础》，中国人民大学出版社，2008年，第126页。

❷ 高秦伟：《私人主体的信息公开义务——美国法上的观察》，载于《中外法学》，2010年，第1期。

❸ 杨欣：《民营化的行政法研究》，知识产权出版社，2009年，第189页。

❹ Cosmo Graham, Regulating Public Utilities: A Constitutional Approach, Oxford: Hart, 2000, p94. 转引自卢超：《民营化时代下的信息公开义务——基于公用事业民营化的解读》，载于《行政法学研究》，2011年，第2期。

❺ JohnM. Ackerman Irma E. Sandoval-Ballesteros, The Global Explosion of Freedom of Information Laws58Admin. L. Rev. 2006, pp123-125. 转引自卢超：《民营化时代下的信息公开义务——基于公用事业民营化的解读》，载于《行政法学研究》，2011年，第2期。

❻ 卢超：《民营化时代下的信息公开义务——基于公用事业民营化的解读》，载于《行政法学研究》，2011年，第2期。

❼ 【德】哈特穆特·毛雷尔：《行政法学总论》，高家伟译，法律出版社，2000年，第393-397页。

作为替代机制一定程度上满足了公众的信息需求。英国诸多公共事业消费者委员会中，除了天然气消费者委员会之外，其他消费者委员会均隶属于规制机构，主要功能是通过向规制者提供消费者信息，代表规制者履行监督功能，辅助其实现经济规制的义务[1]。从我国的立法来看，《政府信息公开条例》中，对行政机关和公共企事业单位的信息公开义务有不同的规定，第37条模糊地规定了公用事业的企事业单位信息公开"参照本条例执行"[2]，将条例以"行政机关"为公开义务主体的内容扩展至公共企事业单位，之所以要第37条所规范的企事业单位承担信息公开的义务，是因为其具有公共性质，其"提供社会公共服务"方面的活动并非单纯的私法性质，该类企事业单位在法律上还担当着属于政府所应承担的公共服务职能。换而言之，该类企事业单位是以私法主体的地位，借助私法（如合同等）的方式提供政府对社会提供的公共服务，即非"行政机关"提供了属于（政府）"行政机关"的公共服务[3]。

第三节　公私合作中政府规制的密度

如前文所述，公私合作中政府依然担负规制义务和担保责任，公益性与企业性的平衡贯穿于公私合作政府规制的主线，并直接决定着公私合作的成败。公益性和企业性之间的博弈与平衡最终体现在政府规制的密度上。规制密度即为二者的博弈和平衡的结果。因此，公私合作中政府规制的有效性，即解决公私合作中公益性与营利性矛盾的关键，在于政府规制的密度。透过规制密度的选择和判断，调和公益性与营利性、规制与自治之间的平衡。在公私平衡关系中，如何设计适宜的规制密度，即确保公共利益有能充分发挥私人部门和市场机制的优势，实现公共服务的供给效率，成为公私合作政府规制成败的关键。但公私合作涉及领域相当广泛，各类合作的性质、类型迥异，在公私合作中政府规制所必须遵循的基本原则和判断基准之外，应当考察不同类别、不同领域的公私合作的特征和属性，依据个案来确定其规制强度与密度，而绝非普遍性采取同样的规制程度加以介入。

一、公益性基准的衡量

公益有着不同的内涵与意义，甚至被认为是飘忽不定的。"何谓公益，都因非

---

[1] 卢超：《民营化时代下的信息公开义务——基于公用事业民营化的解读》，载于《行政法学研究》，2011年，第2期。

[2] 参见《中华人民共和国政府信息公开条例》第37条："教育、医疗卫生、计划生育、供水、供电、供气、供热、环保、公共交通等与人民群众利益密切相关的公共企事业单位在提供社会公共服务过程中制作、获取的信息的公开，参照本条例执行。

[3] 朱芒：《公共企事业单位应如何信息公开》，载于《中国法学》，2013年，第2期。

常抽象,可能言人人殊”[1]。但一般而言,公益是指最大多数人的最大幸福是判断公益之标准[2]。公益性是公私合作中政府规制介入的正当性基础。公益性要求政府在放松规制和私人参与后,确保公共服务的价格、品质符合公众的需求与有关标准,并使任何人不受歧视地获得同等的服务。公益性强弱的判断标准多样,一般认为公益性与涉及权利的性质、服务受众的多寡等相关联,如交通、电力、供水、供气等基础设施服务,几乎涉及每一个人的利益,关乎社会公众的日常生活,公益性较强。相对而言,比如相对区域内的体育文化设施、公园等相对涉及面较少。“由于其涉及社会公众且不特定的多数人的利益,这种公益性特征突出体现在提供的基础服务、普遍服务以及作为公共服务载体的基础设施等方面,基础服务的公益性与基础设施的公益性,要求对这些公用事业的监管更强”[3]。作者认为,公益性程度的强弱则决定了政府规制密度的高低,涉及公共安全和公共利益层面较广,公益属性强,则政府规制的密度和强度越高;反之,如公益性越弱,政府规制的密度和强度则越低。

二、自偿率基准的判断

自偿率是公私合作可行性评估中的重要衡量标准之一,同时自偿率还与许可期限、政府出资比例、费率以及政府补贴等密切关联。自偿率事实上决定了“使用者付费”费率的高低和收费期限。在公法上更加值得关注的是,自偿率是实行政府补贴的依据和关键。自偿率在一定程度上决定政府公共财政补贴水平的高低。在英国 PFI1、美国公共采购合同法中均有明确的规定。自偿率系指“营运评估年期内各年现金净流入现值总额,除以公共建设计划工程兴建评估年期内所有工程建设经费各年现金流出现值总额之比例[4]”。其计算公式为:

$$\text{自偿能力}=\frac{\text{运营评估年期内建设计划与附属事业各年现金净流入现值总额}}{\text{工程经费现金流出现值}}$$

$$\text{自偿率}=\frac{\text{运营期净收入}}{\text{建设成本}}=\frac{(\text{运营期收入}-\text{运营成本})}{\text{建设成本}}$$

台湾地区行政院公共工程委员会编制的“民间参与公共建设财务评估模式规划”手册认为:政府对公私合作项目的财务可行性的评估,通常以项目的自偿率为基准,若自偿率大于 1,即代表该计划具完全自偿能力,亦即计划所投入的建设成

---

[1] 陈锐雄:《民法总则新论》,三民书局,1982 年,第 913 页。

[2] 【美】博登海默:《法理学:法律哲学与法律方法》,邓正来译,中国政法大学出版社,1999 年,第 106 页。

[3] 邢鸿飞:《公用事业法原论》,中国方正出版社,2009 年,第 22 页。

[4] 参见台湾地区《促参法施行细则》第 32 条,该条款规定了自偿率及其计算方法。

本可完全由净运营收入回收之;若自偿率小于1而大于0,代表计划为不完全自偿,需政府投入参与公共建设;若自偿率小于0,则表示该计划完全不具自偿能力,亦即计划之运营净收益为负,是否仍执行该计划则需视其他可行性分析或政策需要而定。由于某些公共建设是以国家、社会整体利益为考量,当自偿率小于1时,虽表示财务上计划不具百分之百自偿能力,但并不表示该公共建设无兴办价值。若从经济效益角度评估之为可行,则该计划应考量由政府投入非自偿部分,或以政府自行兴办之方式办理❶。

自偿率不仅能很好衡量某一项实施公私合作的可能性,提供财务上的评估指标,在法学上来看,更为重要的自偿率还能很好揭示公私合作项目的市场化程度的高低。简言之,自偿率越高,其他假定条件不变的情况下,代表项目市场化水平越高,私部门越有更多的经营自主权,需要更少,更具有弹性的规制和介入,甚至是排除多数的经济规制,仅保留必要的社会规制。与之相反,自偿率越低,则表示该项目市场化水平越低,政府需要提供更多的出资和财政补贴,以维持项目的收支平衡和私部门必要的营收和激励。因此,由于政府的补贴机制以及市场化程度较低不能自负盈亏,则政府将实施更多的规制和干预,保证政府投入和补贴的透明与效率,甚至政府拥有决策权和经营权。因而自偿率越低,则政府规制的密度和强度越高。

三、政府出资比例基准的确定

公私合作的核心要义就在于公部门从既往的"所有者"转向"规制者",从"管控者"转向"引导者"。那么公私合作中政府出资问题就带来两个疑问:其一,公私合作中政府是否需要出资,即为出资必要性的问题;其二,公私合作中政府出资的比例,即为公私合作中的股权和控制权的问题。事实上,公私合作并未排除政府部门的出资,尤其是在基础设施和公用事业领域,由于资金需求巨大,自偿率低,营利周期长的特点,政府需要一定比例的出资和补贴作为公私合作项目的诱因或者担保。假定其他条件因素不变的情况下,若在公私合作中由政府全部出资,负担所有财务责任(通常这种类型为行政委托经营管理),则政府规制的强度最大。与之相反,所有出资由私人承担,私人应当有较大自主权,政府则应当遵循最小干预原则,规制强度应为最弱。但值得注意的是,即使在私人完全出资的情况下,由于公私合作具有高度的公益性,亦不能以此为由排除政府法定的规制权力,为确保公益的达成,政府仍需保留与之相适应的规制权力。

对于公私合作中政府出资比例的规定,亦有不同的见解和规定,多数国家对民

❶ 参见台湾地区行政院公共工程委员会,《民间参与公共建设财务评估模式规划手册》,未出版。

间参与的程度和股权比例没有强制性的规定,根据各国经济体制和合作项目的不同,对股权的规定亦有所不同。在德国,对于一些管道、邮政等事业的民营化,初期对私人占股比例进行了限定,规定不得超过50%。但也相反地规定,旨在促进公私合作,提高私人参与的意愿和经营的自主权,而规定政府股权不得超过50%[1]。

四、三重基准的适用

公私合作中公部门存在双重角色,其一是公部门承担担保责任的公法地位,其二是居于合作对象的契约合作当事人。公部门的双重角色与公私合作中公益性与营利性之间的冲突与平衡,具有高度的天然契合性。也正是因为公部门的双重角色,在政府规制的密度和强度的衡量基准的选择上,公益性和自偿率正好契合这种角色上的双重性的冲突和平衡。公私合作中的政府规制在遵循政府规制的基本原则外,更为重要的是把握规制的密度和强度,在政府干预和经营自由之间平衡。

(一)三重基准之关联

事实上,公益性、自偿率和政府投资比例三者不仅与政府规制密度紧密相关,其三者本身之间亦有内在关联。

其一,公益性与自偿率之间的关系。如前所述,一般而言,合作项目的公益性越强,则外部性越强,市场机制越难发挥作用,项目自偿率较低,则需政府财政投入越多,政府投资比例越高。反之,如公益性越弱,一般自偿率越高,可以通过使用者付费等形式平衡建设与运营费用,则需政府投入越小,当自偿率大于1时,则不需政府财政投入。但需说明的是,公益性与自偿率反比例关系在一般情况下成立,但亦有政府投资比例和自偿率不能反映公益性程度的个案。

其二,公益性与政府投资比例之间的关系。公益性与政府投资比例之间一般为正比例关系,公益性越强的项目,项目本身一般难以自偿,需政府投入越多,政府出资比例越高,相应的政府干预和介入越多。反之,公益性越弱,则市场性和营利能力较强,政府财政投入越少,政府投资比例越低,则政府干预较少,规制密度越低。

其三,政府投资比例与自偿率之间的关系。政府投资比例与自偿率一般成反比例关系,政府投资比例越高,则意味着自偿率越低,公益性越强,政府干预越多,规制密度越高。反之,政府投资比例越低,则自偿率越高,政府规制密度越低。

(二)三重基准之适用

公益性、自偿率和政府投资比例三个基准为互为关联的整体。公益性是基于

---

[1] 我国台湾地区《促参法实施细则》第33条第2款规定:“主办机关支付之投资价款额度,不得高于民间投资兴建额度,并应于投资契约中明定各项工程价款、政府投资额度、工程品质之监督及验收”。

公私合作中的政府责任而设置的判断基准，是公私合作中政府规制的出发和归依；自偿率则是面向公私合作中市场机制而设置的判断基准，是衡量市场机制在公私合作中作用的重要指标。在这一意义上，公益性基准和自偿率基准分别是公私合作中公共性与企业性衡量指标，而政府投资比例则是公益性与自偿率之间博弈与平衡的结果。基准的适用上，公益性应当是公私合作中政府规制密度的正当性基础和衡量原则，但由于公益性是一个高度不确定的定性概念，无法作定量之判断，而自偿率和政府投资比例则是可以量化的判断基准。因此，政府规制密度判断基准的适用上，公益性应当为判断的基础和原则，自偿率和政府投资比例则组成互为反向关系的坐标系，作为具体可量化的判断基准。但对自偿率和政府投资比例不能反映其与公益性关系的个案，应当直接适用公益性原则作为判断基准。公益性、自偿率以及政府出资比例与政府规制密度的关系见图5.1。

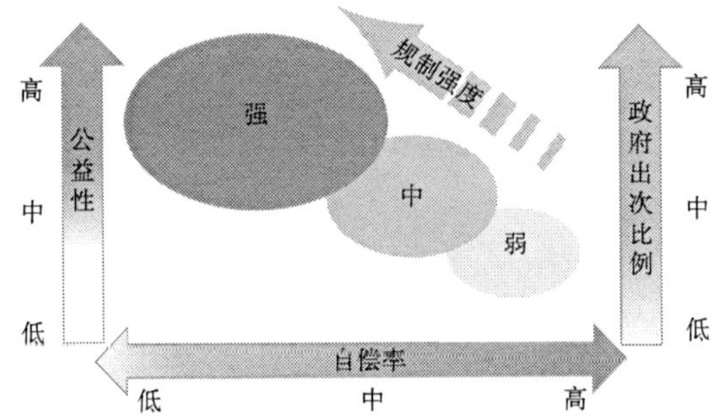

图5.1　公益性、自偿率以及政府出资比例与政府规制密度的关系

第六章　公私合作中良善规制之构建

由行政机关本身所进行的去管制化，结果是废止它们自己原先订定之规范，并以使用“市场”或“市场途径”作为管制手段的规范来取代之，藉此，“诱因取向”(Incentive Based)的管制模式就取代了“命令—控制”(Command-control)的管制模式。

——【美】阿尔弗莱德·阿曼

1970年后欧美国家开始反思和探索规制政策的走向，放松规制虽然能有效地解决规制成本过高并且效率低落的问题，但随之而来的是，无法因应社会日渐增多的任务需求。公私合作理论的嬗变同样推动了政府规制的革新，其实质是一个规制(Regulation)、放松规制(Deregulation)与再规制(Reregulation)的变迁过程。公私合作下的政府规制，随着国家责任的变迁，已经与传统高权行政下的规制相去甚远，呈现出从行为规制转向信息规制，以经济性工具取代命令性工具，以事后规制取代事前规制，以结果规制取代过程规制的巨大变革。选择与革新契合公私合作性格的政府规制方式，进而构建更佳的品质与绩效的良善规制体系。

第一节　经济规制：诱因结构的构建

经济诱因政策较早地出现在环境规制领域，之后，市场机制以及经济诱因逐渐受到关注，并得以广泛运用。经济规制手段主要有准入规制、价格规制、财政补贴、投资规制等。大量的实证研究发现，经济手段往往比单纯命令式的政府规制更为有效，同时，对于政府规制的效率而言，最大的挑战也在于“诱因结构”❶。理论界普遍认为，相对于传统的命令控制性的惩戒手段，经济诱因手段一般具有以下几个方面的优势与特征：其一，经济诱因方式有较低的行政与资讯成本；其二，经济诱因方式较能鼓励私人部门进行技术创新与改革；其三，经济诱因方式比较容易执行与落实；其四，经济诱因方式可以补贴受害者，实施交叉补贴❷。

---

❶ Cassr. Sunstein, risk and reason: Safety, Law and the Environment 269 (2002).

❷ 张琪禄：《环境管制：经济诱因工具的选择与评估》，载于《行政评论》，2002年，第11卷，第3期。

在经济学理论的发展中，1970年后，基于信息经济学和委托代理理论的发展，经济学家将激励性规制引入到传统的经济规制中。日本著名的规制经济学家植草益认为，激励规制就是在保持原有的规制结构的条件下，激励企业提高内部效率，也就是给予受规制企业以竞争压力和提高生产或经营效率的正面诱因❶。激励性规制机理和作用在于通过激励性规制解决委托代理中的信息不对称问题，降低其产生的交易成本。在公共行政和法学理论中，随着政府改革与管制解除等运动的风起云涌，命令与控制式的政府干预手段似乎已有逐渐式微的倾向，取而代之的则是各种以市场（或准市场）机制运作为基础的经济诱导措施，以此弥补传统的命令控制式规制手段的不足与缺失❷。

一、公私合作中准入规制的制度分析与选择

（一）公私合作中准入规制的制度分析

市场准入制度是有关国家和政府准许公民和法人进入市场，从事商品生产经营活动的条件和程序规则的各种制度和规范的总称❸。自然垄断的沉淀成本和公共利益保护被认为是实行市场准入规制的主要理由。公私合作的意义在于竞争机制，但这种竞争并非是完全竞争，而被界定为“有限竞争”。竞争的重点在于合作者选择中形成的主体间的竞争，而从实践来看，绝大部分公私合作的领域均涉及公共利益、普遍服务，在市场机制下实行准入资格条件是被立法和实践所普遍采用的手段，事前预防优于事后救治。

1. 准入规制与行政许可

准入规制在规制类型上属于典型的直接规制，是通过规制个人及企业的活动，以维护秩序或者事先防止危险的行政作用❹，是政府为了达到某些所预期的目的，根据所设定的标准，通过审查公民或法人的条件具备情况，决定是否允许其从事某种活动，从而约束公民或法人的活动，使他们遵从于政府活动偏好的价值序列❺。准入规制存在的理由是，由于自然垄断行业具有的规模经济性以及巨额的固定资本投入，过多的企业进入会造成成本上升和社会资源浪费❻。因此，以规模经济与竞争活力相兼容的有效竞争作为政府实施进入规制的思路和依据❼。另外，这种准入规制

❶ 植草益：《微观规制经济学》，朱绍文等译，中国发展出版社，1992年，第135-136页。

❷ 郑国泰：《管制型国家之治理：以英国国铁民营化为个案分析》，载于《师大学报（人文与社会类）》，2008年，第52期。

❸ 李昌麒主编：《经济法学》，中国政法大学出版社，2002年（修订版）第146页。

❹ 【日】盐野宏著，杨建顺译：《行政法总论》，北京大学出版社，2008年，第6页。

❺ 杨绍文：《行政许可与行政规制的逻辑起点分析》，载于《中国卫生法制》，2004年，第5期。

❻ 杨解君：《可持续发展与行政法关系研究》，法律出版社，2008年，第75页。

❼ 王俊豪：《管制经济学原理》，高等教育出版社，2007年，第81页。

的必要性在于“打了就跑”(Hit and Nun)策略的预防,由于缺少准入规制,进入者撤出市场时,不存在沉淀成本,一个短暂的赢利机会都会吸引大量的进入者,参与市场竞争;而在价格降到无利可图时,他们会带着获得的利润离开市场❶。

严格的准入规制和数量限制的确有利于形成适当的竞争,保证自然垄断下竞争的有效性,但同时也容易导致过度的非价格竞争和无效率。准入规制阻碍了潜在企业的进入,从而使得已进入企业能够长期获得超额利润,使市场竞争条件下的优胜劣汰机制失效❷。然而,随着技术和经济的发展,对于自然垄断有了新的界定和标准,放松准入规制渐成趋势。公私合作中的准入规制更加强调市场竞争机制的形成,放松严苛的准入规制和数量限制,转向对合作者的资质和信用的评价,允许私人主体通过投标、谈判等公平程序充分竞争。由于公私合作的特殊性,传统的严格数量规制和准入规制趋向缓和,更加注重对相对人的资质和信用等因素的考量;程序规制趋向规范和加强,更加注重合作相对人选任的程序规范,通过程序保障甄别选任出最佳的合作者。

我国《行政许可法》第 12 条规定,五种情形允许设定准入❸。在这层面意义上,可以说准入规制与行政许可是具有密切联系的概念。准入规制一般是通过行政审批、行政许可来实现的,行政审批、行政许可是准入规制最主要的实现方式和手段❹。对行政许可而言,行政许可制度设计本身具有抑制竞争的消极作用,许可是在普遍禁止的基础上对特定的人准许,要求被许可人具备从事某种活动的资格或能力,由此拥有受法律保护的特殊权限,进而可能排斥另外一部分试图申请许可的相对人❺。事实上,行政许可与准入规制在本源上具有共性,行政许可与准入规制直接源于市场机制与社会机制失灵后的政府介入,只不过前者偏于权力与权利的法律话语模式,后者偏于成本与效益比较的经济学术语❻。是否需要实行准入

---

❶ 张红凤:《西方规制经济学的变迁》,经济科学出版社,2005 年,第 331-332 页。

❷ 茅铭晨:《政府管制法学原论》,上海财经大学出版社,2005 年,第 185 页。

❸ 《行政许可法》第 12 条规定了五种情形的准入情况。其一,直接涉及国家安全、公共安全、经济宏观调控、生态环境保护以及直接关系人身健康、生命财产安全等特定活动,需要按照法定条件予以批准的事项;其二,有限自然资源开发利用、公共资源配置以及直接关系公共利益的特定行业的市场准入等,需要赋予特定权利的事项;其三,提供公众服务并且直接关系公共利益的职业、行业,需要确定具备特殊信誉、特殊条件或者特殊技能等资格、资质的事项;其四,直接关系公共安全、人身健康、生命财产安全的重要设备、设施、产品、物品,需要按照技术标准、技术规范,通过检验、检测、检疫等方式进行审定的事项;其五,企业或者其他组织的设立等,需要确定主体资格的事项。

❹ 参见杨建顺:《论经济规制立法的正统性》,载于《法学家》,2008 年,第 5 期。杨建顺:《论行政规制的法制完善》,载于《观察与思考》,2012 年,第 9 期。

❺ 胡敏洁:《规制改革中的行政许可发展:以案例为中心的论述》,载于刘恒主编的《行政许可与政府管制》,北京大学出版社,2007 年,第 99-100 页。

❻ 顾大松:《行政许可法中的政府规制问题研究》,载于刘恒主编的《行政许可与政府管制》,北京大学出版社,2007 年,第 223 页。

规制，即在《行政许可法》第12条和第13条之间的判断。当然正如前文所述，放松规制并不等于解除规制，公私合作的领域与行业所提供的产品和服务一般是公众的生活必需品，涉及社会公众的普遍服务，对其实行必要的进入规制确有其必要性。《行政许可法》第12条与第13条的解释逻辑应当是第13条的首先适用后，再适用第12条。同时，在行政许可设定的"可以"与"不可以"之间应当是动态的过程❶。

在放松准入规制的环境下，对行政许可和准入标准的行政许可的设定以及许可的方式应当更加科学合理，适应公用事业市场化发展的需要。在行政许可的形式上，《行政许可法》第53条规定，所设定的行政合同制度已经跃然进入我们的视野，特别是在行政机关通过招标方式实施特许后签订的合同，如采矿权许可合同、客运线路经营权许可合同等❷。特许契约、合作契约成为行政许可方式的可能，进一步拓展了契约在公法中的发展空间。

2. 公私合作中准入规制与程序规制的发展

公私合作背景下，行政机关将自己的部分公权力授予了私人，私人部门开始享有部分公权力，承担公共职能。作为行政权力的规范机制，行政程序法必然引导自身做出反应，将私人部门与行政机关共同行使公权力的活动纳入行政程序法的规制已成为行政程序法发展的一种必然趋势❸。放松规制的影响下，准入规制的范围和强度逐渐减少，但程序规制日渐规范增强，新兴的公私合作开始动摇传统的行政法制，行政程序成为应对公私合作带来的挑战的共同选择。"行政程序的重要角色，即在于藉由一个能让公众和彼此以及最终作成决定者进行对话的程序，藉此调和大部分的（如果不是所有的）利益。一旦契约被公众讨论，同样重要的是这些公共讨论要能经常持续地进行"❹。1998年韩国制定《行政规制基本法》，并设立"规制改革中心"，以提高韩国国民对行政规制的参与与监督，促进国民社会及经济活动的自由与创新，减少不必要的行政管制程序。德国新修订的《行政程序法》中也设有专门的合作契约的条款加以规范，纳入到行政程序法的调整范畴。在公私合作中首先必须要对合作当事人的遴选程序加以规范，制定相关选任程序。在德国，合作相对人的选任一般依据政府采购法，原则上，应遵循公开招标、协商或竞争性谈判程序。在我国台湾地区，合作契约当事人的选任程序，究竟适用何种程序存在

---

❶ 《行政许可法》第12条"有限自然资源开发利用、公共资源配置以及直接关系公共利益的特定行业的市场准入等，需要赋予特定权利的事项"，现有的法律没有具体和确定的定义和解释。

❷ 顾大松：《行政许可法中的政府规制问题研究》，载于刘恒主编的《行政许可与政府管制》，北京大学出版社，2007年，第223页。

❸ 陈军：《公私合作背景下行政程序变化与革新》，载于《中国政法大学学报》，2013年，第4期。

❹ Alfred C. Aman, Jr.：《由下而上的全球化：一个国内的观点》，林荣光译，载于《全球化下之管制行政》，元照出版有限公司，2011年4月。

争议和不同的解说,“理论界和实务界关于公私合作所适用的程序问题历来争议不断,主要有适用行政程序法的观点、适用政府采购法的观点,以及适用招投标法的观点和双重适用的观点。双重适用即既适用民事法律程序又适用行政程序法❶”。但无论是私法程序还是公法程序,不可否认的是公私合作的弱化准入规制,加强合作相对人选任的程序规制已成为现实。

(二)公私合作中准入规制的选择

1.从数量规制转向准入规制

公私合作下的放松规制,引入市场机制,必然解除严格的数量规制。理论和实践都已证明,数量规制虽有必要,但由于其数量难以测算,妨碍市场竞争机制的形成,故而广受诟病,实践中趋于放松,转向对市场进入者的资格、能力以及信用等构成的准入规制,形成公平的市场准入环境。因此和多数国家一样,我国《行政许可法》对特定行业的私人准入设定了准入范围和准入资格。从我国的实践和立法来看,准入资格机制主要由三个方面构成:

一是主体资格。主体资格强调平等竞争,一般要求为公司法人或者联合体,对于公司是否为国有、民营则不应加以区分,同时对于公司的注册地亦不应加以限制,否则容易形成国有垄断和地方垄断,而不能发挥市场机制的作用,并且涉及违反《反垄断法》。在主体资格条件上,多数公用事业领域都对主体财务能力进行了详细的规定,涉及注册资金、资金自有率、净资产、负债率等方面。以收费公路特许经营为例,《收费公路管理条例》对申请主体设置最低财务资格条件:公司注册资本金在一亿元人民币以上,总资产六亿元人民币以上,净资产二亿五千万元人民币以上;最近连续三年每年均为盈利,且年度财务报告应当经具有法定资格的中介机构审计;具有不低于项目估算的投融资能力,其中净资产不低于项目估算投资的百分之三十五❷。此外对于一些特殊的领域,需要对外资进行安全性审查❸。

二是专业资质。根据不同行业和项目的专业性要求,合作者通常需要具备相应的专业能力和专业资质条件。以自来水经营为例,要求自来水经营公司具备相应设施水平、供水的水质、管网水压、企业人员素质和经营管理水平等,建设部专门制定了《城市供水企业资质标准》。对于专业资质的条件设置来源,主要有两个方面,一是由法律、法规规章以及相关的规范性文件规定,这些资质条件的设置在实

❶ 王文字:《行政判断与BOT法制》,载于《月旦法学》,2007年,第142期。

❷ 参见《收费公路管理条例》和《经营性公路建设项目投资人招标投标管理规定》。

❸ 例如美国以《埃克森—佛罗里奥修正案》为代表的一整套国家安全审查制度。我国在2010年加强了对外资的安全性审查,对军工及军工配套企业,重点、敏感军事设施周边企业,以及关系国防安全的其他单位,关系国家安全的重要农产品、重要能源和资源、重要基础设施、重要运输服务、关键技术、重大装备制造等领域,实行外资安全性等审查。

践中无论是法律法规还是规范性文件，都具有强制性特点，此类资质条件一般为最低资质条件；二是在合作契约或者招标文件中确定资质条件，此类资质条件具有双方合意约定性质，通常标准要高于前类。

三是业绩与信用。业绩和信用是合作对象经营能力的重要标志。尤其在大型公用事业的公私合作中，有相应的从业经历和良好的业绩，是合作对象项目建设和经营能力的体现，也是公部门判断其是否为适格的合作对象的重要标准。《基础设施和公用事业特许经营管理办法》中明确规定："实施机构应当公平择优选择具有相应管理经验、专业能力、融资实力以及信用状况良好的法人或者其他组织作为特许经营者。"此外，通常会要求合作者在一定期限内没有违法行为，未发生重大安全事故等。

2. 从特许招标转向竞争性谈判

特许投标制，即在政府公用事业领域中引进竞争机制，通过招标、拍卖等形式，让多家企业竞争在某个产业或某个业务领域中的独家经营权，在一定的质量要求和同等条件下，由报价最高的企业取得特许经营权❶。特许招标制通过巧妙的制度设计，在准入环节引入竞争，并且通过规定特许经营的年限，保持潜在的竞争威胁。"特许招标制是用市场的竞争代替市场内的竞争，减少了毁灭性竞争的范围和不良后果，提高了垄断性市场的可竞争性，从一定程度上减轻了规制者的负担，提高了公用事业的运营效率"❷。我国公私合作中，特许经营授予主要包括招标、拍卖、竞争性谈判、直接委托、有偿转让等方式。招标方式因其公开、公平、公正的内在特质，具有其他方式不可比拟的优势，成为立法和实践中的首选方式，在特许经营权授予方式中居于主导地位❸。

需要解决的问题是，如何克服强制性招标机制过于僵化的缺陷，使其适应公私合作的长期性和不确定性❹。作为公私合作和民营化的典范，英国关于公私合作中特许经营的招标制度经历了从"强制性竞标"到"最佳价值"的过程。最佳价值（Best Value）是以最具经济、效率与效能的方式，让服务能够达到所订定之明确的标准（含价格与质量），亦即达到"最佳服务效果"。公私合作中强制竞争性招标其本质是以效率为驱力的模式，关注经济利益和效率的获得，以更少的经费获得更大

---

❶ 王文宇：《公用事业管制与竞争理念之变革》，载于《台大法学论丛》，2000 年，第 29 卷，第 4 期。

❷ 郑国泰：《管制型国家之治理：以英国国铁民营化为个案分析》，载于《师大学报（人文与社会类）》，2008 年，第 52 期。

❸ 章志远：《行政任务民营化法制研究》，中国政法大学出版社，2014 年，第 154 页。

❹ 在强制竞争性招标的法令规范下，有些原本由政府直接提供或支持的服务，改以竞标方式向民间部门购买，这种做法是期望能够节制服务成本、提升服务效率、减少行政科层及重视服务使用者的偏好。但研究和实践均发现，在撒切尔夫人推进公私合作后，强制竞标制度已经难以因应公私合作发展的需要，大量公用事业项目运营周期长，具有高度的不确定性，公部门需要确定合作对象时的沟通协商，以为将来发展和变化留有协调和调整的空间与弹性。参见：黄源协，《从强制竞标到最佳价值——英国地方政府公共服务绩效管理之变革》，载于《公共行政学报》，2006 年，第 15 期。

的效率。清楚的目标设定和绩效监控,增加供应者的回应性,私人部门的供应者扮演更多诸如市场机智与顾客导向的角色,但此模式没有考虑到企业、公部门及社会福利机构间的差异❶。

公私合作事实上形成的是长期的关系型契约,需要以伙伴的关系契约取代招标竞争和对抗式的契约。强制竞争性招标着眼于交易形态的契约管理,最佳价值则强调关系形态的契约管理。基本上,强制竞争性招标是以委托人—代理人理论为依据,但是,在一些专业技术要求高、财务结构复杂、工程规模大等具有不确定性的项目中,招标机制无法解决。欧盟议会在 2004 年 5 月 31 日为了使政府采购暨许可民间参与法更现代化和弹性化,在原有程序所要求的三种程序类型——公开、非公开和协商程序之外,增加了一种新的弹性程序——竞争性谈判。竞争性协商机制兼具了公开招标和非公开协商议标的双重特质。当主办机关在特别复杂的项目中,可适用'竞争性谈判'程序❷。"评定最优申请人"之程序,即与竞争性协商较为类似,系指政府同时与数个潜在的投标人议约并进入协商程序,在过程中发展不同的选择以满足特许权的需求,之后,投标人依据协商过程的解决方案提出最后的申请,于政府选择胜出者后再进行进一步的协商,以确定契约条款❸。

作者认为,竞争性谈判机制的优势,在于让公私部门透过对话协商与竞争的过程,共同研究制订最佳的合作方案并达成合意。我国目前公私合作的招商程序中一般适用《中华人民共和国招标投标法》和《中华人民共和国政府采购法》以及各相关政府规章和规范性文件。由于上述两部法律出台时,公私合作尚处于萌芽阶段,立法之初,并未考虑公私合作与特许经营的特殊性。因此,在合作者的选任上应当赋予公共部分更多谈判协商的空间,并引入最佳价值的判断标准和竞争性对话的程序机制。

二、公私合作中激励规制的比较和选择

(一)公私合作中激励规制的比较

1. 投资回报率规制与价格上限规制

(1)投资回报率规制

投资回报率规制起源并成熟于美国的铁路、电信等自然垄断行业。回报率规

❶ 程明修:《公私协力契约与行政合作法:以德国联邦行政程序法之改革构想为核心》,载于《兴大法学》,第7期。

❷ 特别复杂项目,系指交通基本建设项目、巨大计算机工程网络所具有之高技术困难项目,或是因法律与财务的复杂性而无法预先明确订定的规范功能或内容等情况。

❸ 程明修:《公私协力契约与行政合作法:以德国联邦行政程序法之改革构想为核心》,载于《兴大法学》,第7期。

制通过政府限制被规制者的投资回报率来规制其利润，并间接转化为面向公众的定价规制。因此在这种规制模式下，如何确定和限定相应的投资回报率是价格规制的关键❶。投资回报率规制的优势在于，其一，它特别适用于垄断性强、成本相对固定的公用事业领域；其二，相对固定的回报率在公私合作中给予私人部门相对稳定的预期，有利于促进合作和投资的达成。投资回报率模式的不足主要有两点：一是由于规制者与被规制者之间的信息不对称，以及规制者规制能力的不足，事实上很难掌握私人部门的真正成本，无法确定私人部门真正的投资与运营成本；二是由于固定的回报率。会导致私人部门投资的盲目扩张，使私人部门怠于提升效率。同时，从我国的实践来看，投资回报率的确定通常是在公部门与私部门合作协商时谈判达成的，而且目前缺乏相对有效的监督机制和竞争机制，公部门容易被俘获，导致超常规的投资回报率现象时有发生。近年来频频爆发的收费公路、自来水等行业暴利事件可见一斑。

(2)价格上限规制

价格上限规制即最高限价规制，规制者对被规制者的产品或者服务的价格设定一个最高上限，允许被规制者在规定的上限范围内对价格进行浮动调整。价格上限规制把价格规制与零售价格指数和生产效率挂钩，取代了只与企业生产成本挂钩的投资回报率规制，从而避免了以往制定或者修改价格中详查成本等复杂程序，并给予被规制企业降低成本以提高效率的鼓励，因此被誉为“划时代”的价格规制方式❷。最高限价规制一般采用 PRI. X 模型，即被规制企业价格的平均增长率不超过零售物价指数(RPI)减去生产率的增长率(X)，由 RPI 与 X 的相对值决定价格。若 RPI > X，被规制者可以在现有价格基础上提价，但最高幅度为 RPI. X；相反，若 RPI < X，被规制者就必须降价，且最低幅度为 RPI. X。可见，X 是决定价格上限的关键❸。因此，整体言之，RPI-X 规制不但容许规制者有更为主动的权力，使之对于未来生产技术的发展能有独立的观点，也容许政府拥有较为广大而直接的议价空间，因为 X 系数的决定同时反映了政府与企业间的折冲——不仅涉及未来生产的规模，也包含其他关于企业未来的议题，诸如价格限制公式之细节、竞争程度以及与信息取得相关的条款等❹。

---

❶ 在美国，被规制的企业需要首先提出一个价格方案，并在一定的试验期间(通常以十二个月为期)之后，估算出运营成本(Operating Costs)、雇用资本(Capital Employed)及资金成本(Cost of Capital)，最后再由规制者检视该估算与核定，最终决定企业的合理获利率，这些数据再加上对市场需求的估计，可以计算出整体的利润需求，从而决定价格的高低。

❷ 植草益：《微观规制经济学》，朱绍文等译，中国发展出版社，1992 年，第 160 页。

❸ 萧景腾、江耀国：《从通讯传播管理法草案探讨电信价格管制之政策方向》，载于《科技法学评论》，2008 年，第 5 卷，2 期。

❹ 廖义男：《国家对价格之管制》，载于《台大法学论丛》，1976 年，第 5 期。

在投资回报率规制中，只要企业价格未提高，在企业利润提高时并不介入❶。而“投资回报率”的计算基准是企业过去的成本与需求，其对未来的调整仅限于通货膨胀或对未来发展的推测，但 RPI-X 制则更为灵活，更具前瞻性，它将生产技术进步的具体预测及未来根据通货膨胀而来的需求直接反映在 X 系数的计算上。

2. 财政补贴与使用者付费

(1)政府补贴

由于公用事业的特殊性，自偿率不足的项目中，政府补贴成为促进合作和弥补亏损的重要手段❷。“庇古津贴”理论可以解释政府对这些企业的补贴并不是养懒汉的低效率行为。政府对产生正外部性的产品生产提供补贴，能增加对社会有益产品的供给，是一种纠正市场机制失灵的行为❸。政府补贴是指国家财政为了实现特定的政治经济和社会目标，向企业或个人提供的一种补偿，即通过影响相对价格结构，改变资源配置结构、供给结构和需求结构的政府无偿支出，其实质是一种财富的再分配❹。从补贴的对象看，政府补贴一般有两种方式：对消费者的补贴和对公用事业企业的补贴。对消费者的直接补贴是基于普遍服务，保障贫困群体的基本生活。对公用事业企业的补贴，则是财政直接补贴公用事业企业。这种补贴的目的有二：其一是对价格规制下的资费定价的补贴；其二是基于沉淀成本考量对基础网络建设的投资补贴。由于公用事业服务费用占贫困人群的支出比例远远高于其他人群，对现有资费进行补贴也能够缩小贫富差距，有效改善贫困消费者的生活水平，并提高公用事业服务的可支付性。对企业扩展基础网络的投资进行补贴，可以有效改善公用事业服务的接入率，并且这种补贴对于未接入公用事业网络的贫困人群非常重要❺。

对企业直接补贴的计算基准主要有：按不变成本补贴、按消费量补贴和按亏损额度补贴。实践中主要提供财政补贴、税费减免、公用事业价格优惠等。自然垄断性质的公用事业，由于政府价格规制可能导致公用事业企业的成本无法得到全部的弥补，为保障公用事业的服务，政府往往对其进行一定的财政补贴，在公私合作

❶ 在英国的情形则不同，国家不但在原始 X 系数的设定上较为自由，在企业利润提高时，规制者也可以在“风险期间”(Risk Period)内对 X 系数加以调整。

❷ 以地铁项目公私合作为例，北京地铁项目每年由市政府补贴 3 亿～4 亿元，上海地铁单条线路第 1 年补贴 6000 万元，第 2 年补贴 3000 万元，对地铁经营者进行补贴。

❸ 参见樊纲：《市场机制与经济效率》，三联书店，1995 年，第 69 页。袁虹、陆化普：《综合交通枢纽布局规划模型与方法研究》，载于《公路交通科技》，2001 年，第 3 期。

❹ 高伟娜：《垄断性产业的普遍服务机制研究》，东北财经大学博士论文。

❺ 陈剑、夏大慰：《规制促减贫：以公用事业改革为视角》，载于《中国工业经济》，2010 年，第 2 期。

中通常在合作契约中约定。但问题是，实际中这种亏损不仅是政策性亏损，更多的是经营性亏损。因为在财政可以弥补亏损的垄断经营情况下，企业经营管理者不负担经济损失，没有压力，常常把经营性亏损的责任推向政策性亏损❶。

(2)使用者付费

公共服务和公共产品具有“先天性市场限制”，而现代福利国家下行政给付义务日益增加和扩展，由国家政府所有、经营的公共服务难以担负，面临公共产品供给危机。在新自由主义思想的影响下，公共产品的集体消费转向消费导向的市场化逻辑，强调使用者付费与公私合伙模式，公共产品越来越少是由中央或地方政府直接建造、维护，政府倾向于将之交给政府体制外的“准公共实体(Quasi-public Entities)”负责，形成公私合伙关系的第三部门❷。使用者付费”原则(Users Pay Principle) 指使用者应负担公课之原则，使用者指使用公物之人，作为原因者付费原则之下位概念，使用者付费原则系以“使用”作为应负担公课之原因❸，可以视为是收益原则下的对价机制。使用“特定”公共支出的人负担提供这项支出的成本。较早期的“使用者付费”主要适用于规费的征收，强调“对等性”的报偿，即着重在个人“个别”享受国家与政府等公共部门所提供之劳务时，应支付的代价，其征收的基础，可能是基于利益报偿，也可能是基于成本补偿❹。现今的“使用者付费“原则，在意义上已经排除以一般性租税作为筹措财源的手段，多为基于“个别报偿”的原则，以个别的收益者或使用者为对象，对于因享受或使用政府提供的财货或劳务而获得的个别利益的人，或因而产生的额外成本所收取的相对给付❺。

与税收不同的是，使用者付费反映受益人因利用特定公共服务时所造成行政机关的成本费用。使用者付费的原则主要着眼于“个别”享受国家提供劳务所支付的代价，其将为市场需求“准价格”化，促进公共资源重新配置，可使政府所提供之有限的公共劳务，做最有效率的使用，并能发挥以价制量的功效，提供成本意识，减少滥用情事之发生❻。使用者付费一般遵循经济性原则、对价报偿原则和专款专用原则。使用者付费概念和原则契合了公共服务市场化和公私合作的经济诱因，是公共产品本质特质与市场化结合的产物。

---

❶ 周建亮：《城市基础设施民营化的政府监管》，同济大学出版社，2010 年，第 222 页。

❷ 洪冬力：《都市基础设施治理的失灵与调节：台北市公共无线网络的个案》，载于《通讯研究》，2001 年，第 4 期。

❸ 吴秀玲：《长期照顾法制与国家财政能力负担——日本法与我国法之比较分析》，载于《中正财经法学》，2012 年，第 5 期。

❹ 熊秉元：《使用者付费观念的探讨》，载于《财政研究》，1999 年，第 3 期。

❺ 萧文生：《自法律观点论规费概念、规费分类及费用填补原则》，载于《国立中正大学法学集刊》，1995 年，第 3 期。

❻ 廖钦福：《规费法评析——以规费之概念及分类为中心》，载于《财税研究》，2005 年，第 4 期。

3. 投资比例与黄金股权

(1)投资比例规制

我国公用事业领域的投资规制经历了从严格规制到逐步开放,到现在全面放开的过程。改革开放初期,国有资本占控制地位,私人资本不得超过50%,后逐步开放到外商投资比例不得超过50%❶。与我国不同的是,域外对于公私合作的股权限制为"反向限制",通常规定政府投资不得超过一定比例,如我国台湾地区早期也经历了类似的过程,台湾地区规定,在公私合作专案中"主办机关支付之投资价款额度,不得高于民间投资兴建额度"❷,美国和英国的公私合作专案中也有类似的规定。对政府投资比例的"反向限制",其主要意义在于充分保障私人部门的经营自主权,促进诱因机构的形成。

但是,由于我国对特许经营权的转让进行了严格的条件设置和程序控制,投资比例规制放松后,以股权转让代替经营权转让的现象时常发生,产生一系列问题。比如,公用事业经营公司股份高溢价转让、抽逃资金以及股东的频繁变动,导致经营理念的冲击和管理层的变动带来的不稳定。因此,要对特许经营公司股份转让进行必要的限制,如我国非上市收费公路特许经营公司股权转让的核准制度,以保障特许经营必要的稳定性和连续性。但其规定仅为行政规范性文件,约束力不足,也存在法律效力上的争议❸。

(2)黄金股权

"黄金股"(Golden Share)制度发源于英国撒切尔夫人时期。大力推行公用事业民营化,国有公用事业公司股份被出售后,政府不能再基于公司股东行使任何形式的公司管理权和干预权。为防止公用事业失控,侵害公共利益,英国在1984年的大英电信民营化中创设了"黄金股"制度,以确保民营化后政府对通信服务和取得高度垄断地位的"大英电信"进行必要的控制。在这一改革中,"黄金股"仅1股就控制了庞大的英国电信,根本不需要政府完全独资或股权占50%以上的绝对控股,这既实现了政府对特殊性质企业的控制,又可以实现股权多元化,建立清晰的

---

❶ 对投资比例的限制,考虑到国家安全等因素通常对外资有更为严格的比例限制,比如改革开放初期,公用事业领域并不允许外商独资企业经营。

❷ 我国台湾地区《促参法实施细则》第33条第2款规定:"主办机关支付之投资价款额度,不得高于民间投资兴建额度,并应于投资契约中明定各项工程价款、政府投资额度、工程品质之监督及验收。"

❸ 交通运输部《关于公路经营企业产权(股权)转让有关问题的通知》(交财发〔2010〕739号)规定:转让政府还贷公路收费权必须严格执行国家有关收费公路权益转让的规定,任何单位都不得以体制调整、产权划转、资产重组等名义有偿或无偿转让政府还贷公路,随意变更政府还贷公路的属性。公路经营企业产权(股权)转让不影响公路经营企业控股方(包括相对控股方)地位的,公路经营企业在按照企业章程和国家有关企业产权(股权)转让的规定办理相关手续后,应当将转让公路经营企业产权(股权)的数量和转让方、受让方名称等相关内容,向公路经营企业工商登记所在地的同级交通运输主管部门报备。

产权制度和科学、民主的治理结构[1]。此外,德国、法国等国家在公用事业民营化、民间参与公共基础设施建设的特许公司中都设计类似的"黄金股"制度[2]。我国台湾地区亦明确了黄金股权原则,具公用或国防特性的公营事业移转民营时,其事业主管机关可以发行特别股,由事业主管机关依面额认购。发行特别股之事业,包括公司名称变更、经营场所变更、资产转让等行为,应先经该特别股股东之同意,否则无效[3]。我国典型的黄金股权的案例是广东增城港口民营化案例。在该案例中增城市公有资产管理委员会拥有私人参股经营后的港口公司1%的股权,政府不参与分红和具体经营管理,但保留政府对港口的统一规划以及港口产业发展等事项的指导和管理权限,港口公司涉及此部分经营自主权需要经过当地政府的同意,最终广州永霸贸易有限公司以1810万元人民币竞得相应的港口资产和管理权[4]。

黄金股实质上是一种特权优先股,是私有化后的国有企业所授予或保留给国家或其他政府相关机构的特别权利,此特别权利足以影响企业运营以及股东结构[5]。黄金股一般份额极小并且不参与分红(通常为象征性的1股),但在公司资产处置、公司解散合并、董事任命资格等重大事项上拥有否决权。黄金股权制度的设计初衷是为了保护国家利益,政府可以设立黄金股,打破公司既有的规定,超越公司其他利益及权利,制定保护自身公权力的特别权利,而这些企业不得拒绝政府设立之黄金股,公私合作中常用于保护国家利益之特别权利方式为:事先许可、设立股份取得门槛、派任董事或监察代表以及最终否决权等[6]。

(二)公私合作中激励规制的选择

1.从投资回报率转向最高限价规制

激励规制中最为核心的是价格规制,价格规制也是公私合作中风险和利益分

---

[1] 余丈章:《企业民营化——国外企业民营化对中国的启示》,北京:中国轻工业出版社,2010年,第119页。

[2] 如德国大众公司法案的黄金股条款(Volkswagen Act)。1986年法国也立法引入了黄金股制度,规定可以将其作为公用事业民营化的条件,并授权政府可以采取各种不同的社会经济措施。在法国Elf-Aquitaine石油公司中,设置股权交易限制:"任何一企业直接或间接地在此公司取得的股份与表决权超过最大限额(超过资本的十分之一、五分之一及三分之一)时,须经过法国经济部长的同意"。在英国BAA机场案例中,1987年生效的BAA公司章程规定,在解散、重组或合并公司及子公司时,需先得到政府的事先许可;抑或是在公司清算的资本分配时,特别股股东有被支付股金优先权等。同样是欧盟的荷兰KPN电信公司及TPG邮政公司案例中,在两公司的公司章程中授予荷兰政府对于公司某些决策有事先权限,也就是在某些议题上需先取得政府的批准,并授予政府得以派任三名代表进入公司董事会和监事会。王志城:《公营事业民营化之台湾经验——思潮发展及法制因应》,载于《月旦民商法》,2005年,第5期,第18页。

[3] 参见:台湾地区《公营事业移转民营条例》第17条。

[4] 参见:"1%'黄金股',首开广东产权交易先河",http://www.gemas.com.cn/pprdmaf/showone.asp?id=221。访问时间:2015年7月9日。

[5] Ivan Kuznetsov,"The legality of golden share under EC law",Hanse Law Review,(2005)p.22.

[6] 何之迈:《欧洲共同体竞争法论》,三民书局,1999年,第287页。

配的核心。公私合作通常涉及公共服务的供给,公正合理的价格不仅决定了经济诱因和合作的达成,更是关切到公共利益和普遍服务的保障。价格规制是政府旨在纠正外部性、信息不对称以及市场垄断行为下的价格偏离,但并非是对市场机制的替代,“政府对企业的价格规制,可以防止在定价过程中由于信息不对称产生的垄断高价使得消费者利益受到损害的行为,通过对价格进行有效的规制来增加社会的福利❶”。价格规制的基本原则是满足低收入人群的基本需求,以实现社会配置效率,保证经营者能够补偿成本,以实现在维护企业发展潜力、投资者获得合理的投资回报,刺激企业生产效率之间寻求一种均衡❷。

定价机制是企业性与公共性之对话与博弈的表现形式。通常公私合作项目的价格规制需要考量投资经营成本、物价指数、服务品质以及公众的支付能力、行业利润率等因素。一方面,公私合作中定价机制的本质经济诱因,关系到私人参与合作的意愿,是公私合作成功实施的关键。另一方面,公私合作中私人部门通常被赋予经营垄断性的许可,若价格完全市场化自主决定,则会导致特许公司滥用垄断地位,产生超额利润。与此同时,定价权防止公私合作“高溢价”和行业暴利,保障公共服务的公益性和普遍服务的重要手段,关乎社会公众的基本权益。“公用事业所提供之物品或服务,系大众生活所需,事关公益及民众权益,并非纯属营利性质,不能任由市场机制决定,如收费过高,势必影响大众之生活,故其收费之标准,应受政府之监督;另一方面,鉴于公用事业在特定区域享有独占专营权,为防止其滥用独占地位而求取超额利润,故对于其价格之确定,亦须由政府加以监督核定”❸。

投资回报率的制度设计则是基于保障投资稳定的利润,形成投资上的经济诱因,以促进投资为目的,是我国改革开放初期大规模基础设施和公用事业建设和资金相对匮乏之矛盾的一个理性选择,也达到了良好的效果。随着外资和民营资本大量进入,基础设施和公用事业快速发展,投资回报率的缺陷日益显现,由于提高成本的福利损害与降低成本的福利提升都由使用者或者政府承担,企业不具备剩余索取权,因此不能产生对企业降低成本、提高效率的有效激励❹。此外,私人部门经营不善或高福利,也会造成亏损,私人部门将此转化成成本计算在内,企业的成本升高直接转换为产品价格的上升。同时,基于社会稳定和公众承受能力的限制,对这些亏损进行补贴,产生信息上的不对称以及规制俘获的问题,即有可能出现价格的偏离和寻租的现象。

---

❶ 斯蒂格勒:《产业组织和政府管制》,上海三联书店出版社,1989 年,第 89 页。

❷ 植草益:《微观规制经济学》,朱绍文等译,中国发展出版社,1992 年,第 97 页。

❸ 廖义男:《国家对价格之管制》,载于《台大法学论丛》,1976 年,第 5 期。

❹ 王江楠:《政府投融资公私合作的价格形成机制存在的问题及解决办法》,载于《河南科学》,2013 年,第 11 期。

作者认为，在公私合作中，公共服务任务转移到由私人承担，由于公共服务涉及公民基本权益的保障，又要发挥私人部门的积极性，如何平衡好规制与经营自主权之间的关系也是价格规制的核心。比较投资回报率与最高限价两种模式，最高限价模式下具有良好的诱因结构，是公私合作中价格规制的必然趋势和选择。

一是促进了合作中竞争机制的形成和风险的有效分担。私人部门拥有更大的定价自主权，体现和促进了公私合作中竞争机制。在英国电信民营化的过程中，原先构想采用投资回报率的管制方式，但最终被“价格上限”所代替。其主要理由是，价格上限可调动企业追求效率的积极性，降低成本，又可以用来避免不公平或不合理的价格歧视，维护社会公众的基本权益。最高限价这一制度设计更有利于在各个合作主体之间竞争机制和环境的形成，因此，趋于取代投资回报率规制和固定价格规制，这也符合在公用事业领域放松价格规制改革的方向。

二是提高了价格规制的弹性。由于通货膨胀率 X 作为一个外生的不确定变量，并且私人部门无法进行控制，特别是基础设施和公用事业领域，这些领域投资金额巨大，而且期限长达几十年，甚至更长，因此存在高度的不确定性，降低和减少合作中的不确定性是合作达成的重要考量因素。最高限价规制下，设定了通货膨胀率来提高规制的弹性，消减长期合作的不确定性。因此，在最高限价模式下，私部门要想获取更多的利润，必须提高自身的生产效率，推动社会进步。

三是提升了价格规制的透明度。最高限价模式通常比投资回报率模式更加透明，在投资回报率模式下，回报率通常由政府与私人之间通过合作契约来确定，而合作契约的形成相对独立和封闭，同时，由于实行固定价格规制，为弥补投资回报率的不足，通常合作契约中都有补贴条款，由政府进行财政补贴，而这种补贴由于信息不对称以及公开制度的缺失，被证明是极度容易被俘获的。

虽然法律规范上“固定回报率”已经被明确禁止❶，但在实践中的大多数情况下，对公私合作以回报率为基础而折算的“固定价格”的方式进行规制，就具体的立法以及实践操作层面而言，目前我国的价格规制主体是物价部门，规制手段主要通过制定政府定价（规制）价格目录的方式进行管理❷。但这种“固定价格”的确定

---

❶ 新近出台的《基础设施和公用事业特许经营管理办法》已经明确规定“政府可以在特许经营协议中就防止不必要的同类竞争性项目建设、必要合理的财政补贴、有关配套公共服务和基础设施的提供等内容作出承诺，但不得承诺固定投资回报和其他法律、行政法规禁止的事项”。

❷ 《价格法》第5条关于价格规制主体的规定：“国务院价格主管部门统一负责全国的价格工作。国务院其他有关部门在各自的职责范围内，负责有关的价格工作。”第19条：“政府指导价、政府定价的定价权限和具体适用范围，以中央的和地方的定价目录为依据。中央定价目录由国务院价格主管部门制定、修订，报国务院批准后公布。地方定价目录由省、自治区、直辖市人民政府价格主管部门按照中央定价目录规定的定价权限和具体适用范围制定，经本级人民政府审核同意，报国务院价格主管部门审定后公布”。同时《价格法》还将价格规制权严格限定在省级人民政府：“省、自治区、直辖市人民政府以下各级地方人民政府不得制定定价目录”。

是建立在以一定回报率为基础的核算机制下形成的价格，因此在规制改革中不仅需要禁止“固定回报率”，更要进一步放松价格规制，从“固定价格”转向“最高限价”。

此外，作者发现，由于价格主管部门和行业管理部门之间分工不尽合理，导致定价机制不符合特定行业实际，价格调制机制僵化的问题突出，容易产生价格规制的“无效”或者“失真”。因此，激励规制不仅要从投资回报率向最高限价规制转向，同时，价格规制本身亦需要改革。作者认为应当从以下几个方面对现有的价格规制进行改革：

其一，扩大行业主管部门在公私合作中的定价权。由于公私合作往往在天然气、水电、交通等专业性极强的领域，定价具有极强的专业性和行业性的特质，政府综合的价格管理部门不具备深入的行业价格制定的专业知识，也不掌握行业价格形成的因素，也不是公私合作项目“物有所值”的评估与谈判的直接参与者。因此，作者认为由行业主管部门负责定价及其定价谈判更为科学与合理。公私合作立法过程中，应当对《价格法》的相关规定进行完善和补充，在政府价格管理部门和行业规制部门间进行合理分工，行业规制部门则主要负责自然垄断性业务价格的核定和调整、竞争性业务价格的监控以及对价格违法行为的处罚。

其二，放松价格规制，规制方式由统一定价到最高限价规制转变。一个效率型的产品市场在确定价格形成方式的过程中，有两个关键的决定因素：产品的市场结构和产品的公共性程度。对于竞争性强的公共设施产品价格，就让企业通过市场自由竞价形成定价，对于具有自然垄断性的业务和环节，为了防止形成垄断高价，仍需实行政府定价，但不再采取传统计划体制下僵硬的政府统一直接定价模式，而是一种价格上限规制的管理模式❶。

其三，适度下放定价权。我国《价格法》严格将定价权限定在中央和省（自治区、直辖市）人民政府，但根据公私合作的实践，公私合作项目一般实行属地管理，公私合作的激励机制需要项目所在地政府以及作为合作方的公部门具有一定价格调控的空间，将原属于省（自治区、直辖市）政府的定价权下放到市县政府，有利于定价的科学性和合理性以及价格调整的及时性，同时也有利于诱因结构的形成，增加价格规制的弹性和协商的空间，促进合作的达成。

2. 从政府补贴转向使用者付费

在公私合作的诱因机制中，政府补贴是政府采用的重要措施和手段。特别是在一些“自偿率”较低的项目中，政府往往通过给予合作者一定税收和规费优惠，

❶ 何寿奎、孙立东：《公共项目定价机制研究——基于 PPP 模式的分析》，载于《价格理论与实践》，2010 年，第 2 期。

进行诱导❶。我国台湾地区专门制定了政府补贴、税费优惠的法律法规，大陆虽然没有专门的立法，但也有不少类似的规定，散落在各个立法中。更加值得注意的是，基于公共交通建设的投资金额大、收回期限长、回报率低等特点，公部门为促进私部门的投资与合作，除了法律法规上确定税费减免外，地方政府部门也会在自身的财政和税收权限内，予以进一步的减免和优惠，以激励民间机构的积极参与❷。

税收优惠和财政补贴具有直接性和政府信用担保的特点。随着公私合作领域的不断深入以及反垄断法的发展，政府直接补贴和税费减免也不利于企业提高效率，形成有效的竞争机制。同时，政府补贴程序复杂，行政成本相对较高。从域外公私合作的发展来看，政府补贴和税费减免趋向减少，转而采用给予融资政策倾斜与优惠。我国台湾地区《奖励参促法》也规定了政府部门在合作中的融资协助和财政扶持政策❸。此外，在公司债券发行以及重大自然灾害恢复专项贷款等金融政策方面也做出了专门的规定，给予放宽与优惠❹。在我国大陆的实践中，亦有不少类似金融政策，形成经济诱因，促进私人参与公共基础设施建设，推动公私合作

---

❶ 台湾地区在《参奖条例》实施后，专门制定了《民间机构参与交通建设免纳营业税办法》以及《民间机构参与交通建设进口货物免征及分期缴纳关税办法》，规定了民间在参与交通基础设施建设中，私部门从运营后的5年内免交营利事业所得税的政策。（铁路、公路、轨道交通、机场、港口以及桥梁隧道为5年，停车场、观光旅游重大设施4年。）在我国相关法律中也有类似规定（《营业税实施条例》第八十七条规定："企业从事前款规定的国家重点扶持的公共基础设施项目的投资经营的所得，自项目取得第一笔生产经营收入所属纳税年度起，第一年至第三年免征企业所得税，第四年至第六年减半征收企业所得税。"）《财政部国家税务总局关于铁路建设债券利息收入企业所得税政策的通知》对企业持有2011—2013年发行的中国铁路建设债券取得的利息收入，减半征收企业所得税。中国铁路建设债券是指经国家发展改革委核准，以铁道部为发行和偿还主体的债券。《国务院关于创新重点领域投融资机制鼓励社会投资的指导意见》规定："完善落实社会事业建设运营税费优惠政策。进一步完善落实非营利性教育、医疗、养老、体育健身、文化机构税收优惠政策。对非营利性医疗、养老机构建设一律免征有关行政事业性收费，对营利性医疗、养老机构建设一律减半征收有关行政事业性收费。"2000年10月15日财政部、国家税务总局出台的《关于车辆通行费有关营业税等税收政策的通知》中明确规定："从2000年10月22日起，政府还贷公路，使用财政部门统一印（监）制的收费票据，不缴纳营业税。"

❷ 如武夷山市人民政府《关于印发武夷山市市政基础设施项目BT模式投资建设优惠政策（试行）的通知》第十条BT项目所涉的规费，武夷山市政府有权减免部分税费，收费标准按30%执行。

❸ 《奖励参促法》第24条："主管机关视交通建设资金融通之必须要，得洽请金融机构给予本条例所奖励民间机构长期优惠贷款，其贷款期限及授信额度不受银行法第33条之三、第三十八条以及第八十四条之限制。前项长期优惠贷款利息之差额，由主管机关编列预算补贴之。第一项长期优惠贷款办法由交通运输部会同财政部定之。"

❹ 《奖励参促法》第28条、第29条："本条例所奖励之民间机构，经主管机关核准营运并办理股票公开发行后，不论其股票是否上市，均得发行公司债。前项公司债发行审核办法由交通运输部会同经济部及财政部拟订，报请行政院核定之。"因此，私人部门发行公司债条款要宽于公司法的规定。"民间机构在公共建设兴建、营运期间，因自然灾害而受重大损害时，主办机关应协调金融机构、特种基金、办理重大天然灾害恢复贷款。"

的达成❶。

就政府补贴本身来看,公私合作过多的财政补贴会带来三个问题。其一,财政补贴与公私合作缓解财政压力的初衷不符,造成新的财政问题。同时,过多的财政补贴不利于公私合作中私人部门效率的提升,转而成为依附关系。其二,财政补贴的本质是用所有纳税人的纳税填补特定领域和事项的亏损,存有公平性疑虑。其三,政府的大量补贴容易导致政府的俘获,诱发权力寻租。同时政府补贴会破坏私人部门间的公平竞争环境。

与政府补贴相反,放松价格规制下的使用者付费机制与公私合作中的政府规制存在三方面的契合和作用:

其一,使用者付费有利于推进合作治理的理念。"使用者付费"虽然具有改善财政的功能,但更重要的是它能促使社会成员培养对公共事务负责的态度,并且尽可能地让使用该项公共劳务的人,负担为提供这项公共劳务所动用的社会成本❷。使用者付费理念的一个隐喻是个人是主体,政府只是提供公共服务的生产者或代理人而已。个人公共服务选择权和偏好的形成,只有当自己选择使用时,才需要付费,这能有力地促进政府提供多元化的公共服务,促进社会公众更加关心公共事务,有利于公民社会的构建。

其二,使用者付费有利于公平负担的价值观念。当某种公共产品的外部性并非由所有人平均分享,而是由使用量较少或完全不使用者,通过统一税收的方式负担其成本,这并非合理公平的方式。而使用者付费机制,根据"谁使用、谁付费"的原则,使用者根据受益比例付费,与财政税务支付公共服务相比,更加公平。

其三,使用者付费有利于促进市场竞争和效率的目标的达成。政府因对特定个人所提供的公共产品,其成本应由使用者或受益者支付,至于一般性公共产品(纯公共产品),则由全体纳税者共同负担。这一理念的意义在于,透过使用者付费的机制,可以使政府所提供的有限的公共产品,作最有效率的使用。例如,高峰时段过桥费的征收,可以让有限的通行容量给最迫切需要者使用,并减轻过度拥挤的情况❸。同时,使用者付费更加注重公共产品的品质和体现,促进私人部门提升

❶ 《国务院关于创新重点领域投融资机制鼓励社会投资的指导意见》,对公私合作的融资政策进行性原则的规定,"改进政府投资使用方式。在同等条件下,政府投资优先支持引入社会资本的项目,根据不同项目情况,通过投资补助、基金注资、担保补贴、贷款贴息等方式,支持社会资本参与重点领域建设。""探索创新信贷服务。支持开展排污权、收费权、集体林权、特许经营权、购买服务协议预期收益、集体土地承包经营权质押贷款等担保创新类贷款业务。探索利用工程供水、供热、发电、污水垃圾处理等预期收益质押贷款,允许利用相关收益作为还款来源。鼓励金融机构对民间资本举办的社会事业提供融资支持。"

❷ 熊秉元:《使用者付费观念的探讨》,载于《财政研究》,1999 年,第 3 期。

❸ 萧文生:《自法律观点论规费概念、规费分类及费用填补原则》,载于《国立中正大学法学集刊》,1995 年,第 3 期。

服务质量，满足消费者的需求。同时，通过付费价格机制，促使公共资源配置最佳化。采用使用付费机制，依靠财政支持，私人部门自行筹募运营经费，自担风险，自给自足。

综上，作者认为，比较政府补贴与使用者付费两者，公私合作中政府补贴的副作用日益显现，而使用者付费制度不但符合公平的“谁受益、谁付费”原则，而且有利于构建公私合作的诱因机制，推进私人部门提高效率。因此，在公私合作的经济规制中，诱因机制的建立重要的是建立起使用者付费机制，尽可能地减少政府财政直接补贴，积极放松价格规制，合理制定相应的付费标准。

3. 从投资比例限制转向黄金股权规制

投资比例规制的本质是公司治理结构的控制，是政府控制力与公司自主经营之间的博弈与平衡。如政府股权高度集中、国有股所占比例较高，将影响公司治理权利的行使，影响公司的经营，公私合作的市场机制和公司化的优势将无法得到发挥，公用事业公司改善股权结构，走向市场，提高竞争力也将无从谈起。反之，如完全解除对公用事业公司的股权，将导致政府完全失去对公司的控制权，进而可能产生有损社会公共利益的问题。比较投资比例规制与黄金股权制度，显而易见黄金股权制度是公私合作中对投资比例规制的修正与创新。其一，黄金股权制度不涉及企业的日常经营，最大限度地保护了企业的经营自主权，减少了对企业生产经营的干预。其二，黄金股权保留了政府必要的控制力，保障公私合作中社会公共利益的保护。

作者认为，我国公私合作的发展过程中，应当引入黄金股权制度，对公用事业领域的完全解除股权规制进行修正。同时，特别值得注意的是，由于黄金股的特殊性，政府保留特别权利来控制民营化后的企业经营，容易造成对私部门经营自由和股权平等的侵蚀。从公私合作的视角来看，黄金股权也正是公私合作中公益性与企业性之间博弈的结果。由于黄金股权具有强烈的公共属性和身份属性，这种股权不具有转让性。“政府如对于具有公用或国防特性之公营事业采取黄金明受制度，应该制订黄金股终止期限，由公司于期限届满时收回，并作出解释，这种特别股的收回是不违背资本维持原则的”❶。作者还认为，黄金股权应当由法律上明确规定，对其适用范围、特别权利的内容，行使的程序均由法律设定。其一，黄金股并非适用所有的股权结构，尤其应当严格地限定适用范围，由于黄金股是保护国家重大利益、控制市场以及稳定经济的重要工具，黄金股适用涉及国家安全和高度自然垄断的公用事业企业中，并且均需要有法律上明确规定，方可设定黄金股。其二，由于黄金股权事实上赋予了政府在公私合作和公司经营决策中的特别权利，对其自身亦需要

❶ 王志城：《公营事业民营化之台湾经验思潮发展及法制因应》，载于《月旦民商法》，2010 年，第 5 期，第 19 页。

加以限制和规范。欧盟将黄金股权作为“预防性措施”，严格限定其权利使用的条件和程序。其三，考虑到公私合作的合意与自愿性，在法定的黄金股权规定下，应当赋予公私双方通过投资契约和公司章程，进一步约定黄金股权的权利范围、行使条件、决策程序等权利，但不得与法律上的规定相冲突。

第二节　社会规制：普遍服务的保障

普遍服务关乎公民基本权益保障，公私合作下普遍服务可能以公法形式、私法形式或是混合形式实现，但无论是何种形式或者方式供给，并不意味着普遍服务完全转让给不受拘束的市场，国家仍然负担着提供平等的、无歧视的、普及性的、可负担得起的一定范围与一定水平上使用的担保义务。在公用事业由政府独占经营和保障时，普遍服务可以透过政府之力量以公共服务的形态实现，但随着公私合作的发展，以市场机制取代国家保障和政府规制后，如何让合作者维护基本公共服务权益，促进弱势群体利益的保障，构建公私合作中普遍服务机制显得更加重要。

一、公私合作中社会规制与企业社会责任的关联

（一）合作理念下的普遍服务与企业社会责任的契合

社会规制在规制体系中的地位与作用愈发突出，政府规制呈现出放松经济性管制和加强社会性管制的两大趋势❶。公私合作下公共任务的实现，不再由政府独占，私企业亦得参与，对弱势群体权益之保护是企业社会责任的内在要求。公私合作中，政府与企业间的距离趋向模糊与消弭，公私合作要求的是私部门的参与与共担。合作理念的社会规制调控范围日益扩展，公私合作中的社会规制更加强调私人部门的自主规制以及社会责任的分担。事实上，市场机制下的普遍服务和企业社会责任两者关系紧密，普遍服务成为公私合作下的企业的重要内容。其一，企业社会责任的自愿性与社会规制的强制互补。公私合作中，私部门的自律应优先于政府规制，只有当企业的自主规制无效时，政府规制才可介入。这种优先性是私部门自主提出的自我限制的承诺，并作为国家放弃采取规制措施的交换手段。企业之所以愿意实施自我规制，系由于企业自己对厂房 、设备、生产与贩售场所的无瑕疵要求以及产品必须符合特定质量的要求，原则上具有长期的竞争利益与市场利益，故此时的自我规制，更接近私部门企业的自愿性，亦是企业自利的考量❷。其二，企业社会责任与社会规制的互补性。对于生产安全、食品安全、环境保护等

❶ 王俊豪：《政府管制经济学导论》，商务印书馆，2001 年，第 449 页。

❷ 程明修：《经济行政法上之自我限制协定》，载于《月旦法学教室》，2002 年 10 月。

社会公共需求而言，其治理已经突破了企业边界并扩展到公共领域中，单靠企业治理（企业社会责任导向型的产业自我规制）或公共治理（政府通过社会规制提供）已经不能很好地解决这类公共需求的供给问题了。因此，需要通过引入包含多个社会治理主体的合作治理模式，将企业治理和公共治理两种形式有效地结合起来，以实现社会规制与企业社会责任的契合，进而通过互补性政策战略和互补性政策工具的选择[1]。

值得警惕的是，在市场机制下企业社会责任的泛化。企业的社会责任是一种企业自发性的道德行为，其首要目的并不在于追逐自我利益，反而是自我利益的退让，企业因尽社会责任而得到长期之利益，仅系企业尽社会责任的附属目的[2]。企业的社会责任应当严格的限定在企业道德责任范围的探讨，如果将道德责任规范为法律后，则该种社会责任就转换为企业的法律责任。因此，若无法律上的明确规定，政府无权强制要求企业担负“社会责任”缺乏正当性，公私合作中社会规制义务属于政府职责范畴，政府才是公益保障的最终担保者。

（二）成本与效益视角下的社会规制与激励规制的融合

对市场机制下的普遍服务，应当是透过政府规制的方式来回应和解决这一问题。从这个层面意义上理解，公私合作中的放松规制并非实施完全的解除管制，而是调整管制的重点，由“经济管制”转向“社会管制”，规制重心从准入规制等调整为普遍服务和消费者权益的保障。1970 年以来，规制政策出现了重大的转向，规制重心从经济规制转到社会规制，从强调市场竞争转向与人们生活密切相关的消费者保护、公众安全、医疗健康，职业保障等方面[3]。另一方面，对政府规制的效益—成本问题的争论一直未有停息[4]，但从过去强调规制政策的充分供给转向规制和风险评估的趋势已经形成。自 1970 年开始，以美国为代表的规制发达国家开始实行“规制影响评估制度”（Regulatory Impact Assessment，RIA）[5]，该项制度已在主要的先进国家获得采行，目前已有一半以上的 OECD 国家具有各种不同性质的

---

[1] 樊慧玲、李军超：《嵌套性规则体系下的合作治理》，载于《天津社会社科》，2010 年，第 6 期。

[2] 蔡宗珍：《从给付国家到担保国家——以国家对电信基础需求之责任为中心》，载于《台湾法学杂志》，2009 年 2 月，第 122 期。

[3] 林淑馨：《民营化、解除管制与政府职能：我国公营交通事业改革之过程分析》，载于《公共事务评论》，2007 年，第 8 卷，第 2 期。

[4] 具体争议之观点，参见：王春霞，《社会性规制成本分析必要性与前瞻》，载于《东方法学》，2013 年，第 5 期。

[5] 1971 年尼克松总统确立对特定规制事项进行“生活品质评价”制度。1995 年，《无资金保障施令改革法》首次明确规定联邦规制机构制定规章应使用成本收益分析的原则、程序和方法，并首次明定其衡量标准为规制存在净收益或能够证明为其支付成本的正当性。王春霞：《社会性规制成本分析必要性与前瞻》，载于《东方法学》，2013 年，第 5 期。

规制影响评估方案及立法❶。规制影响评估的主要目的是调查了解政府管制政策及措施实施的效果和影响,特别是规制的成本与效益。效益—成本评估制度也在客观上促进了社会规制中的经济规制工具的运用,“在环境保护工作上,除传统管制性措施外,国家尚得采取经济手段,将生态规范与经济机制作某种程度的结合。实证研究发现,经济手段往往比单纯命令式的政府管制更为有效”❷。比较二者可以发现,基于效益—成本视角的观点,经济诱因具有以下方面的优势:一是经济诱因方式所需要的行政与信息成本较传统的社会规制低;二是经济诱因方式更能激励技术的更新与进步;三是经济诱因方式将比较执行和调整;四是经济诱因方式能较好地实现不对称规制,直接保障弱势方的权益❸。“通过经济方式实行社会规制的目的是为了解决负外部性和公共品所带来的环境污染问题。运用排污收费、排污收税、补贴和排污权的交易等手段,通过收费来限制造成污染的产品的生产与消费,迫使生产者减少废物的排放量,减少政府对环境污染规制的成本”❹。经济诱因方式的引入,突破了传统社会规制手段的局限,实现规制方式的转变和规制工具的创新,进而使得规制方式及工具更加灵活多样。在社会规制中更多引入市场激励措施增强企业自我规制,充分发挥社会团体和个人等规制主体的动力,这是提升社会规制效果的重要途径❺。

综上,作者认为,从规制形态的发展来看,社会规制正在兴起,经济规制渐趋放松,但二者运用的规制手段和工具趋于融合,尤其是在强调市场机制和社会自主规制的公私合作中将经济诱因引入社会规制是理性选择,符合公私合作的性格特质,也契合公私合作潮流下重新设计社会规制的方法并检讨各种规制的必要性,引入经济诱因机制,使社会规制更具弹性,更简单,更有效,减少规制成本和效率损失,这是公私合作中社会规制的关键所在。

二、公私合作中普遍服务规制的选择

(一)以安全保障与服务品质为核心的消费者权益保护

公私合作对于公用事业安全规制的影响的关注普遍缺少,但却是极为重要的问题。2014 年爆发兰州自来水苯超标事件中,由法国威立雅水务经营管理的兰州

❶ 张其禄:《政府管制政策绩效评估——以 OECD 国家经验为例》,载于《经社法制论丛》,2006 年,第 38 期。

❷ Cass R. Sunstein, Risk and Reason: Safety, Law, and the Environment 269 (2002).

❸ 张其禄:《环境管制:经济诱因工具的选择与评估》,载于《中国行政评论》,2002 年,第 11 卷,第 3 期。

❹ 何立胜、樊慧玲:《政府社会性规制的成本与收益分析》,载于《中州学刊》,2007 年,第 5 期。

❺ 张莹、张玉凤:《中国社会性规制改革的策略选择》,载于《教学与研究》,2013 年,第 11 期。

自来水系统管道老化、安全供水体系和管理不足被认定为导致事故的重要原因之一❶。其中，显露出来的自来水供给民营化后的安全与品质的规制的重要性。从国外公私合作的经验来看，英国、美国等国家研究也表明，由于政府在公私合作中规制缺失，导致公用事业领域的安全事件的发生率之间的正向比例关系❷。公私合作后的规制重塑中，英美国家更加注重消费者权益的保护，加强公私合作中的安全规制和质量规制，这也是重塑规制的重要的逻辑起点。美国对于天然气民营化后的重大安全事故反思后，加强了公用事业领域的安全性规制，对私人供给天然气，苛责以更高安全标准和规制义务。同样，在日本，引入市场力量和私人资本，政府与私人部门成立了 7 家公私合营的铁路公司，实施民营化改革，以解决“国铁”沉重的财务亏损问题。但也正是因为追求盈利而忽视了对安全的管理，铁路公司放松了速度与车次的规制，甚至发现运营公司解除了法定的速度限制器。日本铁道公司电车出轨事故发生后，日本政府加强了铁道公司的安全监管，改进了安全监督措施和手段，并对铁路领域民营化的营利性与公益性之间进行了，认为包括新干线在内的铁路民营化后，营运公司基于成本的考量，减低安全投入和维护，导致安全事故频发。此外，在日本的高速公路安全中，2012 年的中央高速公路上，行线笹子隧道塌方事故亦被认为是高速公路民营化后为节约成本，导致维修养护不足所导致，甚至该事故被认为是日本高速公路民营化争论重启和“民营化”的灾难❸。在服务质量规制方面，英国铁路引入民间资本，私人经营公司由于对铁轨养护投资不足和管理不善，私人公司出于成本的考量降低运营标准和安全标准，铁路安全事件不断发生，铁路服务质量不断降低，引发公众不满，英国政府因此成立了专门铁路管理局加强监管，并赋予对私人公司进行行政托管的权力。

事实和实践表明，公私合作在缺少竞争机制的公用事业领域，私人部门在经济理性的成本考量下，难以确保公共服务的质量与安全。因而，社会规制加强的一个重要方面就是对给付品质的保障。同时在给付的品质上，公部门也担负着确保给付质量满足基本需求和契约约定的维持一定品质的给付，一般在电力、燃气、供水等实体法上均有公部门的给付品质担保义务，并设定了相应的介入权。具体来说，公法应当授权政府制定强制性的给付标准以及行使监督权。同时，对提供公共服

❶ 参见兰州市政府公布的事件调查报告。http://www. gansu. gov. cn/art/2014/6/13/art_35_180190. html，访问时间 2015 年 7 月 1 日。

❷ 参见【德】魏伯乐、【美】奥兰杨、【瑞士】马赛厄斯·芬格：《私有化的局限》，王小卫、周婴译，上海三联出版社，2006 年。

❸ “顶棚材料的老化很有可能是此次坍塌事故的原因。顶棚于 1977 年隧道通车时安装，至今没有记录显示曾对固定顶棚的螺丝等金属零件进行过整修。中日本高速公路公司表示，事故发生的原因是固定顶棚的金属吊具上的‘基础螺栓’发生脱落”。参见：张子宇，日本高速公路民营化争论重启。http://www. time-weekly. com/story/2012-12-06/128121. html.

务的私人部门的资质加以严格审查,防患于未然。只有达到一定标准的组织才能被许可从事某种公共服务。同时,对合作的私部门的进入或退出市场,以及诸如转产、停产等经济权利加以必要限制❶。私人部门则依据政府的强制性标准以及合作契约的约定履行普遍服务义务。以收费公路为例,《公路法》《收费公路管理条例》设定了公路部门的承接责任和品质给付担保义务❷,如公路经营公司未履行公路养护义务的,可以由公部门指定其他单位进行强制养护,以维护良好的给付品质。

(二)以亲贫规制为关键的普遍服务保障机制

"一个好的规制体系不仅能够通过给予企业适当的激励而保证不断提高的公用事业的产品和服务的供给,而且还能直接将这些产品和服务的提供针对穷人,完善的规制体系可以防止私人参与基础设施服务后对弱势群体的歧视"❸。公用事业中的普遍服务作为公共利益保护的核心内容,包括服务提供的普遍性、服务提供的平等性和价格的可负担性等。企业的普遍服务义务由法律设定,相关主体提供具有特定品质服务的义务,同时,使所有消费者无论身处境内何处,均能负担得起的对价享受最低服务供应❹。根据 OECD 的定义,亲贫规制是指基于公益与保障民众权益,通常政府会透过法令或政策,课予这些产业特别义务,要求其提供无利益性的服务,在不列入成本计算的情况下,以单一或可负担的价格提供相关服务。对于需要社会救助之消费者,提供减免补贴等相关服务,以落实社会福利及资源重分配政策❺。基于宪法和法律上的规定,公私合作中公部门并未卸除普遍服务的国家担保责任。由于公私合作隐含着公共职能的让渡,因此担保普遍服务和给付不中断显得尤为重要。在公用事业特许经营中设定私部门强制缔约和给付不中断的

---

❶ 袁曙宏、宋功德:《通过公法变革优化公共服务》,载于《国家行政学院学报》,2004 年,第 5 期。

❷ 《公路法》第 35 条规定:公路管理机构应当按照国务院交通主管部门规定的技术规范和操作规程对公路进行养护,保证公路经常处于良好的技术状态。《收费公路管理条例》第 54 条规定:违反本条例的规定,收费公路经营管理者未按照国务院交通主管部门规定的技术规范和操作规程进行收费公路养护的,由省、自治区、直辖市人民政府交通主管部门责令改正;拒不改正的,责令停止收费。责令停止收费后 30 日内仍未履行公路养护义务的,由省、自治区、直辖市人民政府交通主管部门指定其他单位进行养护,养护费用由原收费公路经营管理者承担。

❸ Rohan Samarajiva and SriLank,"Making regulation pro-poor regulatory system design:lessons from telem",PPI-AF/ADB conference on infrastructure development-private solutions for the poor :the asian perspective,2002. 转引自许峰:《中国公用事业:民营企业进入中的亲贫规制》,复旦大学博士论文,2006 年。

❹ 陈雍之:《电信市场自由化及其管制之研究》,载于《当代公法新论(中)》,元照出版公司,2002 年,第 657 页。

❺ OECD,Universal Service Obllgations in Competitive Telecommunications Envionment Information Computer Communication Policy. Vol. 38. 1995. ,P. 13.

义务[1]，同时当私人主体不能给付时，公部门有权采取临时接管措施以确保公用事业的连续性和稳定性，并承担给付的最终责任。为履行此普遍服务的担保义务，国家必须有相关的配套措施，以因应当无法提供给付或者给付发生中断情形时所将面临的危机。国家对于私人无法继续执行公共任务时，理应负担起给付不中断之责任[2]。从某种意义上来说，普遍服务本身即是公私合作的一种形式平衡机制，是国家为避免市场竞争下生存照顾义务无法达成的担保责任。在一些偏远地区，公用事业高成本低收益，而私部门营利性的追求，必然会造成不能给付或者高价给付的结果，国家通过法律的干预处理自然垄断的供给者，设置强制给付义务、设立专项补助基金、交叉补贴、税收豁免等诱因工具，以维护所有公民平等地享有普遍服务。以我国《邮政法》为例，《邮政法》开宗明义地规定，国家保障中华人民共和国境内的邮政普遍服务。此外，在《电力法》《公路法》等其他公用事业领域，法律法规中也有类似的规定。

一是普遍服务的可获得性。亲贫规制强调，无论处于何地、身份地位如何，皆应能以合理的价格取得一般质量的服务。然而，在偏远地区，普遍服务与合理价格却会有所冲突，偏远地区人口分散，能分摊成本的用户较少，经营者所能获取的利润较低。在私人和市场机制引入之前，公用事业由国家直接经营和供给，处于独占地位，在缺乏竞争且经营者为国家的情况下，自然能够不计成本和利润，配合政策提供偏远地区普及服务。但在引入公私合作后，面临高成本低收益的情况之下，私人投资意愿降低。同时，偏远地区若要求质量，因能分摊成本的用户数少，单一用户自需负担较高价格；若要求低价格，则又免不了降低服务品质以控制成本。因此，在亲贫规制中对特殊群体的服务覆盖面和可及性、亲贫规制中的覆盖性和可及性不同于普遍意义上的公用事业服务。市场自由竞争的情况下，偏远地区和贫困群体始终会因成本与收益的考虑，而无法得到更好的服务和更优惠的价格。

在正当理由之下，政府可以免除或者缩限该种义务。这种义务的免除应该视公共服务的种类与性质，以及在此基础上的成本考量[3]。当然普遍服务的覆盖性和可及性并非绝对，理论上亦有“强制缔约义务的免除与限缩”。所谓正当理由，不外乎地形与地物阻隔工程技术困难程度、网络布建成本和投资回收之可能性（自偿性）三大因素，并以此来判断法定普遍服务义务的合理性，同时这种合理性又是

---

[1] 这类强制缔约与给付不中断义务，在供水、供电、公共交通等领域广泛存在。如《电力法》第26条规定：供电营业区内的供电营业机构，对本营业区内的用户有按照国家规定供电的义务；不得违反国家规定对其营业区内申请用电的单位和个人拒绝供电。第六十四条：违反本法第二十六条、第二十九条规定，拒绝供电或者中断供电的，由电力管理部门责令改正，给予警告；情节严重的，对有关主管人员和直接责任人员给予行政处分。

[2] 许宗力：《论行政任务的民营化》，载于《当代公法新论》，元照出版有限公司，2002年，第607页。

[3] 林淑馨：《邮政事业自由化、民营化与普及服务确保之研究》，载于《政治科学论丛》，2003年，第19期。

相对的、动态变化的。技术进步和经济社会发展将会使“不可能”变为“可能”，或者“不合理”变为“合理”。

二是服务价格的可负担性。价格可负担性是指在服务成本与消费者购买力平衡的基础上，提供消费者可负担的服务。对于相对弱势的人群，政府在合理情况下应予以优惠或补贴，以保障普遍服务的可获得。价格可接受性的目的在于对低收入人群基本权利的保障，这种价格的可接受性主要有两个层面的含义：其一在于防止垄断价格下的高额利益；其二在于针对特殊人群的保障。对于经济能力显有问题的弱势族群，应透过项目补助的方式，以其也能获得公共服务的机会与权利。获得公用事业经营权的民营企业同样必须对其市场范围内的所有消费者提供不间断、无限制、无差别和安全的服务，必须以公平合理的价格提供服务，不允许公用事业的承担者完全按照纯粹的商业法则赚取高额利润[1]。

虽然公用事业经营者的普遍服务义务，除有正当理由外，不得拒绝经营区内民众的提供服务的请求，但成本的问题业者自会转嫁于消费者身上，即使有提供服务给偏远地区的民众，但在费率上因反映成本而难以压低，此即为偏远地区在普遍服务接受与普遍价格上的矛盾与冲突。同时，应当采用内部交叉补贴的形式来分摊成本，将业者因经营偏远地区产生的亏损与成本，由全部的业者分摊，同时为增加投资这些经营不易地区的意愿，更应透过补助金或租税优惠的方式，来增加投资的诱因。

第三节 规制中立：对规制者的规制

“规制者是乐善好施的社会福利最大化者”的假设，早已经被证明过于乐观和完美。传统规制理论把规制的供给方政府看作“黑箱”，新规制经济学则打开政府这个“黑箱”，承认规制者可能因被受规制企业、其他利益集团俘获或收买，而与之合谋，而将制度设计的重点转向决策结构和规制行为的控制上[2]。对规制者的规制是公私合作中良善规制体系构建的重要构成，是良善规制体系的应有之义，也是化解当前公私合作推广“政热社冷”困境的关键。

一、规制俘获与规制中立

规制理论主要可分为“规制公益理论”和“规制私益理论”。规制公益理论基于凯恩斯主义和福利经济学，认为政府规制是纠正市场失灵导致的外部性、垄断以

[1] 詹镇荣：《民营化与管制革新》，元照出版有限公司，2002 年，第 110 页。

[2] 张建华、周凤秀：《从行政性规制转向经济社会性规制——梯若尔新规制经济学启示》，载于《中国社会科学报》，2015 年 5 月 13 日，第 737 期。

及信息不对称。公益理论坚持以市场为中心，政府干预和规制只有在市场失灵时，才具有正当性。政府规制的目的是保护公共利益，弥补市场缺陷，提高资源配置效率。

不过，规制公益理论自1970年开始便遭到了强烈的质疑和挑战。实务上，规制政策导致的结果远远低于预期，反而是受规制的产业获取了规制超额利益，政府应基于公共利益而介入规制，但在利益团体压力下被掳获的情形屡屡发生，这些被管制者利用政府对其产业价格、数量或厂商进出的限制与规范，正形成其竞争地位的保护伞，它们使潜在竞争者的市场进入变得更为困难，大量减少了可能的竞争对手，并且造成该产品或服务的供给不足、价格蹿升，最后反而使被管制者获利，受人诟病。理论上，芝加哥经济学派学者系统性研究后发现，政府管制的受益者往往不是一般社会大众，而是受管制措施限制与干涉的被管制者❶。换言之，政府规制事实上沦为私人利益而非公共利益的保护者。斯蒂格勒在1971年发表的《经济规制论》一文中提出，规制通常是产业自己争取来的，规制的设计和实施主要是为规制产业自己服务的。并用经济学方法分析了规制的产生，指出规制是经济系统的一个内生变量，规制的真正动机是政治家对规制的供给与产业部门对规制的需求相结合，以各自谋求自身利益的最大化❷。规制私益理论认为，无论规制措施最初的形成原因是因私人利益团体的游说，抑或确实基于市场失灵公益保护的理由，在历经一定时间之后，其皆将遭到特殊利益团体的俘虏与控制，从而使管制成为谋取其本身经济利润的工具。

在规制理论的发展中，公益理论依然占据着重要的地位，但规制私利理论越来越受到重视。规制中立正是从规制私益理论出发，面对利益输送、合谋等规制俘获，防止规制失灵。一般认为政府规制之所以需要中立的原因有以下两方面。第一，避免规制俘获。如先前规制私益理论之分析，政府规制当局所面对最严峻的问题便是利益团体的影响与绑架，因此如何使政府规制避免利益俘获，其便需有中立执法的机制设计及措施。第二，专业化规制的要求。现代社会规制越来越趋向复杂化，跨学科、跨领域，对规制者的专业化要求突出，同时愈来愈多的政府规制需要超越党派政治的考量，进行专业的决策和判断，因此为使政府管制能更具专业规制的功能，其便需有规制中立的能力，以减低政治的不当干预❸。规制革新不仅只是从经济和成本效益的角度出发，找出最有效率的规制方式，其更应从民主政治、程序正义、公开透明、政策参与及行政中立等角度思考，以彻底审视和分析规制的真

---

❶ 张其禄：《政府管制政策绩效评估——以OECD国家经验为例》，载于《经社法制论丛》，2006年，第38期。

❷ 李龙亮：《市场化背景下的公用事业法律规制研究》，重庆大学2011年博士论文。

❸ 张其禄：《论政府管制之决策品质：以行政中立为核心》，载于《飞讯》，2011年，第107期。

正目的，并在制度上作出设计与安排，以防止规制俘虏等规制失灵问题的发生，同时还能强化目前多层次规制治理间的协调整合，以期最终达成社会各组成分子自我治理与自我规制之理想❶。

二、规制中立的实现

从规制俘获理论出发，对规制者的规制的本质即为如何防止规制俘获，保持规制中立的问题，对规制者的规制的路径选择依然是制度安排，程序规制和信息规制是基于公私合作的必然选择，以期通过程序机制、公开机制、责任机制，将政府规制纳入规范化、程序化和法治化的轨道，提升规制品质，构建良善诚信的规制者和合作者。

（一）程序规制

程序规制是“对规制者的规制”的重要途径。一方面，程序性规制有利于平衡行政机关“合作者”和“规制者”的角色，维持公私部门之间的平等性，提高公众对公私合作以及政府规制的参与度。另一方面，程序性规制也有利于社会公众对公私合作的外部监督，增加规制的透明度，保障公共利益。从程序法的视角来看，公私合作的实质就是行政机关遴选最佳的合作者提供公共服务的过程。“选择什么样的私人部门与其说是一个实体性问题，毋宁说更是一个程序性问题。只有通过预先设定的公正程序，才能挑选出有丰富经验、实力雄厚、服务信誉好的私人部门来担当履行公共行政事务的重任”❷。对规制者的规制而言，关键是行政程序法典化❸。因此，有效防止规制俘获，需要构建公私合作的政府规制之程序规范，走向规范化和透明化。

1. 合作者遴选的行政程序化

对规制者的规制，首要的即是对合作者遴选权的规制，尤其是在协商制度引入公私合作中后，行政机关在合作对象选任以及契约条款的协商上具有相当的裁量权。行政合作法的秩序框架中，首先强调的，就是选任当事人和选任当事人的程序，目前我国的法律体系中，对合作者的选任适用《政府采购法》或《招标投标法》的规定，但两部法律规范的出发点和立场多居于如何遴选出最佳的合作者的角度，即将行政机关假设为“合作者”的角色。然而，对规制者的规制，则需要将立法的视角转向对行政机关“规制者”角色的控制，强调和追求控权的行政程序法与此相符。从域外的立法来看，德国、日本以及我国的台湾地区对合作者的选任程序都在

❶ 【英】卡罗尔·哈洛、理查德·罗林斯：《法律与行政》，杨伟东等译，商务印书馆，2004 年，第 557-558 页。

❷ 王维达：《公共资源民营化相关法律问题研究总报告》，载于《政府法制研究》，2006 年，第 7 期。

❸ 潘伟杰：《制度、制度变迁与政府规制研究》，上海三联书店，2005 年，第 184 页。

行政程序法中加以规范，其主要目的也即在于对行政权的控制。特别值得一提的是德国的行政程序法中，对公私合作契约进行了专章的规定，对通过政府采购以及招标程序来确定的合作者选任，同时需要满足和符合行政程序法的原则和规定。尤其值得一提的是，由于公私合作项目的复杂性以及规制弹性的需求，在公私合作对象的遴选程序中引入了"竞争性谈判"程序。然而，由于竞争性谈判实质是赋予行政机关极为宽泛的裁量自由，因此，对"竞争性谈判"制度进行程序规范也极为重要。

其一，适用范围的限制。竞争性谈判的适用有且只有当"技术复杂性、法律或财务上复杂性"的项目，符合条件之市场者较少的情况下方可以适用。"当主办机关在特别复杂的项目可适用'竞争性谈判'程序，此等特别复杂项目，系指交通基本建设项目、巨大计算机工程网络所具有之高技术困难，或是因法律与财务的复杂性而无法预先明确订定的规范功能或内容等情况"❶。如我国《政府采购法》对竞争性谈判作出了笼统的规定❷。但第究竟何为"复杂"亦未作出相应之规定，仍具有一定不确定性。

其二，一致对待义务。竞争性谈判程序是公部门通过协商与谈判对合作契约中不能确定的条款明确化的过程。合作契约的形成是一个不断博弈、改进的协商过程。由于行政部门可能同时与多个私人主体进行协商谈判，因此，行政部门需遵守"非歧视"原则，对参与谈判的私人部门一致平等的对待。

"与主办机关一同发展之应平等对待所有竞标者，这是整个程序之基本原则，在对话阶段，所有竞标者均应保有同样的信息，以及同样可以修改与增进其所提计划书之机会。所以，每一竞标者均应被告知，是否其所提方案是以达成主办机关于公告时所要求之需求。假使 A 竞标者被要求修改其计划书，必须赋予这样的机会，这样的要求。所有之程序参与者，包括主办机关，均应在竞争对话机制之开放程序空间中，尤其是对话阶段，及时且负责地就个案需求内容加以运用和形塑。"❸

因此，我国台湾地区对行政机关在谈判程序的保密义务进行了规定，"故除非竞标者同意，否则个别解决方案之内容，应秘密，不得泄漏"。并设定了相应的救济和赔偿制度，"主办机关将个别解决方案内容向另外一个竞标者透露，若竞标者未能提供，但其所提出解决方案被他方所接收，其可以在事后审查救济程序中提出损

❶ 台湾地区行政院公共工程委员会项目研究计划，《欧盟地区公私合伙欧盟地区公私合伙政策推动历程与现况之研究》研究报告。

❷ 《政府采购法》第30条和财政部18号令第43条：招标后没有供应商投标、没有合格标的或者重新招标未能成立的；技术复杂或性质特殊，不能规定详细规格或者具体要求的；采用招标所需时间不能满足用户紧急需要的；不能事先计算出价格总额的。

❸ 詹镇荣：《行政合作法之建制与适用——以民间参与公共建设为中心》，载于《行政契约与民间参与公共建设适用之行政法理论文集》，台湾行政法学会，1996年7月，第12-13页。

害赔偿之请求。”

此外,与行政程序法相配合的是,根据《政府采购法》和《招标投标法》的规定,一般均要求明确合作者的强制性的基准条件,“招标人可以根据招标项目本身的要求,在招标公告或者投标邀请书中,要求潜在投标人提供有关资质证明文件和业绩情况,并对潜在投标人进行资格审查;国家对投标人的资格条件有规定的,依照其规定❶”,但由于公私合作范围广泛而无法统一抽象或者限定相应的基准条件,对于需要有强制的资格或履行能力的标准,而应当在各个不同的部门行政法中加以规定,视不同项目、不同行业分门别类地制定具体化的标准。但遗憾的是我国目前尚未有统一的行政程序法,因此,建议将公私合作之合作者的选任程序纳入行政程序法中加以明确。目前有不少学者提出制定统一的《公私合作促进法》,并在其中确定和规范合作者的基准条件。此种观点,值得商榷,公私合作中各个行业差异性,各自个性特点突出,刚性和统一的立法模式有悖于公私合作的开放、弹性、个别化的本质要求,因此,制定统一的《公私合作促进法》确有一定之必要性,但其定位应当在“促进”上,对公私合作的程序以及具体规范更适合在《行政程序法》以及各个部门法中加以规定更为合适。

2. 物有所值评估程序

效益评估机制在公私合作中的作用和意义被普遍地认可,也被德国、英国、美国、日本等国家的立法确立为必经程序。效益评估机制的作用和意义在于评估项目是否适合公私合作模式,对其进行“财政支出价值”上的评估(物有所值)。但这种评估是贯穿公私合作的整个过程,覆盖从招商、立项到运营的全过程的评估,效益评估机制虽是对项目方案本身的评估,但从对行政机关的自身的规制来看,它也是对行政机关在公私合作全过程的控制与约束,特别是在预算、价格以及促进政策上的规范。

事实上由于自偿率等因素,并非所有的领域或者公共建设项目都适合采用公私合作模式,是否适合采用公私合作模式,具体采用何种模式,政府在其中的支出、成本以及服务质量的保障均需经由相关部门进行评估。行政机关对项目本身以及合作对象的方案,委托财政、工程、法律、营运等专业机构进行评估咨询,以保证评估方案的独立性和专业性。对公私合作进行全过程的 VFM 评价是通行的做法。物有所值(Value for Money,VFM)评价是判断是否采用 PPP 模式代替政府传统投资运营方式提供公共服务项目的一种评价方法。

其一,评估主体。为确保 VFM 评估的独立性,一般由专业机构或者专业机构组成的联合体对项目方案进行客观、独立的评估。主管部门建立相应的专业机构

❶ 参见《中华人民共和国招标投标法》第 18 条。

名单和专家库,并委托其进行专业评估,评估费用由主管部门负担。我国在推行公私合作中,也注意到了 VFM 的重要性,但作者认为,我国财政部《PPP 物有所值评价指引(试行)》规定,由行业管理部门和项目的主办机构(国企或者政府融资平台)负责 VFM 的评估,并由其委托相关独立的第三方机构进行评估的做法,使得评估的科学性难以保证,并流于形式。其一,作为委托者的行业部门和主办机构,并不会让第三方机构"不可行"评估报告,第三方机构难以保持独立。第二,项目主办机构及行业管理部门也无法掌握评估论证所需的关键信息数据,无法考量整体的财政负担能力以及交叉补贴等问题,因此,作者认为 VFM 的评估主体应当由上一级的发改部门或财政部负责,并委托独立第三方进行评估,而不是有评估主体自行组织专家和机构进行评估,独立第三方评估主体应当对评估公正性、真实性负责。同时,第三方提供的独立评估报告应当向社会公示。

其二,评估内容。"物有所值"评价,包括定性评价和定量评价两个方面。定性评估主要解决的是"为什么是公私合作"问题。基于效率的考量,公私合作仅在优于政府自办的前提下,方可适用,否则必须由政府自行履行,不得采用公私合作等方式进行。因此,定性评估是公私合作模式与政府传统模式之间的比较,就特定项目能否增加供给、优化风险、提高效率等的总体判断。定量评估主要解决的是"公私合作的模式的绩效"问题,即通过将项目整个周期内的政府支出的现值与传统模式下公共部门的支出进行比较,以确定一个"物有所值"量。值得注意的是,目前我国的 VMF 评估机制仅停留在"定性评估"上,而没有开展 "定量评估" 。作者认为财政部文件明确规定"现阶段以定性评价为主,鼓励开展定量评价" 的定位,这不但减损了 VFM 评估的客观性和说服力,同时,财政部确定的"全生命周期整合程度、风险识别与分配、绩效导向与鼓励创新、潜在竞争程度、政府机构能力、可融资性"等六项定性评价指标,存在高度的不确定性,没有定量的评估,事实上就难以测算 PPP 和 PSC(Public Sector Comparator,PSC)值之间比较。因此,公私合作中,定性评估与定量评估二者应当是一个整体,相互关联、相互印证,不可偏废。

(二)信息规制

"规制透明"被视是公私合作中的核心治理价值。通过对规制信息的公开,不仅可以保障规制主体的规制行为随时受到公众的监督,减少腐败现象,而且能够为公众提供稳定的行为预期,减少规制成本和社会成本。对规制者的规制中信息公开制度的价值在于通过信息披露和公开的方式,防止政府规制权的滥用,提升公私合作的可预见性,保护私人部门以及社会公众的利益,提高规制品质。从公私合作的过程来看,信息规制主要体现在事先公告、遴选过程公开、监督结果公开。

其一,合作方案的公示。依据行政程序法的基本原理以及《政府采购法》、《招标投标法》之规定,公私合作中行政机关以竞争方式决定契约相对人的,与其缔结公法契约前，应当履行事先公告制度。公告内容包括：契约相对人的法定资格条件、约定资格、遴选程序、争议处置等事项。事先公告制度，不仅有利于吸引更多的参与者，从规制者的角度来看，事先公示制度的价值在于通过公示，构建合作方案（契约）的诚信机制，防止行政机关恣意性，对合作契约的有关事项经由公告，而对行政机关产生更强的事实上的拘束力。一般而言，公告事项一般具体包括项目的基本概况、许可年限、政府承诺、配套事项、申请人资格、遴选方式和标准、遴选程序等❶。

其二，合作对象遴选过程的公开。公私合作的本质是引入市场机制，透明、开放、公平的竞争机制是防止行政机关在规制中权力滥用的关键。因此，整个遴选过程的公开透明是公私合作的本质要求，也是对行政机关的一种控制机制，除了涉及国家秘密、商业秘密和个人隐私等不能公开的信息外，包括评审委员会成员组成结构、遴选的标准和评分规则、遴选结果等信息均需向社会公布。同时作者认为公私合作契约不同于一般民事契约，也有别于一般的行政合同，由于其涉及公共利益保护以及防止公私部门"合谋"，增加契约双方的信任，应当将遴选完成后所签订的合作契约内容向社会公布，接受公众的监督。

其三，规制过程的公开。于私人合作者而言，过度规制被认为是公私合作中重要的风险。规制者过多的任意行为会增加被规制者（私人参与者）的风险，降低参与的积极性。公私合作中的运营阶段的规制涉及公共服务的质量与安全，同时政府规制的内容繁多、持续时间长，对规制信息的披露与公示不仅是行政机关加强对私人部门规制的有效手段，同时规制程序、规制方式以及规制结果的公布也有利于公众监督行政是否积极履行规制义务，并对规制的效果进行监督，进而防止政府规制的过度与不作为。此外，加强运用规制信息披露制度，对监督信息及时向公众披露，推动社会公众对公私合作的监督。

（三）行政监督

从规制体系发展较为完善的英美国家的经验来看，立法与司法对规制者制衡的主要力量，规制权的行使始终受到立法与司法的全过程监督。立法上，规制权一般以专案立法的形式授权方式而来，因此立法是对规制者规制的重要方式。司法上，司法机关可以对规制法令、政策和规制行为进行独立审查，联邦法院、州法院可以根据各

---

❶ 《推进民间公共建设民间公共建设法实施细则》第 14 条："项目计划应依各该公共建设之性质及规模，研拟招商公告，载明下列事项：一、公共建设计划之性质、基本规范、许可年限及范围；二、政府承诺及配合事项；三、申请人之资格条件与投资计划书主要内容及格式；四、申请程序及保证金；五、申请案件之评决方法、评审项目、评审时程及甄审标准；六、与投资契约权利义务有关事项；七、以本法第十五条、第十六条或第十九条规定取得之土地办理开发经营附属事业所需之土地使用期限。公告内容涉及重大权益事宜者，如得变更，应叙明之，并附记其变更程序。"

自分工对规制立法(包括州立法)或者规制行为进行合宪性和合法性审查❶。但由于我国的行政管理体制、司法体制的不同,事实上对规制者的规制,主要通过行政机关自身的制约与控制得以实现,立法与司法的监督相对较弱。因此,基于我国行政体制和司法体制的现实,尤其需要行政责任机制的建设。

一是预算监管。公私合作涉及财政预算收支平衡,因此为防止地方政府扩大财政赤字,需要加强政府财政预算约束,保证财政支付能力。同时,由于公私合作项目时间长,需要保证政府在合同期内,政府有能力及时、足额按照合同履约,统筹评估和控制 PPP 项目的财政支出责任,将 PPP 项目的财政支出责任纳入预算管理,并由上级财政部门对下级财政部门进行监管,从而对政府履行合同义务形成有效约束。

二是审计监督。加强审计部门的专门监督,审查规制机构预算资金使用情况,特别是要加强对实施政府补贴项目的审计监督,审查规制机构在行使规制权时所收取的费用标准是否按照法定程序报经有关部门批准,检查规制机构是否按公开的法定项目收取费用,有无自立名目,检查规制机构是否将收取费用的高低与规制者的待遇挂钩❷。加强审计结果的披露,加强公私合作项目审计的公示制度。此外,审计部门还要加强与监察机相互配合,形成监管合力。

三是行政问责。正如前章分析的,目前公私合作的实践中出现了“政热社冷”的现象,前章 10 个公私合作失败案例的分析中可以发现,政府缺乏契约精神,政府干预规制随意,规制过度是公私合作的主要风险。我国在相关的立法中均对此有相应的规定,如《基础设施和公用事业特许经营管理办法》《收费公路管理条例》等行政法规和规章都对规制者非法干预、侵犯经营自由等私人部门权益的行政责任制度作出了明确的规定❸,但遗憾的是,对于政府规制的问责机制仅“停留在法律文本上”,作者对公私合作的追责机制分析来看,虽然相关法律法规均对公私合作中行政问责机制作了相应的规定,但真正因此而启动实施问责程序、追究行政责任的极为罕见,因此在对规制者规制中,特别要落实政府监管机构在公私合作实施中的责任追究制度,强化对监管者的问责和执行。

---

❶ 以美国为例,某一公用事业规制委员会的法令可以最终被裁定是非法的,如果超出了宪法赋予其的权利范围或者超出了其法定权限,或者是基于法律上的失误或过程;或者被规制的费率水平过低,违法了关于禁止不通过合理程序和不加不上征收私人财产的宪法规定;或者是采用武断和非公正的规制行为,如毫无根据或缺乏根据地限定价格等。李青:《自然垄断行业管制改革比较研究》,经济管理出版社,2010 年,第 98 页。

❷ 金今花、王健:《中国规制规制者体系现存的问题与对策》,载《甘肃行政学院学报》,2008 年第 3 期。

❸ 《收费公路管理条例》第 48 条:违反本条例的规定,地方人民政府或者有关部门及其工作人员非法干预收费公路经营管理,或者挤占、挪用收费公路经营管理者收取的车辆通行费的,由上级人民政府或者有关部门责令停止非法干预,退回挤占、挪用的车辆通行费。《基础设施和公用事业特许经营管理办法》:实施机构、有关行政主管部门及其工作人员不履行法定职责、干预特许经营者正常经营活动、徇私舞弊、滥用职权、玩忽职守的,依法给予行政处分;构成犯罪的,依法追究刑事责任。

第七章 契约规制：公私合作中政府规制之路径

由于私法和公共规制的碰撞，一种关于合同的新型的法律话语逐渐形成。新型的规制是一种混合物，它保留了私法的许多特征，但同时，又产生新的功能和进化路径。

——【英】休·柯林斯

现代行政法中契约已经被广泛地运用，渐与传统的行政行为平分秋色，并在诸多领域呈现出替代之趋势。公私合作中，公私部门之间，及与第三人之间的法律关系和权利义务的确认，都是通过合作契约来完成的。合作契约是关系到国家任务能否被合法适当地执行、行政目的和公益保护能否被有效达成的关键因素，契约因而被称为王(Contract Is King)[1]。政府规制革新所强调的“行政行为行使选择自由”“去正式化”“伙伴化的契约型政府”都共同指向了合作契约，契约规制是对传统命令和控制型规制方法的一种补充甚至是替代[2]，与追求弹性、多元、自治的现代规制革新高度契合。通过契约的治理实现公私合作中的政府责任和公共性的价值目标成为国家治理的主流。

第一节 契约行为的发展与契约规制的理论变迁

公私合作的兴起与公私法融合密切相连。英美法系国家由于没有公私法二元体系的束缚，政府契约行为更为普遍，且无需受行政契约的僵化之约束，为公私合作的发展提供了天然的土壤。公私合作的发展推动了契约理论从完全契约到不完全契约发展，契约形态从个别型契约到关系型契约发展。然而，在大陆法系，公私合作的引入对公私二元理论和契约制度产生了巨大的冲击和挑战。传统“非公即私”的二元论断，已经无法适应合作契约的发展需要。

---

[1] 葛贤键：《透过民间投资参与公共建设——剖析 BOT 类型计划》，三民书局，2010 年，第 64-66 页。

[2] 【英】卡罗尔·哈洛、理查德·罗林斯：《法律与行政》，杨伟东等译，商务印书馆，2004 年，第 511 页。

一、超越公私之藩篱：现代契约行为的发展动向

（一）公私法的融合

公法与私法的区分的渊源最早可溯及至古罗马时期，但起初公法与私法并非俨然分立的两个法律体系，而是依照规范重点的不同，指称两个规范族群，即“国家法”及“个人法”，而此后，基于罗马传统上“国家团体”和“个人团体”的对立区分，并经过罗马共和国时期学者的演化而逐渐成形❶，后经在大陆法系继承发展并形成完备体系，逐渐形成公私法二元法体系制度。公私法二元理论起源于国家与市民社会的分离关系，强调国家地位的优越性及市民社会的保护，但随着行政行为形式的多样复杂化，国家与市民社会不再截然对立分离，而是从“威权性国家”走向“合作伙伴式国家”的关系❷。

事实上，即便在大陆法系，契约制度始终在不断地挑战并试图突破公私二元的藩篱。公法体系以权力与权利之间的对立为参照系，主张以法律约束权力，用权利限制权力，但由于社会的急剧转型和社会问题的不断凸显，人民期待政府履行的职能越来越多，如果一味地束缚政府的手脚，将不利于公共服务系统的高效运转❸。法国将契约引入到公法领域由来已久，早在1910年，法国中央行政法院对公共服务委托私人办理契约的性质做出明确的认定。第二次世界大战以后，福利国家遭遇困境，法国兴起了公共服务委托私人办理的高潮，将行政契约广泛地应用到经济发展和资源开发等政府事务上，以改进传统的命令式的执行方式，称之为政府的合同政策❹，甚至有学者对公共服务领域过度滥用契约行为进行了批判，可见契约在法国公共服务领域的运用之广泛。

在德国，由于契约行为在行政领域的普及化与快速发展，1950年开始，有主张行政机关可利用私法形式，履行行政任务的见解。其意义为“公行政为追求公法上之任务规定所赋予的公行政目的，而成立私法上法律关系，其于形式上或内容上，并非如同以往之国库活动，而系适用特别之行政私法理论。此领域之特色，为行政主体于其所从事之法律行为，并非完全享受私法自治，而受有若干公法上之拘束❺。”1976年德国颁布《联邦德国行政程序法》，并设置专章对行政合同进行规范，

---

❶ 李建良：《行政法：第三讲——公法与私法的区别（上）》，载于《月旦法学教室》，2003年，第5期，第38页。

❷ 林明锵：《行政契约初论》，载于《行政契约法研究》，台北翰芦出版有限公司，2006年，第58页。

❸【法】狄骥：《公法的变迁》，商务印书馆，2013年，第234页。

❹ 参见王明扬：《法国行政法》，中国政法大学出版社，1989年，第179页。

❺ 刘宗德：《公法与私法之区别》，载于《行政法争议问题研究（上）》，台湾行政法学会编，五南出版社，2001年8月初版，第230页。

以回应契约在行政领域的广泛运用的立法需求。

（二）公法契约的扩张

由于威权式国家转变为合作式伙伴国家，传统国家与公民之间的垂直型关系已经无法应付现代国家所有的行政任务，转而透过平起平坐的伙伴型关系共同解决行政上的难题或重大公共任务。1960 年后，公法契约的独立地位获得普遍认可，公共部门基于平等地位大量地运用契约手段，与私部门共同合作完成公共事务，但随之而来的是，国家与社会之间功能区分的模糊化，“在合作国家中，行政和私人共同分担达成法律目的的责任，行政行为公益的要求和私法自治的观念即有模糊的趋势”❶。正因此，在公私合作、民营化等思潮和实践的推动下，传统公法契约的概念和外延逐渐扩张，成为现代行政的主要行为形式之一。考察英美法系，由于没有公私二元体系的束缚，契约在行政管理和规制领域应用有其天然的土壤和空间，公共服务承外包契约、行政机关之间的合作契约运用极为广泛。典型的体现是，大量特许经营权的授予，一般都要附带契约条款作为交换❷。同时，在行政机构之间，由于行政事务的复杂性以及交叉关联的现象逐渐增多，美国联邦行政机关如今较多地使用了“行政协议”的方式以增强行政机关之间互相合作，进而使政府运转正常❸。正如台湾学者陈爱娥所说：“政府采购契约之大量运用与合作契约之出现等现象，均为当前行政契约法理论与实务所必须审慎处理之课题，现代行政所使用之契约形式的研究，系因应实际需要而发展，其并未受传统公私法区别理论之影响而局限”❹。公法契约的扩张，模糊了公私契约之间的界限，原有基于公私二元的契约理论无法满足合作契约发展的需要，超越公私之藩篱成为现代契约行为的发展方向。

二、发展与流变：契约规制理论的变迁

（一）从完全契约到不完全契约

早期的契约理论假定契约是完全的（Complete），其一，缔约双方可以考虑到可能发生的所有情况并全部写入合同的条款之中，其二，这些合同条款能够被第三方

---

❶ 程明修：《经济行政法中“公私协力”行为形式的发展》，载于《月旦法学杂志》，2000 年 5 月，第 60 期，第 174-175 页。

❷ 在价格听证、环保标准、反托拉斯及其他规制领域中，讨价还价起着重要的作用，特别是，绝大多数非刑事性质的反托拉斯案例都是通过当事人双方同意的判决解决的，这与契约方式的大量应用，与行政程序的推动、双方的利益成本考虑均有密切的关系。

❸ 于立深：《区域协调发展的契约治理模式》，载于《浙江学刊》，2006 年，第 5 期。

❹ 陈爱娥：《行政契约之研究——以代替行政处分之行政契约与委托行使公权力之行政契约为探讨对象》，法务部委托研究计划，2003 年，第 51 页。

(如法院)强制执行,而且不存在执行成本。因此,完全契约的关键在于事前设计精细契约条款及其激励机制[1]。但事实上,有限理性和交易费用的存在,现实中的契约通常是不完全的。契约订立前,契约双方隐藏契约协调与签订的相关信息,导致不对称信息的逆向选择;契约订立后,其困境通常是产生代理人怠忽职责的问题,由道德危机所衍生的隐藏行动[2]。契约不完全的原因可以概括为以下三种情况:第一,由于当事人存在有限理性,因此他无法成功预见将来要发生的所有情况;第二,对于未来发生的各种可能情况,即使当事人能够成功预见,也很难准确地以一种让双方毫无争议的语言进行缔约;第三,如果双方发生争执,第三方(如法院)很难证实[3]。1986 年格罗斯曼、哈特等经济学家发现和研究了契约的不完全问题[4]。

不完全契约与完全契约的根本区别在于:完全契约假设当事人具有完全理性,可以预知未来发生的所有情况,因此可以在事前对未来各种情况发生时当事人拥有的权利和承担的责任进行完美缔约,完全契约的重点就是事后监督;而在不完全契约下,由于存在当事人的有限理性,无法事前规定在未来各种情况发生时当事人的权利和责任,因此如果缔约双方发生争议和纠纷,就只能借助于后来的再谈判来解决,由此可见,不完全契约的关键就在于对事前的权利进行机制设计和安排[5]。

从完全契约到不完全契约的演变,增强了契约理论对现实问题的解释力。完全契约只存在于古典经济学的理想假设之中,现实生活中的契约基本上都是不完全的,研究不完全契约理论的目的就在于如何限制和消除因契约的不完全性而造成的效率损失问题,通过对形成不完全契约的原因的分析,为我们解决信息不对称下当事人的风险分担的核心问题提供有益的思路[6]。不完全契约理论的发展对传统的契约自由和私法自治两大私法原则提出了挑战,为公法介入契约以及私法提供了理论基础。不完全契约理论被认为是契约自由和私法自治的修正与限制的经济学基础,“这种经济学研究方法的优势在于突破了传统大陆法系在契约法律制度研究上的抽象推理式的逻辑思维方法,转而关注契约法律制度在具体经济语境约束下的活生生的‘生活世界,和契约实现何以可能的具体问题,使得契约法研究实

[1] 奥利弗哈特《不完全合同、产权和企业理论》,费方域、蒋士成译,上海三联书店,2011 年。

[2] Lane, Jan Erik, (2001), From Long-Term to Short-Term Contracting, Public Administralion, 79(1): 31.

[3] Tirole, Jean. Incomplete Contracts: Where Do We Stand? [J]. Econometrica 1999, 67(4): 741-781.

[4] 哈特和格罗斯曼提出了一个正式的产权理论模型,他们将企业看作是一个不完全契约,其中可以在事前契约中明确规定的权力称为特定权利,而将无法规定的其他权利称为剩余权利或剩余控制权(Residual Rights of Control)。参见:【英】休. 柯林斯,《规制合同》,郭小英译,中国人民大学出版社,2014 年 9 月。

[5] 杨瑞龙、聂辉华:《不完全契约理论:一个综述》,载于《经济研究》,2006 年,第 4 期。

[6] 苏志强:《从完全契约到不完全契约——不完全契约成因分析》,载于《山西农业大学学报(社会科学版)》,2013 年,第 9 期。

现了从关注‘抽象的人’向‘具体的人’的回归”❶。公私合作本质是一种公共产品的契约供给模式，是公共部门和私人部门基于契约的长期合作。公私合作契约持续时间长，环境复杂多变，组织结构混合，高度的不确定性使得无法详尽地预设契约所将面临的各种境况，详细合同的签订受到限制❷。同时，有限理性和不可验证的信息约束更增加了交易成本，这使得合同无法根据未来所有的相机情况对各交易方的责任进行有效的配置，因而，公私合作契约具有天然的不完全性。

（二）从个别型契约到关系型契约

关系型契约理论最初由美国学者麦克尼尔（Macneil）提出，并构建“关系型契约”与“个别型契约”一组相对概念。个别型契约相当于新古典经济学中的市场交易契约，“当事人之间除了单纯的物品交换外不存在任何关系”。个别型契约标的相对简单，可以相对清晰地规定将来可能发生的情况，“每个当事人都企图用另一方当事人的代价最大限度地扩大自己的所得，突出的是交易固有的分离性和自利性，不是它的凝聚性和合作性，个别型契约随着交易的完成而完结，几乎不需要进行未来的合作和计划”❸。与之相反，关系型契约一般比个别型契约周期长，双方当事人履行一个长期协议，具有继续性和不确定性，不仅仅指是契约双方当事人相互间的关系，更包括契约背后所存在之社会关系。关系型契约中交易双方在交换过程中存在高度的相互依赖，契约的履行主要依靠契约双方的自我约束和自我履行而非承诺与强制性，其更加强调通过非正式的契约安排弥补正式契约的先天不足，依靠“依赖与黏性”的关系来保证合作的顺利进行。关系型契约的非承诺性主要包含：“习俗、身份、习惯和其他为人所内化的东西、等级结构中的命令在社会中发挥重要作用的亲属关系”❹，关系型契约与习惯、内部规则、社会性交换、将来的期待等交织在一起，契约的履行与纠纷的处理都以保护这种长期性关系为基础❺。显而易见，关系型契约更加注重契约双方之间合作，互为依赖，具有强烈的社会学性格。

关系型契约的依存性，使得契约的组织结构以及治理机制变得更为复杂，观察现实中的合作契约，通常具有以下三个特点：其一，公私合作持续时间较长；其二，公私合作包含固定伙伴间的一系列交易；其三，公私合作往往涉及社会公众的利益。上述三个特点决定了公私合作不仅具有经济交易的特征，而且具有社会交易

❶ 王全兴：《契约法研究的法经济学视角——〈契约法律制度的经济学考察〉评析》，载于《法商研究》，2008年，第2期。

❷ 杨瑞龙、聂辉华：《不完全契约理论：一个综述》，载于《经济研究》，2006年，第4期。

❸ 【美】麦克尼尔：《新社会契约论》，中国政法大学出版社，2004年，第10页。

❹ 【美】麦克尼尔：《新社会契约论》，中国政法大学出版社，2004年，第23页。

❺ 【美】麦克尼尔：《新社会契约论》，中国政法大学出版社，2004年，第10页。

的特征,即合作伙伴将在持续的交易过程中形成社会化关系,并遵循共同的行为规范❶。合作的契约的这些特征与关系型契约完全的契合,合作契约是典型的关系型契约。但遗憾的是,少有学者从关系契约的视角来观察和分析公私合作,公私合作作为公私部门之间的一种长期合作模式,具有复杂性高、风险大的特点,因而同时采取正式和非正式行动,通常能比只采取一种行动取得更好的交易绩效❷。从这个意义上讲,关系型契约的实质是一种治理机构和治理方式,"在制度谱系中,市场和企业位于这个谱系的两端,中间存在一系列连续的混合制度形式,如联盟、外包等"❸。中间治理结构是一种不稳定的组织形式,这些不规则的交易是一种普遍的交易形式,而且在经济学、法学文献中日益受到重视❹,"因为关系变得越来越复杂,并且要求只有通过复杂的方式才能实现协作,因而创立行政法和行政法的目的不是为了简单地应付社会经济问题"❺。因此,公私合作的研究应当将其置于个别型契约与关系型契约的发展过程中,需要从关系型契约的视角来观察分析公私合作的规制问题,将关系型理论与行政法相结合,不仅需要在行政法中融入契约因素,更为准确的是将关系型契约引入到公私合作的行政法规制之中。

(三)契约理论发展与契约规制的契合

契约理论的发展影响和推动契约法的变革,在经济学上,契约理论发展也经历了古典的完全契约理论到不完全契约理论,从短期的个别契约到长期的关系型契约的理论流变。与之相应的契约法理论也先后经历古典契约法理论、新古典契约法理论和现代契约法理论,从个别化契约的民法体系到社会化契约的社会法体系的现代契约法理论的发展历程。分析公私合作契约与关系型契约的特征,在表7.1中所示三方面高度契合。

其一,非正式性的契合。公私合作的领域和项目高度复杂性和不确定性,合作契约订立时无法完全预测合作期间各种情形,而使得无法设计完备和细致的合同条款,合作契约履行过程中依靠大量的非正式的协商、行业规则、交易习惯的安排,填补合作契约中未有约定的事项,解决履约过程中未能预测的纷争。关系型契约往往是一系列或者一揽子的交易,契约条款的不完全性是关系型契约的特征之一,关系型契约更加地强调合同关系以及合同治理的灵活与弹性。通过非正式的条款

❶ 张喆,贾明:《不完全契约及关系契约视角下的PPP最优控制权配置探讨》,载于《外国经济与管理》,2007年8月。

❷ 张喆,贾明:《不完全契约及关系契约视角下的PPP最优控制权配置探讨》,载于《外国经济与管理》,2007年8月。

❸ 奥利弗威廉姆森:《交易成本经济学》,李自杰、蔡铭译,人民出版社,第335页。

❹ Williamson,O. E .. The Economic Institutions of Capitalism :Firms,Ma rke ts,and Rela tional Contracting【M】. New York :The Free Press,1985

❺ 【美】麦克尼尔:《新社会契约论》,中国政法大学出版社,2004年,第10页。

保持合同的适度开放性是公私合作成败的关键因数，因此，在非正式性上合作契约与关系型契约高度契合。

契约类型与发展变迁　　表7.1

<table>
<tr><th>契约理论</th><th>经济学理论</th><th>特　征</th><th>契约类型</th></tr>
<tr><td>古典契约</td><td>委托代理理论</td><td>契约是完全的自由选择；
契约是个别的不连续的；
契约是即时性的</td><td>完全契约；
短期契约；
个别契约</td></tr>
<tr><td>新古典契约</td><td>交易费用经济学</td><td>契约的抽象性；
契约的完全性；
契约的不确定性</td><td rowspan="2">不完全契约；
长期契约；
关系型契约</td></tr>
<tr><td>现代契约</td><td>新产权理论</td><td>信息的不完全性；
信息的不对称性</td></tr>
</table>

其二，长期性的契合。关系型契约的实质就是合同双方长期的相互依赖，长期性产生强烈不确定性，也导致契约主体之间的相互依赖。如前章所述，公私合作通常是合作期限较长，少则5~10年，多则20~30年，甚至更长。因此，公私合作亦如关系型契约，有其长期性的特征，并因此产生合作双方的相互依赖，甚至依存。从关系型契约的视角来看，更加可以发现公私合作不仅仅是公私双方的简单交易，更是一种相互依赖性的合作。

其三，共同目标的契合。关系型契约中，强调契约关系主体之间的共同的价值目标。公私合作中由于公私主体之间高度不对称，公私之间价值追究的迥异，如何调适公私之间的价值矛盾和角色冲突，追求公益保护和私人利益之间的统一和平衡是公私合作制度安排和契约设计的核心。由于契约当事人之间交易的长期性以及相互之依赖，关系型契约的双方当事人在价值追求和利益平衡上与个别型契约有所不同，关系型契约双方当事人在价值追求上更趋向统一，长期性与依赖性生成了公私合作契约的统一性，而非传统意义的行政合同主体之间价值追求的对立与冲突。契约当事人价值追求的统一性既是关系型契约区别于个别型契约的主要特征，也是合作契约与关系型契约的契合。

观察经济学契约理论和公私法二元理论的发展，二者高度契合。合作契约作为典型的不完全契约和关系型契约，因而对其需要视角置于不完全契约和关系型契约理论研究考察。不完全契约和关系型契约也为辨识合作契约法学上的研究提供新的路径。

第二节　公私合作的契约自由与修正

合作契约兼具公私法双重性格,从契约自由的角度来看,是公法对契约自由原则吸纳与结合,反映在合作契约上,即是对合作契约的契约自由之限制。从行政行为形式选择自由理论来看,行政主体选择利用私法契约时,不再完全适用私法自治原则及契约自由原则。缔结私法契约之行政主体,其表面上虽立于一般私人之地位,但是其仍须遵守依法行政原则以及受到宪法上基本原则之拘束,此外,虽然会因其行为类型不同而使拘束强度不一,但均应受有宪法上有关基本权保障规定之直接或间接拘束者❶。简言之,行政机关即使在选择利用私法契约形式完成行政任务的情形下,行政机关仍不能以契约自由来抵抗公法原则和规范,该私法契约仍应受公法约束❷。

一、合作对象的限制

由于合作契约的缔结最重要的问题在于,原本国家自己执行的公共任务,必须仍能透过私人参与而顺利符合应提供给付的标准完成,因此对于契约相对人之选任资格(如提供给付能力的能力)与程序,应为行政合作法的规范重心。公私合作成功与否首要的是合作伙伴的选择,合作对象的良窳关系到公共服务的质量与品质。与一般契约不同,合作契约涉及第三人,关系公民的基本权益。因而,通常会对合作对象设定准入标准和资格条件。遴选程序上合作对象的选择需符合竞争机制的要求。公私合作对于合作者一般均对其资质条件加以限定,要求符合一定资格限制,用以证明相对人具备给付能力和可信赖性。资格能力一般包括:给付能力和履行能力、专业知识、经营能力、财务资信能力等。实践中根据合作项目或者事务的复杂性和专业性,对于重大项目,则其重视资格与财务稳定性❸。此种资格限制,一般透过立法加以设定,确定契约相对人的法定基本资格。作者梳理了养老、交通、市政公用等3个行业7个子项的公私合作,均发现了立法上对合作者的刚性准入要求,对合作者进行了一定的限制。这种限定一旦成为法律或者国家标准上的规范,则不允许公部门自由选择合作当事人。若立法缺位时,公部门则会通过"招商公告""招标公告"进行事先告知,或者通过招标公告等形式在法定的基本条件上增设其他个别性条件。大陆法系通常由行政程序法规定遴选程序的基本框

---

❶ 许宗力:《基本权利对国库行为之限制》,载于《法与国家权力》,元照出版社,1999年10月,第70-71页。

❷ 许宗力:《基本权利对国库行为之限制》,载于《法与国家权力》,元照出版社,1999年10,月第70-71页。

❸ 《收费公路管理条例》规定:"公路收费权的受让方应当具备下列条件:财务状况良好,企业者权益不低于受让项目实际造价的35%。"

架,此外需遵循政府采购法或招投标法的原则与规定。公共任务即便是交由私人履行,仍须符合经济性原则,也是公私合作的目标之一。缔约对象的遴选对象无论是通过公开招标❶还是竞争性谈判❷,都需要遵循经济性原则,以符合公私合作在预算上的 VFM 原则(节约与经济性原则)❸。但经济性原则并不是简单的最低价标准,而是资格能力、风险分配、运行能力等各种因素加以综合衡量的最佳价值。

值得注意的是,在合作对象的遴选中,特别需要防止公部门恣意选择,以及竞争第三人利益的保护。程序规制的价值不仅在于遴选的科学性,更重要的是防止行政权力滥用的主要手段。根据是否具有竞争性而涉及竞争第三人,一般分为不涉第三人的遴选程序和涉及第三人遴选程序。合作契约的权利义务并非仅限于行政机关与单一相对人之间,竞争第三人的加入会产生利益分配是否公平的问题。遴选程序中的竞争权益的保护的基础背景是当资源有限,求过于供时,行政主体只能依照法定标准,从众多申请人中选出特定数量之人成为缔约对象,而其余未获选定之人就无法达成其原本所欲取得之利益,故各申请人彼此之间乃是存在竞争关系❹。因而,如何在合作对象的选择过程中提供和保障公平的竞争机制,是遴选程序需要解决的重要议题。当竞争者众多,却只有其中一人或少数人能成为行政机关的缔约对象,此时等于是对其他申请人产生排挤效果❺。公私合作的先行地区,台湾的《行政程序法》和《参促法》中两部法律相互配合,形成较为完备的公平竞争性益的保护体系。“行政契约当事人之一方为人民,依法应以甄选或其他竞争方式决定该当事人时,行政机关应事先公告应具之资格及决定之程序。决定前,并应予参与竞争者表示意见之机会”❻。

对于此种竞争权利的保障,不仅在于对第三人个体权益的保护,更在于对公私合作市场竞争机制的保障。目前,通行的做法的是赋予竞争第三人独立的请求权。程序机制是公平竞争的最佳保护途径。“无歧视程序形成请求权”是赋予竞争者独立的权利,是对遴选程序的救济权,专门确保平等之基本程序权。“行政机关在

---

❶ 我国根据《行政许可法》第 53 条,“实施本法第十二条第二项所列事项的行政许可的,行政机关应当通过招标、拍卖等公平竞争的方式做出决定。”但是,法律、行政法规另有规定的,依照其规定。

❷ 在美国、德国等国家都设置有相应的协商与谈判机制的替代性的选择程序,而我国目前尚缺乏相应的制度设计,尤其是直接谈判的程序和合作契约的“再谈判”制度。

❸ 亦有称“物有所值”原则。

❹ 詹镇荣:《竞争者“无歧视程序形成请求权”之保障——评最高行政法院九十五年度判字第 1239 号判决》,载于《月旦法学杂志》,2006 年 11 月,第 138 期。

❺ 我国《行政许可法》规定:对于有限自然资源开发利用、公共资源配置以及直接关系公共利益的特定行业的市场准入等,需要赋予特定权利的事项,行政机关应当通过招标、拍卖等公平竞争的方式作出决定。此外,《政府采购法》和《招标投标法》中也对此做了更为详细的规定,以保障合作对象选择过程中竞争第三人利益保护。

❻ 参见台湾地区行政程序法第 138 条规定。

甄审或分配程序中,存在非有合宪之客观正当性而对申请人为程序上差别待遇者,申请人即可以竞争程序平等权受到侵害为由,提起救济途径加以排除”❶。独立的公平竞争的程序权,不以行为结果为考量,不论行政机关作出的实体结果是否公平,如违反公平竞争程序,申请人均可请求救济,独立于实体结果。

二、契约内容的法律控制

对契约内容自由的限制主要是强制性条款设计和普遍服务条款。由于合作契约庞杂详细。从各国的立法实践观察,合作契约的内容和条款设计多数具有法定的强制性,合作当事人不得以意思自治的方式加以调整。这些强制性的内容一般包括公共服务供给的数量与品质条款、收费与价格条款、合作期限条款、争议解决条款等。英国订定标准化契约模板,为服务开始与迟延、服务要求与可用性、服务绩效监控、价格与付款机制、服务内容变更、价格变动等事项设有规范。我国台湾地区亦有类似之规定。

“《基础设施和公用事业特许经营管理办法》第10条:

协议应当主要包括以下内容:(一)项目名称、内容;(二)特许经营方式、区域、范围和期限;(三)项目公司的经营范围、注册资本、股东出资方式、出资比例、股权转让等;(四)所提供产品或者服务的数量、质量和标准;(五)设施权属,以及相应的维护和更新改造;(六)监测评估;(七)投融资期限和方式;(八)收益取得方式,价格和收费标准的确定方法以及调整程序;(九)履约担保;(十)特许经营期内的风险分担;(十一)政府承诺和保障;(十二)应急预案和临时接管预案;(十三)特许经营期限届满后,项目及资产移交方式、程序和要求等;(十四)变更、提前终止及补偿;(十五)违约责任;(十六)争议解决方式;(十七)需要明确的其他事项。

《市政公用事业特许经营管理办法》第9条:

特许经营协议应当包括以下内容:(一)特许经营内容、区域、范围及有效期限;(二)产品和服务标准;(三)价格和收费的确定方法、标准以及调整程序;(四)设施的权属与处置;(五)设施维护和更新改造;(六)安全管理;(七)履约担保;(八)特许经营权的终止和变更;(九)违约责任;(十)争议解决方式;(十一)双方认为应该约定的其他事项。”

同时,合作契约一般均要求以书面形式,需以书面形式加以固定。德国行政程序法以及公私合作促进均在立法上明确合作契约需以书面形式,同时这种书面形式的契约一般均有格式范本,英国公私合作契约指南与范本合同已经连续公布实施6年共计7个版本,我国财政部新近公布的PPP合同范本和指南(2015),此外,

❶ 詹镇荣:《竞争者“无歧视程序形成请求权”之保障——评最高行政法院九十五年度判字第一二三九号判决》,载于《月旦法学杂志》,2006年11月,第138期。

联合国、OECD 均公布具体领域公私合作的合同范本。

此外，由于公私合作通常涉及公民基本权益的保障，为保障市场化机制下的普遍服务，合作契约中不仅会对公共服务的标准与品质作出强制性的要求，同时，也会在合作契约中明确私人部门的"强制缔约义务"❶。强制缔约条款是公私合作中对契约自由限制的典范。一般认为强制缔约是依法律规定，在具备特定法律要件，且一方请求缔结契约时，另一方即负有缔结契约的义务；换言之，对于相对人之要约，非有正当理由不得拒绝承诺❷。在特定领域内有法律上保障或事实上独占，从事供应民生必需品的事业，因一般人民事实上依赖此等民生供应，欠缺真正缔约自由之基础，故必须依全体人民之利益履行契约，每一个人对此种给付之供应，应与他人有相同条件，且此义务与公营或民营形态并无关联❸。因此，强制缔约义务是公私合作中契约自由的限制和修正的重要内容和表现特征。

三、契约履行的过程规制

（一）指挥与监督权

合作契约的履行关系到公共产品供给的稳定性，稳定性和连续性是公共服务给付的基本要求。"与私人持续的合作关系中，尤应注重任务履行之审查，甚至，在某些危急状况，及时补救私人执行任务所带来严重或不可回复之缺失。也就是说，行政机关在法规之赋予范围应享有信息权与调控权，使行政机关有足够影响私人履行任务之方式"❹。在现代规制理论中大量传统公法规制在立法上被卸除，转向通过合作契约的监督条款设计来实现。作为契约的一方当事人，公部门依据合作契约条款所约定之监督与介入条款，行使契约上的规制权。这种转向契合了公私合作倡导的平等互利、弹性的要求，克服公私合作中公法规制的短缺和低效。

履约监督权的权利来源于合作契约上的合意。公部门基于契约当事人地位，透过契约的约定条款，对于项目建设、营运加以规范，包括订定兴建营运设施标准、设计图说之审核、兴建进度与施工质量管理、营运绩效之评估等规范，设置相应的惩罚性条款加以约束与追责❺。契约管理和项目绩效控管是公私合作实际运行的

---

❶ 强制缔约条款是对契约自由的修正与限制，即是对于相对人之要约，非有正当理由不得拒绝承诺。

❷ 王泽鉴：《债法原理》，台北，2002 年，第 258 页。在公用事业领域如电、瓦斯、电力、邮政、铁路、电信等公共给付，若可以任意拒绝缔约时，将会使大多数人陷入困境，而必须接受对方提出的任何条件，或因被拒绝缔约而承受极大不便。

❸ 林明锵：《促进民间参与公共建设法事件法律性质之分析》，载于《台湾本土法学杂志》，2006 年，第 82 期，第 220 页。

❹ 刘宗德：《日本公害防止协定之研究》，载于《政大法学评论》，第 38 期。

❺ 林明锵：《促进民间参与公共建设法事件法律性质之分析》，载于《台湾本土法学杂志》，2006 年，第 82 期，第 220 页。

关键。合作并不因为契约的签订而结束，而是公私双方权利义务的开始。“公益之维护有待契约能完全合乎契约意旨地履行，而必要之监督与指导等事前防范之方式远优于事后之救济，既以书面与契约相对人约定必要之监督与指导”❶。

履约监督权中的检查权与介入权并非基于公法上的权力，而且通过契约协商而获得的合同权利，合作契约相对人则需履行配合义务。一般而言，履约监督权，特别是介入权在合作契约中详细约定形式情形与条件❷。公部门订立合作契约之角度来观察，为实现行政合作法之理念，贯彻立法者对合作契约设定之契约内涵，有必要透过契约之订定享有信息权、控管权、观察权与指示权，及相配合之契约上惩罚、执行、变更、重新或事后协商条款❸。实践中，一般在合作契约中约定，公部门在工程进度滞缓、工程质量缺陷或者瑕疵等情况下，可以行使介入权。

基于合作契约的私法关系，公部门通过公司章程或合作契约的安排确保其履约过程中的适当管控权利。对于行政机关的契约履行监督权，已经在不少立法实际中予以明确，成为合作契约的法定条款，台湾地区行政程序法第 144 条规定：“行政契约当事人之一方为人民者，行政机关得就相对人契约之履行，依书面约定之方式，为必要之指导或协助”。在法国，行政机关均运用契约的指挥权对于行政契约目标的质量做适当的管控，例如对工程材料、场地环境、施工质量、进度等监督视察。同时，因为行政机关掌握丰富之行政资源，要求行政机关利用其资源，协助、指导人民确实履行契约义务，亦有助于契约目的之达成❹。因此，一般在合作契约的范本中也通常设有指挥与监督条款，如有施工进度严重落后、工程质量重大违失、经营不善或其他重大情事发生，公部门以书面通知民间机构，要求限期改善，若私人部门对指挥和监督权不予配合或执行，逾期不改善或者拒绝改善而影响公共利益的，行政机关则可以行使临时接管权。以收费公路特许经营为例，公部门通过与私部门签订契约授予私部门建设与运用特许权，公部门基于契约当事人地位，依据契约条款之规定，对于私部门建设与运行进行规范与监督，包括建设标准、施工设计方案审核、工程进度监督、工程质量与品质、专人技术人员和建设施工设备配备等，同时赋予了公部门相应的检查权与介入权。

---

❶ 许宗力：《行政契约法概述》，收录于翁岳生主持，行政院经济建设委员会委托，国立台湾大学法律研究所执行，行政程序法之研究《行政程序法草案》，2001 年，第 314 页。

❷ 公部门在工程进度滞缓、工程质量缺陷或者瑕疵等情况和条件介入权行使的时间与条件，确定合同双方在特殊情形下的权利义务。

❸ 陈爱娥：《行政契约之研究——以代替行政处分之行政契约与委托行使公权力之行政契约为探讨对象》，法务部委托研究计划，2003 年，第 51 页。

❹ 吴秦雯：《行政机关于行政契约履行阶段之权力——以法国法制为中心评析我国现行行政程序法之规定》，载于《台湾本土法学杂志》，2001 年 12 月，第 41 期，第 91 页。

(二)单方变更权

行政机关基于公益维护的需要，通常被法律赋予了单方变更、解除合同的权利❶。就公私合作而言，即在合作契约履行中，基于公权力和公共利益的保护的需要，赋予行政机关单方面变更契约的权力。单方变更权起源于法国运输公共服务特许经营契约争议案。1910 年法国电车公司与马赛市政府签订了运输公共服务的特许经营契约，由该公司负责马赛市的公共电车营运。运营数年之后，该市行政首长通过一项行政命令，要求公司增加电车班次及加挂车厢，以满足日剧增长的旅客人数。法国电车公司以此命令违反契约条款为由而提起争讼。法国中央行政法院认为，行政机关一方面基于公共运输之便利与安全性，且另一方面为使公共服务事业能持续运作，行政机关有权对公共服务事项之运作为必要的调整与修正，在保留对契约相对人所造成损失的补偿后，承认行政机关的单方调整权之存在❷。最新公布的《基础设施和公用事业特许经营管理办法》和建设部《市政公用事业特许经营管理办法》均设置了单方变更权的条款❸。

"因法律、行政法规修改，或者政策调整损害特许经营者预期利益，或者根据公共利益需要，要求特许经营者提供协议约定以外的产品或服务的，应当给予特许经营者相应补偿。"

"获得特许经营权的企业在特许经营期间具有擅自转让或者出租其特许经营权；擅自将所经营的财产进行处置或者抵押；因管理不善发生重大质量生产安全事故；擅自停业、歇业，严重影响到社会公共利益和安全等行为的，行政机关可以终止特许经营协议。"

当然，单方变更权并非由公部门恣意而为，应当受公共利益原则和比例原则的限制，在程序上，还应当符合行政程序法的规定。法国法上，对于单方变更权控制更为严格，并创设了"经济平衡原则"，虽然公共利益居于优越地位，但从平衡相对人利益的角度，法国行政法又创设了"经济平衡原则"，以便使公共利益和私人利益获得良好的协调❹。单方变更权的主要内涵包括：一是变更内容的补白性。在变更事项上，单方变更权必须是在发生契约双方当事人不可预见的情况发生，并且契约内容对此并没有约定时。也有学者将其称为"不可预见原则"❺。二是禁止根本性变更原则。在变更权限上，单方调整权不得动摇原始契约的基础经济结构(因其几乎与另订一个新契约无异)，同时，避免行政机关一次规避遴选程序，行政机关

---

❶ 余凌云：《行政契约论(第二版)》，中国人民大学出版社，2006 年，第 128 页。

❷ 张训嘉：《狄骥——法国社会实证主义法学大师》，载于《月旦法学》，2001 年 11 月，第 78 期。

❸ 参见：《基础设施和公用事业特许经营管理办法》和建设部《市政公用事业特许经营管理办法》。

❹ 余凌云：《行政契约论(第二版)》，中国人民大学出版社，2006 年，第 129 页。

❺ 余凌云：《行政契约论(第二版)》，中国人民大学出版社，2006 年，第 130 页。

行使单方调整权时，仍不得变更原始契约的基础经济结构。三是财政性条款不得变革。若该契约中有财政条款之约定，依实务之见解，对于财政条款不得行使单方调整权，因为政府机关应该尊重契约的财政方程式❶，也充分体现了公私合作中对私人利益的保护以及政府信赖原则的恪守。

与私法契约不同的是，私法契约变更原则上以双方合意为前提，故契约变更不存在补偿问题，至于在其他情况下，履约成本之增加除不可抗力外，原则上应当由义务人自行承担，也无需对方当事人负责，但在行政契约中，正是因为行政主体的单方变更权的行使，增加了相对人的履约成本，所以才有补偿的必要❷。基于信赖利益保护原则，合作契约相对人由于行政机关行使单方变更权而造成损失时，有权请求补偿。补偿原则应当是“完全补偿”原则，补偿金额的计算应当参照契约约定的相关事项的价格为计算基准，而不能由行政机关单方的认定。但仍有不确定的是，由于合作契约具有公私法双重性格，此种补充究竟是何种性质，有待进一步的深入研究；但从公私合作的平等性的特征出发，作者认为遵循私法优先原则，公私双方有其约定的从其约定，没有约定则适用国家赔偿法之规定。

（三）临时接管权

国家在公私合作中的担保责任以及最终的承接责任，这种担保责任和承接责任的实现即为强制接管权。当合作契约履行不能或者严重违约时，柔性协商的契约规制应如何作为？这是契约规制面临的一个重要挑战。公私合作的领域的事项往往攸关公共利益和社会福利的供给，当公共利益遭受或面临重大损害时，行政机关有权采取接管措施来保障公共服务的连续性和稳定性。“当特许公司就营运发生经营不善或其他重大情事，而受地方主管机关或中央主管机关废止或停止其营运之一部或全部或废止其营运时，主管机关除采取必要措施，以维持公共服务之提供，行政机关得强制接管营运该公共建设，以整顿民间机构之经营，协助其恢复正轨，并且于改善缺失后，使其继续办理该公共建设的营运”❸。如果接管得当，既能保障公共利益，又可维护民营企业的利益，进而实现公益与私益的“双赢”；如果接管不当，“输”的是广大市民的公共利益，“伤”的是政府的改革信心和民营企业者的投资热情，“折”的将是公用事业改革的成果❹。公私合作往往关乎公共利益和普遍服务，在建设进度严重滞后、服务品质存有严重缺陷、经营不善或其他重大事

❶ 林明锵：《欧盟行政法—德国行政法总论之变革》，新学林出版公司，2009 年，第 79 页。

❷ 步兵：《论行政主体对行政契约的单方变更权》，载于《行政法学研究》，2008 年，第 6 期。

❸ 张玉山：《我国民营化政策执行之检讨与建议》，载于《公营事业评论》，2000 年，第 1 卷，第 4 期，第 1-7 页。

❹ 李明超：《公用事业特许经营中的临时接管程序研究——从“内蒙古西乌旗政府临时接管民营热电企业案”切入》，载于《西南政法大学学报》，2013 年，第 04 期。

件发生而无法继续履约时，公部门基于公共利益的考量，采取一定的措施，保障公共服务的连续不中断。

对于临时接管权的性质，一般认为是基于公权或法律规定上的权力，强制接管之法律性质既非租赁关系亦非委任关系，应定性为“经营权之概括接收”，从而主管机关接管时，原特许公司之董监事职权应停止，由主管机关概括经营承受。接管的概念应是动态的、全面的、整体的；而非仅是静态的、片面的、零星的占有、使用工程资产设备，如此方能达到主管机关挽救濒临失败之公共建设的目的，而非将经营失败之风险移转回给主管机关❶。

但亦有观点认为，临时接管权的公法属性不再一概而论，并公法属性趋向弱化，临时接管更加注重保护合作双方的契约自由和合作平等自愿的原则。“当事人间权利义务关系均以契约为凭，主办机关因民间机构兴建或营运不善而启动融资机构或保证人接管措施，系基于契约当事人之地位而行使之权利，接管之性质应属于基于契约之权利，向契约相对人而为之意思表示，本质上属基于契约权利而行使”❷。在此情形下，临时接管则属于私法性质，为契约上的权利。“若民间机构兴建或营运不善而情况紧急，迟延即有损害重大公共利益或造成紧急危难之虞者，则主办机关基于主管机关地位施以公权力命令接管兴建或营运，此时下命接管不仅对民间机构之利益有重大影响，更常有市场结构重组之作用”❸。在此情形下，临时接管权则为公法属性，属于公法上的行政权力。

作者认为将临时接管权进一步区分为紧急接管和非紧急接管两种情形，更加符合公私合作的合作协商的性质，有助于平衡公私利益，保障私人投资意愿。

无论临时接管权是契约上权利或公法上的权力，临时接管作为最激烈、最后的规制手段，其适用必须谨慎。临时接管权如其本身缺乏必要之规制，则会导致行政权的恣意，侵害合作者的权益。然而，我国目前关于临时强制接管权，特别是公用事业领域的接管权并无法律上的详尽规定，仅在一些规章和规范性文件中进行笼统的规定，且多数以“公共利益受损或者可能受损”或者“影响公共利益”进行表述。“公共利益”具有高度的不确定性，接管条件的不确定也是引发合作契约争议的重要因素。因此，临时强制接管权需要在立法层次上进一步提升，同时在有关规章中对接管的情形和条件做更为详尽细致的规定，回应实践的需求。

(1)接管条件。一般而言，符合接管条件，行政机关启动接管程序主要有以下四种情况：一是危及或者可能危及公共利益、公共安全等紧急状况；二是合作者违反法律法规的符合接管的强制性规定；三是出现合作契约约定的强制接管的约定

---

❶ 王文宇：《从高铁兴建营运合约论奖参条例的政府收买机制》，载于《月旦法学杂志》，1997 年，第 35 期。

❷ 刘绍栋：《论 BOT 基本法》，载于《月旦法学杂志》，1998 年，第 33 期。

❸ 刘绍栋：《论 BOT 基本法》，载于《月旦法学杂志》，1998 年，第 33 期。

情形；四是合作者因经营不善的原因无法继续经营，申请解除合作契约。

（2）接管程序。从接管的整个过程来看，主要包含以下六个程序：申请、启动、听证、决定、执行、终止等六个程序[1]。当然并非六个程序均为必经程序，在强调接管程序的同时，从政府规制的视角来看，更值得关注的是在紧急情况下的临时接管程序问题。公私合作或公用事业往往涉及日常的民生，攸关社会公共利益和日常生活，在紧急情况、不可抗力等情形下，政府必须立即行使紧急情况的强制接管权，以保障公共服务的连续和稳定，而不可拘泥于接管程序的束缚。因此，本文认为需要在公私合作以及相关的立法中设置“紧急接管”条款以及相应的特别规定，以符合接管实际之需要，并加以规范。

（3）接管期间。强制接管权作为一种临时性的措施，需要设定其时间期限。接管时间过长则影响私人部门的经营自主权，期限过短则不能满足恢复公共服务供给或者重新遴选合作的需要，因此如何设置合理的接管期限具有十分重要之意义。目前关于接管期间的法律法规规定较少，湖南和山西两地的公用事业特许经营地方性立法中规定临时接管的期限规定为 90 日[2]。作者认为，由于公私合作的类型广泛，各类项目类型和情况迥异，难以规定统一的接管期限，国家发改委、财政部等六部委新近出台的《基础设施和公用事业特许经营管理办法》也没有设定统一的接管期间。接管期限应因个案的特殊性以及不同的接管原因，分别而论，不宜在法律法规中作强制性的规定，最佳的选择路径根据不同的个案和针对不同的接管类型，由公私部门双方协商在合作契约中加以约定，接管期限为合作契约的强制性条款。如在订约时难以约定，则应当由公私双方通过补充协议方式视具体情形协商而定。

第三节　公私合作中契约治理的难点及应对

一、合作契约法律性质的判断

公私法二元体系下，对合作契约性质的判断是不可回避的重要议题，无论是对理论还是实践都有十分重要的意义，契约性质的判断，将关系到在实体法上，是否受公法拘束，在程序法上是适用行政程序还是适用民事诉讼程序，在管辖法院上，是由行政法院管辖还是普通法院管辖，均依契约性质不同而不同。同时由于公私合作涉及可行性评估、规划立项、招投标、筹组特许公司、议约、兴建、营运、所有权

[1] 章志远、李明超：《公用事业特许经营中的临时接管制度研究——从首例政府临时接管特许经营权案切入》，载于《行政法学研究》，2010 年，第 1 期。

[2] 参见《湖南省市政公用事业特许经营条例》《山西省市政公用事业特许经营管理条例》。

移转等复杂的全过程，判断公私合作契约的性质确非易事。“由于公私合作契约的复杂性和多样性，其契约性质并未就此‘定于一尊’或者‘盖棺定论’，而是一个‘潘多拉的盒子’”❶。

（一）合作契约性质之争议

1. 公法契约说

契约性质的判断主要有主体论和标的论两种不同的标准。公法契约说认为无论从契约的主体、契约之标的以及意思表示上合作契约均属于公法契约❷。

其一，契约主体的公法属性。契约的主体是识别契约性质的重要标准，公法契约与私法契约最大的不同在于契约主体之间的平等原则、义务性裁量及比例原则的适用。契约当事人一方为行政主体，为公共服务而缔结的契约，或其合意含有私法契约所无的“普通法以外的条款”的契约，则为公法契约❸。主体论的观点主要在法国法和日本法上，在日本，行政主体作为合同的一方或双方当事人的合同，普遍看成行政合同，而不再加以进一步的区分❹；法国也遵循单一的主体标准，契约一方为行政主体的，则属于公法契约。显而易见，从主体论来看，公私合作中一方主体为政府，合作契约当然属于公法契约。

其二，契约标的的公法范畴。契约标的理论是契约性质区分的主流，公私合作多为公共产品供给，通常涉及满足人民基本权利的行政给付，属于政府的公共任务。公部门与私部门通过合作契约，允许其提供给行政给付，是将原属公部门公法上的给付交由私部门履行，但无论给付主体或者给付方式如何变化，其契约标的公法属性未曾改变，因此合作契约属于行政契约。“此范畴之学者即以契约内容是否涉及公法上权利义务关系之设定、变更、消灭，投资契约乃政府授予经营特许权，而赋予民间机构一个特别的建置设施及独占的经营地位，则合作契约应属行政契约”❺。我国台湾地区的司法判决亦持该种观点。“行政机关基于其法定职权，为达成特定行政上目的，于不违反法律规定之前提下，自得和人民约定提供某种给付，并使接受给付者负合理之负担或其他公法上对待给付之义务，而成立行政契约关系”❻。合作契约通常包括特许权的授予、建设营运、土地征收取得、主管机关的

---

❶ 吴志光：《ETC 裁判与行政契约——兼论德国行政契约法制之变革方向》，载于《月旦法学杂志》，第 135 期，2006 年 8 月，第 14 页。

❷ 学术界同样有公法契约否定论，认为只存在私法契约而不存在所谓的行政合同。

❸ 林明锵：《行政契约》，收录于翁岳生主编，《行政法》，元照出版社，2006 年，第 578 页。

❹ 室井力主编《日本现代行政法》，吴微译，中国政法大学出版社，1995 年，第 142 页。

❺ 《江嘉琪：ETC 契约之公、私法性质争议——以台北高等行政法院 94 年度停字第 122 号裁定与 94 年度诉字第 752 号判决为中心》，载于《台湾本土法学杂志》，2006 年，第 81 期。

❻ 林明锵：《ETC 判决与公益原则——评台北高等行政法院 94 年度诉字第 752 号判决、94 年度停字第 122 号裁定》，载于《月旦法学杂志》，2006 年，第 134 期。

监督权、强制接管、政府补助、费率核定等事项，均涉及公法上的权利义务。特许合约允许民间机构兴建营运交通建设，以代替国家或地方团体履行提供公共交通建设服务的任务，与社会大众通行权益关系密切，具有强烈的公共利益色彩，并非单纯涉及私人利益的私法契约可比，故就其契约的特征观察，应适用有关公法的法律原则，不仅较符合事物的性质，且较能维护社会大众的权益❶。“投资（合作）契约之标的为特定公共建设之兴建与营运，攸关重大公共利益，与单纯之行政辅助行为或私法契约，在法律制度之目的上有所不同。投资契约中约定事项，诸如土地征收取得、主管机关的监督权、强制接管等，为公法规定的权利义务，涉及上述争议时，应认此契约属于行政契约”❷。

其三，意思表示的非自治性。行政机关的意思表示不同于民法上私人之缔约，仅有法定权限与权能范畴的自由，其意思表示并无私法自治❸。在行政可遁入私法契约领域，适用所谓私法自治契约自由原则，逃脱公法的规范，则主管机关难免有利益输送特许公司的疑虑，故特许合约如解释为私法契约，并漫无限制的适用私法规定与原则时，将危害公共利益至巨，不可不慎❹。一味将投资契约视为私法契约，忽视政府参与公共建设、扩大投资、本身即具有公权力行使的现实，不论投资项目属基础设施行政或社会福利计划的给付行政，仍为公权力所及的范围，如一律以私法契约视的，将违反法的秩序与安定性❺。因此，将合作契约纳入公法契约的范畴，则将适用公法的原则，于行政机关而言，行政机关将受到公法原则与规范的严密规制；于契约相对人而言，由于合作契约需适用宪法上的基本权利和信赖保护等基本原则保护，对未尽之约定或者约定之歧义，亦可主张“有利于相对人”之解释原则，因此，对公私合作中的私人权益的保护在此种意义上更为周全。

综上，有鉴于公私合作的标的涉及公共任务，公部门作为契约当事人，于形塑合作契约时，并无法享有完全之契约自由，为确保公益之实现，以及社会国家理念，公部门即使利用民间以参与行政任务之执行，然最终之担保责任仍维持在国家身上，无法随同民间之参与，而一并移转于民间机关，容任其自行承担兴建与营运风

---

❶ 程明修：《公私协力契约与行政合作法：以德国联邦行政程序法之改革构想为核心》，载于《兴大法学》，第7期。

❷ 林明锵：《ETC判决与公益原则——评台北高等行政法院94年度诉字第752号判决、94年度停字第122号裁定》，载于《月旦法学杂志》，2006年，第134期。

❸ 李建良：《论行政法上之意思表示》，《新世纪经济法制之建构与挑战——廖义男教授六秩诞辰祝寿论文集》，元照出版有限公司，2002年，第227页。

❹ 程明修：《公私协力契约与行政合作法：以德国联邦行政程序法之改革构想为核心》，载于《兴大法学》，第7期。

❺ 李训民：《公法契约的控制——从公私合伙架构谈起》，载《行政法学研究》，2012年，第1期

险，甚至致使人民之生存照顾质量因之而减损或低落[1]。将公私合作契约纳入公法契约，透过立法将国家担保责任在法律规范中加以明确，而形成国家之法律上义务，同样能维持政府职能的公法价值，实不必担心“逃避于行政契约”，国家责任和义务的意义不在于实现的方式途径以及该种方式的性质，而在于目的导向下的责任的实现。“认为行政机关不依法履行、未按照约定履行或者违法变更、解除政府特许经营协议、土地房屋征收补偿协议等协议的，均属于行政诉讼的受理范围”，我国新近修改的《行政诉讼法》也将特许经营契约纳入到行政诉讼范围。

2. 私法契约说

私法契约说认为，公私合作的机理是平等共赢与风险分担，合作契约的标的属于私法上的经济关系，且与契约当事人于缔结时乃处于平等之地位，故定性为民事契约，而且采民事契约原则，人民对政府主张权利适用民事诉讼法，就审级权益保障较为周全[2]。“市政特许经营中包含有多种交叉混同的法律关系，而作为其外部法律关系的大量合同法律关系，实质上是主体特殊的民事法律关系”[3]。认为合作契约为私法契约的主要理由有以下三方面：

其一，合作主体的平等性。公私合作的制度设计中合作双方居于平等地位，平等性也被认为是公私合作的达成的关键和基础。政府与民间以平等合作之伙伴理念，共同规划风险分担之机制，以降低推动公共建设之各项风险，并加强融资可行性，以营造“双赢”之投资条件。公私合作中，契约被视为“王之条款”，公私合作必须尊重当事人缔约的契约条款，即体现契约自治的精神。若将投资契约定为行政契约，势必使后续相关契约之风险提高，是否能控制此一风险，除降低投资意愿外亦影响项目公司之投资，无法保有民间机构投入公共建设最大之优势——成本与效率[4]。因而，将公私定性为私法契约，符合公私合作平等互赢、风险共担和契约自治的原则和精神。

其二，私人利益保护的需要。由于政府与民间所订立的行政契约，依行政程序法草案的相关规定，政府于情事变更时，可要求调整契约内容，或终止契约，又在行政契约之外，仍保留行使公权力的权限，因此，政府是立于买方独占的优越的地位，可谓予取予求，人民无法立于平等地位，极可能遭遇不公平、不合理的待遇，因法律关系的不平等与不确定性，导致融资取得困难，而且与公私合作的基本理念格格不

[1] 詹镇荣：《论公私合作契约之法制建构与发展研究成果报告》（精简版），行政院国家科学委员会专题研究计划成果报告。

[2] 刘绍梁：《论 BOT 基本法》，载于《月旦法学杂志》，2002 年，第 33 期，第 25 页。

[3] 李显冬：《市政特许经营中的双重法律关系——兼论市政特许经营权的准物权性质》，《国家行政学院学报》，2004 年，第 4 期

[4] 江嘉琪：《公私法混合契约初探——德国法之观察》，载于《中原财经法学》，2002 年，第 9 期，第 36-112 页。

入，故为维护特许合约双方的公平地位，特许合约应采私法上的民事契约❶。

其三，引进国际投资的需要。公私合作有时必须向国际招商或跨国组成投资团队，故与国际组织规定相同时可免纠纷之产生。将合作契约划归为私法调整，符合国际惯例和国际接轨❷。国际货币基金组织（IMF）以及经济合作与发展组织（OECD）等国际组织在推行公私合作制也都将合作契约定性为私法契约，并推出相关领域的示范合同范本加以推广。

3. 双阶段理论

面对公私合作所产生的复杂多面的“复数法律关系”❸，公法与私法二元体系发生适用和解释困境，合作契约“非公即私”的定性不断受到质疑与挑战。德国行政法学者突破传统行政契约理论，提出了双阶段理论，以期为解决合作契约的二元体系困境提供新的路径。双阶段理论起源于德国法上的行政补助行为，将一个法律行为分为两个不同的阶段来界定行为的性质。公私合作行为分为两个阶段：第一个阶段系国家在决定公私合作行为时的决定，为公法关系，国家须受公法原则与规范的支配与约束；第二阶段为执行合作的契约关系，为私法行为之性质，受私法一般契约原则之规范❹。在公私合作的实务上可分为招标阶段和履约阶段，其中招标、中标和评标为第一阶段，为公法行为，受公法规制。中标后的采购合同签订、契约的履行、违约行为、争议解决都依据《民法》和《合同法》调整，属于私法行为。公私合作程序复杂，时间周期长，包括可行性评估、先期规划、开发方式选择、公开征求民间参与、提供必要资料与沟通、调整计划、甄试委员会组织、决定甄选标准、公开征求投资人、资格审查、综合评选、评定最优次优申请人、筹组特许公司、议约、兴建、营运、所有权移转等一系列的严密程序❺。双阶段理论将这一复杂的过程，分为“甄审程序”及“缔约程序”两个主要阶段。

这两个阶段的分界点在于“甄审决定公告”评定最优申请人以及缔结投资契约。我国台湾地区大法官释字第540号解释认为：“根据《促参条例》第44条及45条两阶段程序，分为前阶段甄审公告，后阶段之投资契约。其中第一阶段为公法行为，其契约性质为公法契约；第二阶段则为私法行为，其契约性质为私法契约”❻。

---

❶ 詹镇荣：《行政合作法之建制与开展——以民间参与公共建设为中心》，《行政契约之法理各国行政法学发展方向，台湾地区行政法学会研讨会论文集(2009)》，第101-159页。

❷ 刘绍梁：《论BOT基本法》，载于《月旦法学杂志》，2002年，第33期，第25页。

❸ 程明修：《公私协力契约与行政合作法：以德国联邦行政程序法之改革构想为核心》，载于《兴大法学》，第7期。

❹ 林家祺：《政府采购法之救济程序》，五南出版公司，1999年，第20页。

❺ 林明锵：《论BOT之法律关系——兼论立法政策》，载于《万国法律》，1998年，第101期。

❻ 林家祺：《政府采购诉讼事件行政法院与普通法院审判权之界线》，载于《月旦法学杂志》，2006年6月，总第133期，第92页。

行政主体与人民决定是否成立法律关系之阶段，属公法法律关系性质，至于决定后实际履行契约阶段，则是如何缔结私法法律关系，在传统上公共服务的提供是政府的责任❶。双阶段理论较好地解决了合作契约中二元体系的解释困境，平衡了公私法之间冲突，具有对公私合作实践的强大解释力。但同时，两阶段论最受质疑诟病的是，将一个法律事实予以切割分别适用公法和私法的规定，所谓的两阶段仅仅是法律上的拟制和假设，现实中并非如何而且在多数时前后两个阶段相互粘连难以划分❷。此外，根据双阶段理论，合作契约的纠纷解决和救济途径相应之不同，前者应寻行政救济途径提起救济，后者则系私法性质，应循民事争讼途径谋求解决，这也会造成一个行为或者一个事项割裂成两个性质迥异的救济渠道，一个事实分别由不同法院审理，适用不同程序，为当事人增加负担和困扰，影响相对人的救济权。

（二）独立性与选择权：走出公私法二元区分的迷失

公私法二元理论中，公法与私法被认为处于法律体系中相对两端，二者界分明显。然随着现代行政的发展，公私法呈现融合，公法与私法无法明确区分，司法实践中民行交叉案件增长迅速，具体个案究应向行政法院或普通法院提起诉讼并不明确，且应适用的法律亦不存在明确区分；亦即，普通法院之法官可援用公法，行政法院之法官亦可适用私法，进而，普通法院系统之裁判与行政法院系统之裁判可相互影响已经成为司法实践中解决民行交叉的有效路径❸。现代契约理论的发展也与此耦合，“契约作为各个法领域皆可能存在之行为方式，基本之样态无论在公法或私法之领域皆同，行政机关与私人间既然可缔结私法契约，亦可缔结之公法契约”❹。放弃原有的“公法契约”（与“私法契约”相对）和“行政契约”（与“私人契约”相对）。但值得注意的是，公法契约与私法契约的融合中，非对等地位的契约逐渐普遍，契约制度的公法色彩日趋强烈❺，契约的价值追求则从原来保护契约自由和意思自治到更加重视交易制度和交易安全，契约意思自治会因为经济、社会上公共秩序的发展而受到限制。

---

❶ 江嘉琪：《公私法混合契约初探——德国法之观察》，载于《中原财经法学》，2002 年，第 9 期，第 36-112 页。

❷ 程明修：《公私协力契约与行政合作法：以德国联邦行政程序法之改革构想为核心》，载于《兴大法学》，第 7 期。

❸ 林家祺：《政府采购诉讼事件行政法院与普通法院审判权之界线》，载于《月旦法学杂志》，2006 年 6 月，总第 133 期，第 92 页。

❹ 詹镇荣：《民营化后国家影响与管制义务之理论与实践》，载于《东吴大学法律学报》，1994 年，第 15 卷，第 1 期。

❺ 参见程明修：《公私协力契约与行政合作法：以德国联邦行政程序法之改革构想为核心》，载于《兴大法学》，第 7 期。

契约分类的争议早已有之，对公私二元的弊端也早有深刻的认识，一些学者提出更加关注契约的本质，承认混合契约的可能，摒弃契约的形式争议的见解。将公私混同的合作行政事件作二元区分时，在适用上、解释上常会形成难以两全的结果，“按法律之平等性，系就相同之前提事实，赋予相同之法律效果，使标准只有一个。只因民事诉讼与行政诉讼分途，不得不削足适屦，而将法律强分为‘私法’与‘公法’，又从而将契约强分为‘私法契约’与‘公法契约’。其实，两者之区别标准何在，由于观察角度之不同，各是其所是，各非其所非”❶。混合契约说认为，在合作国家理念下，公私合作的重要性与日俱增，各种投资协议或者委托经营管理契约的复杂性和多样性，将公私合作契约一律定为公法契约或者私法契约的做法，难以适应公私合作的实践以及发展的需要，公私合作行为具有“公私法混合”的本质❷，搁置合作契约的公私属性的争议，脱公私法二分的传统和迷思。

因此，作者认为，从合作契约的整体观察和判断，其是蕴含有公法及私法双重性质的公私混合契约，其性质应当根据契约的具体条款作个别性的判断。混合契约理论和契约性质识别的个别化，在德国特许合同理论中被广泛地采用❸，“契约中公法与私法之组成部分相互混合之可能性普遍被承认，实务上缔结的契约渐趋多样，若干水法、道路法与经济行政法上之契约被认为是混合契约，而最典型的混合契约则首推电厂特许契约”❹。实践中公私合作契约中有权利金给付、相关设施产权转移，经营条件与规范等属于私经济行为的约定，亦有涉及公权力介入之特许权给予、土地征收、租税减免特权、强制接管、强制收买等属于公法性质的条款❺，合作契约中就其涉及单纯的私法上权利义务事项，有关契约内容可适用私法原则

---

❶ 参见台湾地区法官郑健才《大法官释字第324号的协同意见》。转引自：《论政府改造下政府业务委托民间办理之相关法律问题——以合作行政为中心》，台湾大学硕士论文，未出版。

❷ 吴志光：《公私协力行为之公法化趋势以委托经营管理及民间参与公共建设法之实务见解为核心》，《辅仁法学》，2008年12月，总第26期

❸ 契约法理论的发展，特别是关系型契约理论影响下，德国立法认为特许合同是典型的混合契约。也有观点认为，特许经营合同其法律属性被认为是一种带有公法因素的民事合同，特许经营权的内容、运行及救济虽然具有一定的公法特征，但是本质为一种无形财产权和独立的法人经营权，并且是一种民法上的“准物权”。公用事业特许经营的私法属性凸显传统公共服务领域公法主治的偏颇，应充分运用公共服务供给中的私法机制，并坚持公平竞争、平等原则与信赖保护、诚信原则等私法观念对公用事业特许经营中行政特权的限制。参见：闫海、张天金，《论公用事业特许经营的法律定性——兼议公共服务供给的私法机制》，载于《华东理工大学学报（社会科学版）》，2011年，第1期。

❹ 江嘉琪：《公私法混合契约初探——德国法之观察》，载于《中原财经法学》，2002年，第9期。

❺ 混合契约的概念和类型尚无统一定论，甚至公私合作立法和实践的发达国家德国的不少学者持否定态度。但一般的认为混合契约具有以下的特征：混合契约为包含公法与私法要素之契约；混合契约为公法与私法要素交叠之契约形态；混合契约为公法与私法组成部分混合而成之契约；混合契约为包含部分公法与部分私法规范内容之契约。参见：陈清秀，《特许合约与公权力之行使》，载于《月旦法学杂志》，1998年3月。

与规定，而就公法上权利义务的丧失变更事项，应依公法的原则及规律❶。正如江嘉琪教授所言，"给予'实质之公私法混合契约'予滋养之空间，因为当事人间之协议便毋须再因实体法或程序法适用困难之缘故而拘泥于单一之法领域，具体之契约内容亦得就其性质，适用行政程序法，或准用民法之规定"❷。因而，合作契约的性质应区分不同条款的具体内容个别化的识别与判断。

再次，从公私合作的法律关系上来看，公私合作契约法律关系纷繁复杂，公私部门之间建立的是一种长期性、多面性的法律关系，其中夹杂公法上（行政处分、行政指导、行政契约、行政和解）和私法上（合同行为）之法律行为，故其性质判断实不容以一个概括表面的投资契约为标的❸。政府、私人部门、服务对象之间三维关系的公法、私法性质并不明显，而应根据这三个不同的层次标准系统进行甄别定性，政府与服务对象之间的法律关系性质相对比较明晰，是给付行政，属于公法关系；政府与私人部门之间、私人部门与服务对象之间的法律关系属于公法性质还是私法性质就不那么清晰❹。"行政法关系是依法规及个案形成有所不同，非必决定于行政处分或契约等行政行为，且非必为公法关系，而可能有公法和私法关系并存或结合之可能"❺。公私合作契约中不仅反映了公共部门与私人部门间公共服务的买卖合同关系，还反映了私人部门作为公共服务的生产者和经营者与公共部门作为公共服务市场的监管者间的规制者与被规制者的关系，公私合作协议形成的是以私人部门参与实现政府公共服务职能为内容的公法与私法相结合的新型法律关系，应属于兼具公法和私法性质的混合合同，双方当事人应同时受到公法和私法原则的约束❻。

综上，作者认为，合作契约对现行的法律体系形成了强有力的冲击，传统的公私法二元区分理论不能当然地简单地定性与适用，也很难从合作契约的内容中抽象出绝对属于行政合同或者私法合同的特质，从而造成了公法契约说和私法契约说各执一词。双阶段说和混合契约说解决了公私法二元系统下对合作契约的解释问题，因应了公私合作的发展的现实需要，但其都是在公法契约与私法契约二元区分的体系之下构建的。而合作契约有其独特性，为规范日益兴盛的公私合作发展的需要，在公法契约和私法契约之外单列一种独立的契约类型——合作契约，同时

---

❶ 林明锵：《促进民间参与公共建设法事件法律性质之分析》，载于《台湾本土法学杂志》，2011 年，第 82 期。

❷ 江嘉琪：《公私法混合契约初探——德国法之观察》，载于《中原财经法学》，2002 年 12 月。

❸ 林明锵：《论 BOT 之法律关系——兼论立法政策》，载于《万国法律》，1998 年，第 101 期。

❹ 袁维勤：《公法、私法区分与政府购买公共服务三维关系的法律性质研究》，载于《法律科学》，2012 年，第 4 期。

❺ 詹镇荣：《民营化法与管制革新》，元照出版社有限公司，2005 年 9 月。

❻ 湛中乐：《PPP 协议中的公私法律关系及其制度抉择》，载于《法治研究》，2007 年，第 4 期。

为保障合作者之权益,激发社会力量参与公私合作的积极性,应当赋予合作者对合作契约性质的选择权,在我国公私法二元结构下构建合作契约的体系,并解决现实之困境。

(1)合作契约的独立性。合作契约的性质,不仅关切到对行政机关订立契约的法律控制与正当性,更重要的是为了避免和纠正不假思索以"非公即私"的定式所可能造成弊病,需要试图跳脱行政契约(公法)和民事契约(私法)形式区分的困境与迷思,将行政法的思维适度从民法中解放[1]。正如法官郑健才大法官所言,公法与私法的区分并非逻辑上的必然,现代社会亦非完全构建在公法或私法规范之上,"法律就是法津",原不必有"私法"与"公法"之分;"契约就是契约",原亦不必有"私法契约"与"公法契约"之分[2]。新近德国学者提出的"独立说"则不同,其跳出了原有的公法契约与私法契约的二分框架,试图构建一种的新的独立的契约类型。"以形塑公私协力法律关系为目的所缔结之合作契约,基于其内涵之特殊性,非为现行行政契约或一般民事契约所能涵盖,实有必要承认其为一独立之契约态样,并赋予其形塑之法规范基本框架"[3]。因此,作者认为目前正在起草的《行政程序法》中应当对"合作契约"进行专章规范,推动合作契约进一步走出公私法适用以及程序规范的传统和困境。

(2)契约性质的选择权。事实上究竟如何采纳行政契约或者私法契约并非重点,重要的是应如何创造有利条件投资环境,强化民间投资意愿,计划融资可行性,并兼顾公共利益、全民福祉之维护[4]。特别是在当下我国行政权占据优势地位,私人部门参与公私合作激励不足,疑虑重重的现实境遇下,充分尊重私人部门之意思自治和选择权,促进公私合作,保护私人部门在公私合作中的权益是公私合作研究的重心。德国公私合作促进法对此进行了很好的回应,为平衡公私之间的利益和经济诱因的考量,德国《公私合作促进法》出台后,其《远程公路建设私人融资法》进行了修订,赋予了私人部门对于公路收费权性质的选择权。在该法中第 2 条规定:由联邦政府授权,通过法律赋予私人投资者以公法收费或者私法报酬的形式来征收通行费。这种私人部门的选择权必须在公路开始收费前的一个月内选择,如果超过期限则自动认定为公法收费(行政收费)。

"一旦确定了相关路段对外开放的时期,联邦州公路建设部门就必须要求私人

---

[1] 江嘉琪:《公私法混合契约初探——德国法之观察》,载于《中原财经法学》,2002 年,第 9 期。

[2] 参见台湾地区法官郑健才《大法官释字第 324 号的协同意见》。转引自:《论政府改造下政府业务委托民间办理之相关法律问题——以合作行政为中心》,台湾大学硕士论文,未出版。

[3] 参见:江嘉琪,《公私法混合契约初探——德国法之观察》,载于《中原财经法学》,2002 年,第 9 期;林明锵,《论 BOT 之法律关系——兼论立法政策》,载于《万国法律》,1998 年,第 101 期;王文宇,《关于奖参条例与促参法草案的十点修订建议》,载于《月旦法学杂志》,1998 年,第 34 期。

[4] 王文宇:《关于奖参条例与促参法草案的十点修订建议》,载于《月旦法学杂志》,1998 年,第 34 期。

投资者在一个月内表明态度，是否想将通行费作为公法收费或私法报酬来获取。如果私人投资者错过了这个期限，那么就将自动公法收费来征缴。随着一个计算周期的结束，私人投资者将重新拥有选择权，是否想将通行费以不同于以前的另外一种形式来收取。对此必须在这个计算周期结束之前的6个月内向联邦州公路建设部门提出更换申请❶。”

受德国法上关于“使用者付费”性质选择权的做法，作者认为同样可以秉承这一思路赋予合作者关于契约性质以及适用公法或私法的选择，来解决公法契约和私法契约区分和行政行为形式选择自由下相关争议与难题。从公私合作的“公私法混合”的特质和“契约”的本质出发，引进德国《公私合作促进法》和《行政程序法》，确立“合作契约”的单独类型，修正“两阶段理论”，且赋予合作相对人的契约性质选择权，是解决合作契约公私属性的永无休止的争论和实践困境的路径选择。根据合作契约的特点以及促进契约达成保障私人部门利益的原则，作者认为此种选择权的具体内容应当包括以下三个方面：

其一，契约性质的选择权。公私合作在允许合作双方对契约的内容合意的同时，应当赋予私人部门对于契约性质的选择权。简而言之，私人部门可以选择合作契约的性质为行政合同或者民事合同，明确将选择结果在合作契约中予以明示。如私人部门放弃或无意思表示，则默认为行政合同。

其二，收费性质的选择权。如公私合作涉及向第三人收费，则应当允许私人部门选择该收费的性质。即该收费行政究竟是行政法律关系或者民事法律关系。收费的性质为行政收费或者民事合同对价收费❷。以公路收费为例，收费性质的不同不仅产生归责原则的不同，而且会导致私人部门不同运行成本，产生不同的诱因结构。

其三，救济途径的选择权。救济途径的选择权是指私人部门在合作契约签订时有选择不同救济途径的自由和权利。此种选择权与契约性质选择权互为前提关系，在其选择为民事合同关系时，可以选择司法、仲裁等不同的救济途径。目前我国将合作契约视为行政合同，仅有行政诉讼单一救济途径，不便于纠纷的解决和与

---

❶ 德国《远程公路建设私人融资法》第2条，参见：李以所，《德国公私合作制促进法研究》，中国民主法制出版社，2013年，第116页。

❷ 南京市中级人民法院1999年二审判决南京机场公路赔偿案件引发高速公路收费行为行政行为还是服务合同行为的争议。该案终审判决认定：高速公路管理处因收费与副业公司之间形成了有偿使用公路的合同关系，高速公路管理处应当保障副业公司的车辆能够安全、畅通地使用该高速公路。致副业公司的车辆在正常行驶中发生事故的路障，本应由高速公路管理处及时发现并清除，高速公路管理处却因疏于巡查而未能发现并清除该路障，是未履行其应尽职责与合同义务。高速公路管理处应当对这次事故给副业公司造成的直接经济损失承担赔偿责任。

国际接轨，应当引入仲裁等更加独立性的国际化的第三方组织❶，增强公信力和中立性，消解私人部门的后顾之忧。

二、契约治理双重规制的平衡

合作契约是公法与私法的交汇。一方面，由于公共任务的公益性以及公法的拘束，对公私合作的规制应当适用行政程序法等公法规范，另一方面，如完全适用公法规范，将会导致公私合作的平等与自治基础动摇。正如合作契约本身的公私混合性，契约规制如何回应公私合作中角色冲突与公私融合，如何掌控公法规制与私法规制之间平衡是契约规制不可回避的新课题，也是解决公私合作中角色悖论、公益性与企业性之间冲突的关键所在。契约理论发展与契约规制见图7.1。

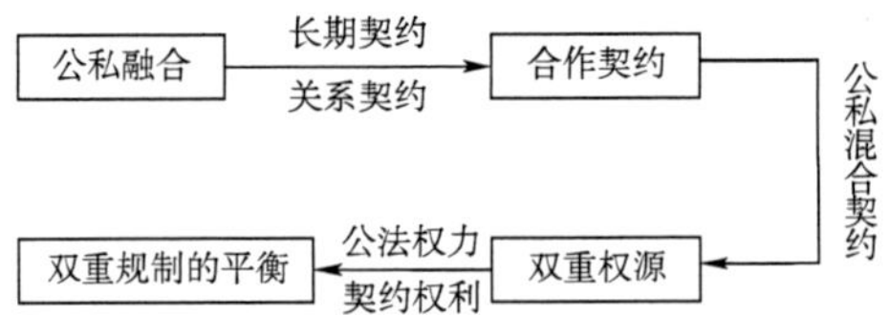

图7.1 契约理论发展与契约规制

（一）公法规制

公法规制是指政府基于国家主管机关的立场与角色，依据法律法规行使其法定的规制权。“公法地位之规范即指主管机关依法令授权所得采取之行政上的监督行为，既为行政上之行为，需遵循‘依法行政原则’，若无法律法规之规定或授权则不得任意为其行为”❷。公私合作中的公法规制是基于公法地位的监督角色行使规制权，是公部门以实现维护公益的价值取向。除传统的规制手段外，主要通过许可权、信息获取权以及强制接管权等方式来实现。与传统的行政命令监督不同，公法规制是对契约自由的修正。由于国家担保责任的存在，国家须确保其对于公私合作具有足够的影响力，一旦行政机关在缔结公私合作契约上无法确保充分行使影响力时，将导致该契约“无效”。为此，反映在缔约上，国家有义务在缔约前进行若干准备，包括：国家须先审查法律及事实的前提条件，并审酌缔结公私协力契约是否符合目的❸。公私合作的本质是公部门对公共领域的让渡与退出，或涉及公共资源的配置，通常政府设置一定的准入条件，合作契约的成立，尤其特许领域，

❶ 尤其是在引入国际投资者时，私人投资者对仲裁更具偏好。

❷ 王文宇：《关于奖参条例与促参法草案的十点修订建议》，载于《月旦法学杂志》，1998年，第34期。

❸ 参见【德】Jan Ziekow：《从德国宪法与行政法观点论公私协力——挑战与发展》，詹镇荣译，载于《台湾月旦法学杂志》，2010年，第180期。Ziekow, Jan & Alexander Windoffer. Public Private Partnership-Struktur und Erfolgsbedingungen von Kooperationsarenen. 2008。

一般须经行政机关的核准与许可。

尤其值得注意的是，在公私合作以及契约治理中信息获取权有着不可替代的作用。信息获取权是指行政机关为履行其行政监督之任务，以适当方式了解获知受监督机关相关行为与信息❶。信息的获取一般也被认为是其他行政监督的基本前提条件。备案审查是公部门获取公私合作信息的重要方式和途径。公私合作契约基于法律法规的规定，通常需要报备主管机关备案❷。同时，基于公共任务的特殊性和维护公益的需要，合作主体往往受公法约束，承担信息公开的义务。我国的《政府信息公开条例》明确规定了公用事业单位的信息公开义务❸。行政机关也可通过监督检查权，调查相关资料，或者要求合作对象提供其运营状况，财务、安全等全方面的信息。信息获取权已经被证明是解决公私合作中信息不对称问题的重要途径和制度设计，同时也被广泛地接受和运用。法国在政府购买公共服务领域大力推广公私合作中委托模式，并为解决委托代理所形成的信息不对称，设定了完备的信息获取权。1993 年制定的"经济活动及公共程序透明化法"是法国公共服务契约委托最重要的立法(又称 Sapin 法)，该法详细地规定了信息获取权，"受托人必须于每年六月一日之前提交年度报告于委托机关，该报告必须包括委托之公共服务执行之程度，并且分析其所执行之服务之质量❹"。

值得注意的是，考虑到契约委托的广泛性与复杂性质，Sapin 法并未强制规定该报告书的内容，其仅仅提供一个框架，仅规定了受托人必须于该报告中分析公共服务执行效果和披露信息的程度的要求，"因公共服务的业务种类繁多，每种公共服务之内容均不尽相同，则委托机关为执行其监督义务所需之信息亦不相同，因此，Sapin 法并未强制规定报告书之内容，而需由个案审酌❺"。这种制度设计不仅考虑到公私合作的复杂性以及实践中的多样性，将信息获取权具体内容，受托人需要提供信息的种类、内容、程度等事项则为合作双方预留了协商的空间，为信息获取权的实际效果提供了保障，更为重要的是，框架性的规定，保留了信息获取权的弹性以及可协商性，充分尊重公私部门之间协商与合意。这也是信息获取权有别

---

❶ 参见陈新民：《行政法学总论》，2005 年，第 169 页；萧文生，《地方自治之监督》，载于《国家 · 地方自治 · 行政秩序》，2009 年，第 69 页。

❷ 建设部颁布的《市政公用事业特许经营管理办法》第 20 条规定：主管部门应当在特许经营协议签订后 30 日内，将协议报上一级市政公用事业主管部门备案。

❸ 《政府信息公开条例》第 37 条规定："教育、医疗卫生、计划生育、供水、供电、供气、供热、环保、公共交通等与人民群众利益密切相关的公共企事业单位在提供社会公共服务过程中制作、获取的信息的公开参照本条例执行，具体办法由国务院有关主管部门或者机构制定。"建设部颁布的《市政公用事业特许经营管理办法》也有类似的规定，第 26 条："社会公众对市政公用事业特许经营享有知情权、建议权。直辖市、市、县人民政府应当建立社会公众参与机制，保障公众能够对实施特许经营情况进行监督。"

❹ 蔡志方：《公权力之委托及其救济》，载于《法学丛刊》，1993 年，第 38 卷，第 3 期。

❺ 蔡志方：《公权力之委托及其救济》，载于《法学丛刊》，1993 年，第 38 卷，第 3 期。

于《政府信息公开法》中的信息强制披露义务的本质特质。

(二)私法规制

公私合作重要的动因与价值取向是利用民间企业之活力、弹性,提高经营绩效,因而公权力应遵循最少的干预原则,但公私合作又涉及公共服务的供给,为确保公共服务的供给与品质,对公权力不能或不便介入的事项公部门运用合作契约中约定,以私法之拘束达成公共服务供给安全和品质的效果。私法规制即公部门处于私法地位,基于私法自治和契约自由的原则,在不违背公序良俗以及法律强制性规定的情况下,允许当事人相对之自由裁量空间,双方契约合意即可行使其权利或尽其义务❶。公私合作中公法规制的作用和意义毋庸置疑,但公法规制需遵循补充原则,应当是审慎的。公私合作强调合作主体相互之平等性,充分考量私部门之自主性,赋予其充足的弹性自治空间,方能符合公私合作的基础与本源,因而,只有当自主规制无效或者协商不能时,公法规制方得以行使。契约规制有别于传统的规制模式,规制者(政府机构)与被规制者(私人参与者)之间通过订立契约的方式,将双方的责任、权利、义务以及相应事项作事前详细的规定❷。然而,实践中由于公部门契约规制能力不足,无法有效克服"物有所值"评估体系的失效、契约诱因机制不当、契约管理等难题。解决困境的途径在于建立公私合作私法优先理念,提高政府的契约管理能力,通过契约手段实现规制之效果。

(三)公法规制与私法规制之平衡

1. 平衡原则:私法优先

契约规制的本质是契约手段的运用,因此,契约规制依然应遵循私法与契约的基本原则。私法优先原则与公法规制的补充原则相对应,强调公私合作中的自主性,公法规制和介入则需遵循最小干预,充分发挥公私合作市场机制和自主规制的作用。合作契约除作为行政活动的手段外,其形式原则上适用民商法有关契约的规定,与市民之间的契约相同,公法契约是契约这一点没有变化,因此,不应以公益上的必要等为理由,得出一般排除民商法适用的结论❸。私法契约中被认为核心精神之"私法自治"与"契约自由"都必须要建立在当事人彼此信赖以及平等之基础上,若当事人可恣意破坏相对人之信赖,或双方非处于公平状态时,无论系私法自治或契约自由几乎不可能存在。因此,诚信原则可谓维护契约本质之重要原则,亦为契约建立、存续之重要根本,故只要该法律行为性质为契约者,即应遵循诚信

❶ 孙本初、傅岳邦:《契约型政府的概念与实务:信息与福利服务议题中的政府角色》,载于《文官制度季刊》,2000 年,第 2 卷,第 3 期。

❷ 天则公用事业研究中心:《市政公用事业监管的国际经验比较》,建设部政策研究中心委托课题,内部资料,2004 年,第 23-24 页。

❸ 【日】室井力:《日本现代行政法》,中国政法大学出版社,1995 年,第 143 页。

原则所衍生之规范❶。英美法系国家的行政法中没有明确的私法契约或行政合作的概念，行政主体签订契约适用一般的私法规则，它意在最大限度保障契约自由和契约当事人地位平等原则，更有利于行政合同民主性的实现❷。在大陆法系，传统行政、私法契约二元论观点之下，行政诉讼中同样适用普通法中的私法规则，德国行政程序法与我国台湾地区行政程序法都规定："关于行政契约，行政程序法所无规定者，适用民法规定"。公私合作的实践中，公部门缺失诚实随意毁约恰恰是阻碍公私合作发展的最为重要因素的之一，也是私人部门最大的顾虑。因此，私法上的诚实信用原则在合作契约中尤为重要，关切到合作者的信心与合作的成败。诚信原则的适用提供了解决途径，通过诚实信用原则调适公私部门之间的非均衡状态，促使双方当事人在契约过程中顾及交易道德，在双方互相信赖、彼此对等的状态下，实现私法自治与契约自由。

2. 平衡方式：契约自由的修正

契约作为规制工具，其并非完全自由，行政机关在法律无明文禁止之情况下，行政机关享有选择公法或私法组织与行为形式的自由，行政机关在不违背法律规定下，选择私法之行为形式或内容，自为法律所容许❸。但在公私合作中，则由法律优先决定契约订立之程序与内容，并非完全由行政机关以私法自治或当事人自治的方式来决定。合作双方的权利义务关系除依促参法之规定外，其主要的内容均通过投资契约加以规范❹。但是，合作契约中因其缔约一方为"行政主体"，在身份上较之一般契约具有特殊性，行政主体并不享有私法自治。私法契约原则受私法拘束，但并不意味着私法契约仅受私法拘束，如若合作契约仅适用私法契约，则原本用以控制行政主体的公法规范被排除在外，反而形成漏洞，仅以民事法律控制私法契约有其局限性❺。合作契约乃是行政机关依其权限或职权为规范主办机关办理促参案件之运作原则，而更是充满规制双方权利义务的条款，我国台湾地区行政院公布的《机关办理促进民间参与公共建设案件作业注意事项》第五十八点第二项至第四项对此作了说明："主办机关未同意变更契约前，民间机构不得自行变更契约，民间机构不得因契约变更之通知而迟延其履约期限。但经主办机关同意

---

❶ 詹文馨：《契约法上之附随义务——以德国契约责任之扩大为中心》，台湾大学法律研究所硕士论文，1990 年 1 月。

❷ 林明昕：《行政契约法上实务问题之回顾》，国立中正大学法学集刊，第 18 期，2005 年 4 月，第 253-295 页。

❸ 许宗力：《论行政任务的民营化》，载于《当代公法新论》，元照出版有限公司，2002 年，第 612 页。

❹ 民间参与公共建设中政府与民间合作的模式在我国台湾地区所推崇，并出台了专门的《促进民间参与公共建设法》，设计了公私合作的框架规范。我国台湾地区《促进民间参与公共建设法》第 12 条开宗明义地指出："主办机关与民间机构之权利义务，除本法另有规定外，依投资契约之约定；契约无约定者，适用民事法相关之规定。"

❺ 江嘉琪：《论行政契约自愿接受执行之约定》，载于《中原财经法学》，2004 年 6 月，第 12 期，第 25-65 页。

者不在此限，主办机关因组织调整或授权，致契约当事人变更的，民间机构不得拒绝变更。”合作契约兼具公私法性质，从契约自由的角度来看，是公法对契约自由原则吸纳与结合，反映在合作契约上，即是对合作契约的契约自由之限制；从行政行为形式选择自由理论来看，行政主体选择利用私法契约时，不再完全适用私法自治原则及契约自由原则。缔结私法契约之行政主体，其表面上虽立于一般私人之地位，但是其仍为国家机关，并不因此而具有“基本权的享有主体性”，且亦必须遵守依法行政原则以及受到宪法上基本原则之拘束，此外，虽然会因其行为类型不同而使拘束强度不一，但均应受有宪法上有关基本权保障规定之直接或间接拘束者❶。简言之，行政机关即使在选择利用私法契约形式以达成其行政任务之情形，其仍不能主张契约自由，其所缔结的私法契约仍应受公法原理原则之拘束❷。因此，合作契约的私法自治原则仍应受公法限制，以避免从公法逃遁到私法，脱逸公法的约束。

总之，从合作契约的平等性、自愿性和混合性出发，基于保护私部门利益和私人部门参与的意愿，赋予私人部门对合作契约性质的选择权，是走出合作契约性质争论迷失，解决合作契约的实践难题的路径选择。此外，行政合作法的法治架构中，不只是针对私人当事人一方的条件设定，同时对公部门的组织结构和能力提出了新的要求，行政机关需从传统的命令式的规制转向合作和契约的治理，掌握契约能力和专业的规制能力是公私合作下政府角色转变之关键。

---

❶ 许宗力：《基本权利对国库行为之限制》，载于《法与国家权力》，元照出版社，1999年10月，第70-71页。

❷ 许宗力：《基本权利对国库行为之限制》，载于《法与国家权力》，元照出版社，1999年10月，第70-71页。

第八章　结　　语

现代社会的法律已经变成了一个动态的规范体系,同一社会经济生活现象,公法和私法可能从不同的角度进行了调整,一旦出现纠纷,偏废任何一方进行孤立的考察都不可能圆满地解决问题。由于现代国家主要通过行政手段对社会经济生活进行直接干预,所谓的公法私法化和私法公法化,其实质就是私法和行政法互相工具化的问题❶。公私合作与公私法的融合,传统的高权行政模式难以因应公私合作带来的挑战,公私合作的发展推动了政府规制的革新,公私合作中的政府规制地位从主导向补充转变,规制性格从积极干预转向温和谦抑,规制手段从刚性向弹性转变,更加注重发挥私人自主规制的作用和功能。当然这种转变并不意味着政府规制的退却,而是规制的革新和重塑,政府依然承担最终的兜底与担保责任。因而,公私合作中的政府规制应当是兼具公法规制与私法规制的"合作规制",符合公私合作公私法混合的特征,满足平衡公益与私益需要。

不可否认的是,公私合作中政府存在多重角色的冲突,如何平衡这种角色冲突是公私合作能否成功的关键因素。政府作为"合作者""规制者"和"担保者",三者是处在同一水平线上,其地位是平等的,不可偏废一方;在力量和价值上,三者是均衡等量的,"合作者"与"担保者"所代表的公益与私益在公私合作中并无优劣高低之分,而是水平等价的保护,这也是公私合作的本质特征所在,而"规制者"则遵循行政中立的原则,处在"合作者"和"担保者"之间的均衡点,以平衡"合作者"和"担保者"的冲突。

但困难的是,政府与市场之边界总是模糊不清,"合作者"(市场)与"规制者"(政府)的角色冲突如何平衡,公私合作中政府规制的介入程度如何判断。自偿率、政府出资比例和公益性三个判断基准恰好契合了"合作者""规制者"和"担保者"三重角色,自偿率代表市场机制的强弱,政府出资比例代表政府与市场平衡的界分,公益性则代表了政府最终的"担保者"地位。自偿率、政府投资比例和公益性三者自身亦有其内在逻辑关系,自偿率和政府出资比例为公私合作中政府规制密度提供了量化的判断基准,而公益性基准则是在自偿率和政府出资比例基准无效时的定性基准。

---

❶ 方新军:《法和行政法在解释论上的接轨》,载于《法学研究》,2012 年,第 4 期。

就规制方式而言，公私合作中的政府规制有别于一般规制，个性谦抑，地位补充。经济性规制，更加强调弹性和激励，充分发挥市场机制的作用，采用最高限价机制，提高价格规制的弹性和经济诱因；减少传统的政府补贴转向使用者付费，促进私人部门的供给的品质和经营效率；在私人经营自主性与公共性的平衡中，引入“黄金股权”制度，提高私人部门的经营自主权。从政府角色观察，经济规制对应于“合作者”角色，以构建合作的经济诱因，促进公私合作之达成为归依。社会性规制，则更加强调市场机制下的消费者权益保护和普遍服务，对应于“担保者”角色，以保障社会公共利益为价值追求。市场机制下普遍服务和消费者保护需要发挥企业的社会责任与经济诱因在社会性规制中运用。

公私合作打破了公领域与私领域泾渭分明的界分，公私法趋于融合。合作契约是公私法融合的交汇点。合作契约在公私合作中处于核心地位，是公私部门意思表示及其权利义务的载体，合作契约融合了公法与私法的双重性格，在公私法二元体系的大陆法系，对合作契约性质判断就成为不得不面对的难题，合作契约性质的判断既要符合契约理论的发展方向，又要立足公私合作的特征和本质。解决合作契约性质的困境，需要摒弃以往“非公即私”的逻辑径路，合作契约应当是混合的独立契约类型，同时，基于公私法二元法律体系现实，对合作契约性质，应当尊重当事人合意，通过赋予私人部门以选择权确定合作契约的性质和适用的司法程序。在公法与私法的双重作用下，构建独立类型的混合契约，与公私合作公私法的双重个性和角色冲突具有契合性，也是政府规制发展的路径选择。

契约治理在政府规制中的作用和地位愈趋重要，公私合作的兴起对政府规制能力带来了极大的挑战，政府契约规制能力建设不仅在规制机构的设置上，更为重要的是规制机构本身的知识储备、专业技能和协商谈判能力的建设，而这种能力的建设绝非一日之功，这也是当前政府转型和治理能力建设的核心议题之一。

附　录

附录一　养老、交通、市政公用公私合作准入条件

养老行业公私合作准入条件

行业	依　据	资金条件	资质条件	设施条件	管理能力	从业经验与信誉	从业人员条件
养老	1.《养老机构设立许可办法》(部门规章); 2.《社会福利机构管理暂行办法》(部门规章); 3.《老年人建筑设计规范》(技术标准); 4.《方便残疾人使用的城市道路和建筑设计规范》(技术标准); 5.《社会福利机构基本规范》(技术标准)	有与服务内容和规模相适应的资金	社会福利机构设置批准证书	a.有符合养老机构相关规范和技术标准; b.符合国家环境保护、消防安全、卫生防疫等要求的基本生活用房、设施设备和活动场地; c.床位数在10张以上	a.有名称和住所; b.具有机构章程和管理制度		a.有与开展服务相适应的管理和服务人员; b.医务人员应当符合卫生行政部门规定的资格条件; c.护理人员、工作人员应当符合有关部门规定的健康标准

交通行业公私合作准入条件

行业	行　业	依　据	资金条件	资质条件	设施条件	管理能力	从业经验与信誉	从业人员条件
轨道交通	沈阳市城市轨道交通运营特许经营管理办法（地方政府规章）	a. 具有相应的注册资本金； b. 具有良好的银行资信、财务状况及相应的偿债能力	轨道交通运行许可证	具有相应设备、设施	具有切实可行的轨道交通经营方案	具有相应的从业经历、良好的业绩和企业商誉		
收费公路	收费公路权益转让办法（部门规章）	a. 财务状况良好； b. 企业所有者权益不低于受让项目实际造价的35%				a. 商业信誉良好； b. 在经济活动中无重大违法违规行为		
公共汽车	乌鲁木齐市城市公共汽车客运特许经营管理办法（地方政府规章）	相应的经营资金	道路运输经营许可	a. 有符合规定数量和规格的客运车辆； b. 有符合规定要求的专用停车场地和配套设施	有合理可行的经营方案；有与经营方式相配套的各项管理制度	具有承担相应责任的能力	有取得相应资格的管理人员、安全人员、司乘人员	

市政公用行业公私合作准入条件

行业	依　据	资金条件	资质条件	设施条件	管理能力	从业经验与信誉	从业人员条件
供气	1.《城镇燃气管理条例》(行政法规); 2.《浙江省燃气条例》(地方性法规); 3.《燃气经营许可管理办法》(部门规章)		燃气经营许可	a. 符合燃气发展规划要求; b. 有符合国家标准的燃气气源和燃气设施	a. 有固定的经营场所; b. 完善的安全管理制度和健全的经营方案	a. 有相应的履约能力及责任承担能力; b. 承诺接受特许经营协议的有关强制性要求	企业的主要负责人、安全生产管理人员以及运行、维护和抢修人员经专业培训并考核合格
供水	杭州市城市供水管理条例(地方性法规)	具有与供应规模相适应的资金	非供水企业不得从事城市供水业务	a. 具有符合要求的原水水源; b. 水厂、管网建设符合城市供水发展规划	a. 具有完备的设备管理制度和安全操作规程; b. 具有与供应规模相适应的应急处理能力		具有符合国家相应资格要求的专业技术人员和管理人员
污水处理	吉林省城市污水处理特许经营管理办法	a. 有相应的注册资本金; b. 有良好的银行资信、财务状况及相应的偿债能力	污水处理业环保许可	有相应的设施、设备	有可行的经营方案	a. 依法注册的企业法人; b. 有相应的从业经历和良好的业绩	有相应数量的技术、财务、经营等专业人员

附录二　国内10个公私合作失败案例

案例1　河南鲁山数百户居民断水近2月水利局称难监管[1]

河南首个县域公用事业BOT项目的鲁山自来水经营特许经营项目由新加坡水务公司获得后，成立鲁威水务公司进行运行，由于公司后期投入不足，政府监督不到位等问题，该县自来水供应经常出现连续数月的断水情况，社会公众反应强烈。鲁威水务的前身，是成立于1985年的鲁山县自来水公司，是自收自支的事业单位。2005年，县政府决定对自来水公司进行改制，引进新加坡外资，由其一次性购买自来水公司的全部资产，并成立鲁威（平顶山）水务有限公司，进行独立经营。外资企业成立合资公司后，由外方主导经营，企业考量成本营收，不愿意投入，政府又不愿意接手，造成一年最少停水6～8次，每次最少停一个星期，这次已经停一个多月了。作为当地自来水管理的主管部门，水利局明确表示其监管困境，缺乏有效手段对鲁威公司进行监管。

案例2　杭州湾跨海大桥民营资本退出事件[2]

出于对预期效益的乐观评估，杭州湾跨海大桥一度吸引了大量民间资本，17家民营企业以BOT形式参股杭州湾大桥发展有限公司，民间资本一度占到了整个项目的55%。让这一大型基础工程成为国家级重大交通项目融资模板。然而现在投资入股的民企又纷纷转让股份，退出大桥项目，地方政府不得不通过国企回购赎回了项目80%的股份。通车五年后，项目资金仍然紧张，2013年全年资金缺口达到8.5亿元。而作为唯一收入来源的大桥通行费收入全年仅为6.43亿元。按照30年收费期限，可能无法回收本金。《杭州湾跨海大桥工程可行性研究》预测到2010年大桥的车流量有望达到1867万辆，但2010年实际车流量仅有1112万辆，比预期少了30%以上。严重的预期收益误判导致民企决策错误。

2003年，雅戈尔便将杭州湾大桥公司40.5%的股份转让给了地方国企宁波交通投资有限公司和其他民营企业，拉开了资本撤退的序幕。而此前，雅戈尔入局很早，在大桥2000年立项之初便以45%的股份成为杭州湾大桥的第二大股东。从雅戈尔手中接过17.3%股份的宋城集团，两年后也宣告退出，央企中钢接手股权，到2012年后又转让给了上海实业。在2008年大桥建成前后，德邦大桥投资、和森钢

---

[1] 中国之声，《河南鲁山数百户居民断水近两月　自来水公司10年前被外资收购》，2016年1月23日报道。http://china.cnr.cn/xwwgf/20160123/t20160123_521212710.shtml

[2] 21世纪经济报道：2013年9月23日《杭州湾跨海大桥通车5年入不敷出民企纷纷退出》。

管等一批规模较小的民企也将股份转让给了宁波交投。与环驰类似，以合资企业间接入股的慈溪合盛集团也向本报记者证实已经退出大桥项目。

同时，更为重要的原因是，政府在大桥建设过程中过度的介入和管制，使得大桥建设周期、规模、财务以及大桥的设计等不断调整和变更，民营资本在其中基本无任何的主导权和自主权，大桥项目从规划到建成的10年间多次追加投资，从规划阶段的64亿元到2011年的136亿元，投资累计追加1倍还多，参股的民企已先期投入，只能继续追加，最终被“套牢”。2013年嘉绍大桥通车对杭州湾大桥是“雪上加霜”，接下来，杭州湾第三跨海工程钱江通道2014年底也将通车，另外宁波杭州湾大桥、舟山—上海跨海高速、杭州湾铁路大桥等项目也已纳入地方或国家规划，未来车流量将进一步分流，合同与规划的严重冲突令项目前景更加黯淡。

案例3　失控的公交车：合肥反省公交民营化❶

合肥公交集团与香港白马巴士集团共同出资5000万元组建合肥白马巴士有限公司，双方各占股50%，合资经营期暂定为30年，经营合肥市营收最好的20条线路。这一合作拉开了安徽省公交市场化改革的序幕。随后，由合肥公交集团公司、合肥兴达投资发展有限公司、民营珠海跃华科技发展有限公司共同出资3000万元组建了星辰巴士有限公司，由合肥公交集团控股。星辰巴士也划去营收较好的线路20条。“当时是希望企业化能够促进管理，提高效率，提升服务质量。当然同时也希望提高公交的自我造血能力，减轻政府负担。”然而，随后的由于政府规制的缺位，公交合肥公交运行能力下降，公交驾驶员的考核制度已经饱受诟病。收入与营收公里、油耗节超、单次（跑完一条线路的单程为一个单次）完成率挂钩，限制单次时间，无形的压力导致驾驶员追求速度、闯红灯、违法变道、空挡滑行（省油），这些都被认为是交通事故发生的直接原因。2007年，安徽合肥民营化后的公交，在5个月内致11人死亡，主管部门据此认定“引入民营资本，实际上是走了弯路”，随后清退民营资本，导致合肥公交民营改革被叫停，重新回归为国有公用事业。

案例4　廉江中法塘山水厂回购事件❷

廉江中法塘山水厂被认为是典型的政府部门缺乏经验、缺乏价格规制和盈利规制能力而导致决策失误的案例。中法塘山水厂始建于1997年，中法水务与廉江自来水公司签订《合作经营廉江中法供水有限公司合同》，合营期为30年。根据该合同及其补充合同的约定，双方总投资1669万美元，中法水务和自来水公司分别

❶ 参见：《民营化、逆民营化与政府规制革新》，《失控的公交车：合肥反省公交民营化》. http://finance.sina.com.cn/g/20070524/02033623403.shtml

❷ 参见《广州日报》，2009年11月27日《湛江廉江市4500万赎回中法塘山水厂》报道。

出资60%和40%。自来水公司以日产2万吨的旧水厂、新水厂土地及原水管道估算作价670万美元投入合资公司；中法水务则投入1000万美元现金，主要用作塘山水厂的建设。然而水厂建成后，却因合同上的问题，廉江市自来水公司不敢让其投产，否则，后患无穷。《合作经营廉江中法供水有限公司合同》根本无法履行。合同核心条款出现了履行不能：其一，自来水公司每天须从中法水务购买6万吨自来水，购买价格为1.15元/吨；其二，中法水务投产后，廉江不得再建其他水厂。而即便在10年后的今天，廉江城区的日均用水量也仅为3万吨。水价每年按一定的幅度上升，不过几年，水价便上升到6元/吨。

中法水务和廉江自来水公司投资有限公司签订期限30年合作经营合同，然而在建成后当地政府却不惜头顶着“不诚信”和“破坏投资环境”的骂名，不履行合约。原因在于若履约合约，30年将亏损55亿元，而中法水务将纯利81亿元。根源在于合约中对水量和水价的规定不合理，合约日均购水量远远高于水厂实际供水量，规定自来水起始水价为1.25元/立方米，水价按递升公式逐年支付，按照合约规定的购水量和实际供水量及相关费用进行计算后，水的成本为4.58元/立方米，平均售价为1.55元/立方米，第一年就将亏损2400多万元。

案例5　河南民营化高速烂尾[1]

内邓高速公路是河南省“十一五”重点建设项目，总投资39个亿，其中自有资本金公司投入25%，其余由宛达昕公司向银行贷款。由社会资本投资，南阳宛达昕高速公路公司作为业主方负责投资建设。2012年底，河南内邓高速公路当地政府曾经召开新闻发布会，宣布这条公路建成通车。事实上，这条公路除了完成的部分存在质量问题外，整个工程也根本没有完工，一些路段路面根本没有铺最上层的沥青。在路面的一些接驳部分都挖开了一些坑，极其不平整。后经了解，为了保障公路桥梁结构安全，在高速公路与桥梁接头处必须要安装伸缩缝，可是这段路也根本没有安装，大部分沥青路面基本没有铺好，甚至连钢筋都裸露着。

调查发现，这条号称在两年前就已经通车的公路，现在不仅没通车，甚至还成了半拉子工程。央视调查后发现，该项目一方面，交通部门下属的企业参与到非法转包的活动中去，监管也很难到位。另一方面，在已经出现资金短缺、质量低劣的情况时，当地还一味要求赶工期。同时政府相关部门对工程合同监督、工程质量监管不到位，对合作方的此前并无相关的高速公路建设运行的经验，资金资金筹集、财务管理、质量管理等方面经验和人员严重不到位，事实上并不具备高速公路大型工程的建设和管理的经验，不符合公私合作的本质要求和制度设计初衷。

---

[1] 参见央视《焦点访谈》，《河南豆腐渣高速路曝光：裂缝约1米》。
http://news.xinhuanet.com/fortune/2014-12/25/c_127332591.htm，最后访问日期：2015年12月5日。

案例6　5年4次罢运，十堰市公交民营化改革搁浅[1]

2003年3月24日，张朝荣的温州市五马汽车出租公司与十堰市政府正式签订收购协议。按照协议，十堰市政府所持有的国有资本全部退出公交公司，张朝荣以3931万元的价格收购国有产权；新公司挂牌后，温州市五马汽车出租公司持有68%的股份，另外32%的股份由公交公司内部员工持有；新公司同时以每年800万元的经营费和附加费等，买断十堰公交18年的特许经营权。作为国内首例市州级"城市公交整体民营化"改革，十堰市"公交民营化"一开始就被赋予了"标本"意义，受到各界的广泛关注和高度赞誉。

然而，对于被寄予"多赢"厚望的"公交民营化"改革，十堰市公交公司的职工却屡次以"停运"相抗。在发生第四次停运事件后，十堰市委决定：立即成立维护公交正常秩序领导小组，负责处理恢复公交秩序的各项具体工作；市政府依法收回特许经营权，全面接管公交公司，由公交公司临时党委全面负责过渡期的具体工作。至此，曾经国内首家、计划18年的十堰市"公交民营化"改革，在仅仅推行了5年之后便"夭折"，最终不得不以"政府重新收回"的结局尴尬谢幕。关于"收回"的原因，十堰市政府提供的材料称，"这两次全线停运，充分反映出公司经营者已经不能对公司实行有效管理，已经不能维护企业的稳定和正常的营运秩序，已经不能为市民提供安全可靠的公共交通服务。因此，为了维护城市公共交通秩序，保障广大市民正常享有公共交通权益，根据现行法律法规和特许经营协议，依法收回特许经营权。"十堰市公交集团公司提交给政府的《亟待解决问题的报告》解释，主要与公交特许经营权出让价格确定权剧变、对原单位公交车承包金的减免、小中巴重复线路损失、社会公益性线路亏损、油价暴涨以及市政府招商优惠政策没有兑现有关。也有人对"收回"之举表示质疑，政府这样太草率了，现在给人的感觉是政府并没有变成服务者，还是计划经济的管理者，需要你进来投资的时候好话说尽，出了问题就把责任都推在别人身上，政策的朝令夕改只会让想进入十堰的投资止步不前。

案例7　兰州威立雅水务水污染事件[2]

2007年1月，威立雅水务集团报价17.1亿元，与兰州供水集团签署了45%的股权转让意向性协议，远远超过同时竞标的中法水务报出的4.5亿元和首创股份

---

[1] 参见章志远：《民营化：规制改革与新行政法的兴起——从公交民营化的受挫切入》，载于《中国法学》，2009年，第5期。《湖北十堰公交民营化搁浅》，2008年4月29日《青岛日报》，http://ribao.qingdaonews.com/html/2008-04/29/content_651811.htm。最后访问日期：2015年12月5日。

[2] 严宏：《城市公用事业民营化与地方政府转型——以兰州自来水污染为例》，载于《马克思主义与现实》，2015年5月。《兰州水污染事件周年考：业内质疑官方偏袒威立雅》，载于《中国青年报》，2015年4月5日。

报出的2.8亿元,兰州市国资委占有55%的股权,并派出董事长(高溢价),这种“高溢价”收购方式称为“兰州模式”,高溢价转让股权增加了兰州市当年的财政收入。但是对于威立雅来说,这种高溢价收购可能将之转嫁给消费者。自2008年以来,兰州水务集团和威立雅集团一直申请涨价,理由是兰威水务每吨水的成本为1.95元,而价格只有1.45元,2008年兰威水务一直处于亏损,终于2009年兰州居民供水价格从1.45元涨到1.75元。

2015年兰州市威立雅水务集团公司检测显示出厂水苯含量、自流沟苯含量远超出国家限值的10微克/升,导致兰州主城区的城关、七里河、安宁、西固四区居民生活用水停供4天,后经查明系兰州石化管道泄漏所致。一方面,兰州威立雅每年的投入预算很低,几乎无法维持供水系统正常运转。技术设施疏于维护保养,才导致如此严重的水污染事件。另一方面,当初威立雅为获得45%的股权已经付出了极高的投标价,而兰州水价4年来一直未涨,公司处于亏损状态,无力也不愿出资维护更新设施,兰州威立雅为追逐利润最大化虽然提出加大设备维护、管线改造以及新管线投入等建议,囿于兰威水务集团内部决策机制,即董事会董事“一票否决”,往往不能在董事会通过,或以加水价作为条件,因与政府的民生立场相悖无法通过,企业和政府立场的不同,导致水厂工艺改造不及时,供水管网该维护不维护或少维护。

案例8 深圳130亿回购高速免费通行[1]

2015年11月30日,深圳市交通运输委员会与深圳高速公路股份有限公司以及深圳龙大高速公路有限公司分别签署协议,协议显示,自2016年2月7日零时起,龙大高速公路深圳段免费通行,保留松岗以北至莞佛高速4.4公里收费;南光、盐排、盐坝高速全段免费通行。这是深圳市第三次回购高速公路,总花费达百亿元以上。南光、盐排、盐坝、龙大高速公路的收费经营权原本分别至2033年1月、2027年3月、2035年3月、2027年10月。为取消收费,深圳市政府将以财政资金对高速公路公司予以经济补偿。

南光、盐排、盐坝三条高速公路收费调整将分为两个阶段。第一阶段自2016年2月7日零时起至2018年12月31日24时止。在此期间,深高速在保留拟调整路段收费公路权益并继续承担管理和养护责任的情况下,对该路段实施免费通行,深圳市交委则向深高速采购该路段的通行服务并就所免除的路费收入给予补偿。第二阶段,将在第一阶段届满前10个月内,由深圳市交委根据不同情况选择自2019年1月1日零时起采用方式一或方式二执行。若采用方式一,则继续沿用第

[1] 参见:《经济日报》2016年1月7日《深圳缘何百亿元回购四条高速公路?》。

一阶段的调整方式，若采用方式二，则深圳市交委提前收回上述三条拟调整路段的收费公路权益，深高速不再拥有相关路段的收费权益，同时也不再承担相应的管理和养护责任。

根据协议，若在第二阶段采用方式一的情况下，南光、盐排、盐坝三项目补偿总额暂定为96.88亿元，龙大项目补偿总额暂定为42.59亿元，总花费为139.44亿元；在第二阶段采用方式二的情况下，南光、盐排、盐坝三项目补偿总额暂定为76.52亿元，龙大项目补偿总额暂定为38.4亿元，总花费为114.92亿元。

案例9　福州鑫远闽江四桥特许经营纠纷案[1]

1995年，福州市政府推出了一个路桥建设的境外招商项目，并力邀香港中旅集团有限公司（中央政府在香港设立的四大中资企业之一，下简称港中旅集团）的全资附属公司香港秀明国际投资有限公司（下简称港方）投资。在福州市政府的大力劝说和参与协调下，1997年5月，秀明公司与福州市城乡建设发展总公司（福州市属国有企业，下简称中方）订立了《合作经营合同》。双方约定共同出资12亿元人民币成立福州鑫远城市桥梁有限公司（下简称合作公司），投资建设闽江四桥，经营闽江二三桥及其附属的白湖亭收费站。港方、中方在合作公司中的股权各占70%和30%，其中港方出资8.4亿元，中方则以闽江二桥、三桥及白湖亭收费站有形资产作价3.6亿元入股。

合作公司成立后，1997年10月，福州市政府与合作公司签订《专营权协议》，双方约定合作公司以人民币12亿元受让闽江二桥、三桥、四桥及白湖亭收费站产权、经营权及通行费收费权和其他相关权益，28年后再无偿归还中方。针对港方对城市道路扩建后白湖亭收费站可能受到影响的担心，福州市政府在《专营权协议》中作了一系列承诺，明确保证自合作公司经营之日起9年内，所有从福州南大门进出的车辆都通过该收费站，并保证在28年的专营权有效期限内采取措施维护收费站的正常运营，同时在协议中约定如果在9年内因特殊情况导致通行费收入严重降低或通行费停收时，福州市政府应收回专营权，并保证港方除收回本金外，按实际经营年限获取年净回报率18%的补偿。

《专营权协议》签订后，港方所投入的8.4亿元人民币资金中，用4亿元新建了闽江四桥，其余的4.4亿元进了福州市财政专户，由市政府进行支配。港方投资的8.4亿元，其中3.02亿元由境外现金投入，其余以合作公司名义向银行贷款，由港中旅集团提供全额担保。这一招商项目完成后，港方投资新建的闽江四桥被评为福州市当年十大杰出项目，并被誉为以市政建设项目进行BOT（特许经营）引资的

[1] 参见：《法制日报》2004年9月2日《透析港中旅案：依法行政，政府首先必须诚实守信》。

成功范例。

2004年5月16日,出口与白湖亭收费站相隔不到200米的福州二环路三期路段正式通车,比《专营权协议》约定的时间提前了2年零7个月。此后大量车辆绕过白湖亭收费站走不收费的二环路,造成合作公司通行费收入急剧减少,经营陷于绝境,已经无法通过收费站收回投资成本和投资回报,也失去了清偿银行贷款的能力。港方在福州市8.4亿元的巨额投资在近7年的时间里不仅几乎没有回报,还要承担2亿多元未还银行贷款的还款责任。

为此合作公司多次与福州市政府交涉,提出了多种解决方案,港中旅集团主要领导也亲赴福州,与福州市政府主要领导进行了多次磋商谈判并一再作出让步,表示可将《专营权协议》约定的18%回报改为“适当”回报,但均未得到福州市政府的批准。从2003年12月起,福州市政府干脆对港中旅集团的多次致函和派人上门求见不理不睬。港中旅集团将情况如实上报主管部门国务院国资委后,国资委和中央政府驻香港联络办公室出面与福州市政府联系,但同样未获得回应。

在要求进一步谈判磋商无门的情况下,合作公司向中国国际经济贸易仲裁委提出了仲裁申请,要求终止与福州市政府的《专营权协议》,并由福州市政府返还总额达9亿多元的投资本金和投资补偿款。此申请在7月6日获得正式受理后,福州市政府随即以中国国际经济贸易仲裁委无权受理为由,向福州市中级人民法院起诉提起管辖权异议。港方为合作公司写了答辩状,但掌管合作公司印章的中方不敢盖章,致使合作公司无法应诉。

案例10　青岛市威立雅水务直排事件[1]

2003年11月青岛市与以法国威立雅水务集团为主的外资企业合作进行了规模庞大的水域综合整治,该项目采用PPP模式进行运作,为威立雅水务集团和光大国际共同出资成立了光大威水香港控股有限公司。项目公司的经营范围为设计、建设、拥有、运营及维护污水处理设施,净化和处理污水。项目总投资4280万美元,注册资本为1525万美元,其中,在注册资本中,中方占40%,以实物资产出资;外方占60%,以915.4万美元的现金出资。中方以海泊河污水处理厂和麦岛污水处理厂(一期)现有资产投入,经有关国有资产管理部门评估的价值为5053万人民币,按照1:28的比例,折合成6103万美元的实物出资。合作公司投资总额和注册资本之间的差额为2755万美元,主要用债务融资的方式获得,双方约定可以项目合作公司的全部资产,包括土地所有权、不动产和设备、合同权益和其他无形产权作为担保。合作期限25年。合作期满后,项目合作公司将其所有资产(包括未使

---

[1] 参见:《中国经营报》,《威立雅卷入自来水管道排污风波》,2007年11月4日。

用完的折旧费)无偿移交给青岛市。污水处理价格为:前3年1.00元/吨,第4年以后1.045元/吨。

2006年7月,山东省环保局曾曝光13家污染企业、15处不合格水源地和9家超标污水处理厂。其中,全省85家城镇污水处理厂中,未报数据的8家中有青岛麦岛污水处理厂。在监测的处理厂中,排放超标的有青岛威立雅运营的青岛海泊河污水处理厂。2007年7月,有青岛市民发现青岛威立雅负责运营的青岛麦岛污水处理厂,擅自将污水处理厂回用水管道接到了自来水主管道上,回用水进入自来水主管道后,污染了自来水的水质。

由于特许合同的价格条款以及投资条款设计不合理,加上麦岛区近年来的发展速度,常住人口的增加,导致每天排出的污水量已经超过了麦岛污水处理厂的实际处理能力,同时在计款方式上,政府向污水处理厂支付的污水处理费,是按照实际处理数量计算的,污水处理的越多,污水处理厂的收益越多。相反,如果每天污水的处理量低于合同约定的数量,政府就要按照合同约定处理量支付污水处理费。出于对污水处理承诺以及控制成本考量的原因导致了直排事件的发生。正如相关报道“污水需要经过隔离、药剂消毒等数道程序才能向海里排放,每省一道程序就会减少一些成本,威立雅这么做,无非就是想省钱,节约成本。”据朱平分析,污水处理费一般城市为0.8元/吨,并且计入水价代收。青岛目前每吨水价为2.8元,其中1元为污水处理费。在污水处理费得不到提高、实际处理数量增加的情况下,为了履行跟政府签订的协议,只能将处理不掉的污水排向自来水管道,达到排污的目的。

参考文献

[1]【美】W·吉帕·维斯库斯,等.反垄断与管制经济学[M].陈甬军,等,译.机械工业出版社,2004 .

[2]【德】哈特穆特·毛雷尔.行政法学总论[M].高家伟,译.法律出版社,2000.

[3]【德】斯蒂格利茨.公共经济学.郭庆旺,等,译.中国人民大学出版社,2012.

[4]【德】魏伯乐,【美】奥兰杨,【瑞士】马赛厄斯·芬格.私有化的局限[M].王小卫,周婴,译.上海三联出版社,2006.

[5]【法】迪骥.公法的变迁[M].郑戈,译,商务印书馆,2013.

[6]【法】克洛德·梅纳尔,斯特凡·索西耶.公用事业的合约选择与绩效:以法国的供水为例[J].比较,2004,13.

[7]【美】ALFREDC·MAN,JR.面向新世纪的行政法[J].袁曙宏,译.行政法学研究,2000,3.

[8]【美】E.S.萨瓦斯.民营化与公私部门的伙伴关系[M].周志忍,等,译.中国人民大学出版社,2002.

[9]【美】Elliott D.Sclar.关于私有化的经济学:不一定总能得到你想要的[M].李雪松,王磊,译.科学出版社,2013.

[10]【美】阿尔弗莱德·阿曼.全球化、民主与新行政法[M].刘轶,译.北大法律评论,第6卷第1辑,法律出版社,2005,6(1).

[11]【美】埃莉诺·奥斯特罗姆. 公共事务的治理之道[M].余逊达,陈旭东,译.上海译文出版社,2012.

[12]【美】奥利佛·威廉姆森.交易成本经济学[M].李自杰,蔡铭,译.人民出版社,2008.

[13]【美】奥利弗哈特.不完全合同、产权和企业理论[M].费方域,蒋士成,译.上海三联书店,2011.

[14]【美】奥利弗威廉姆森.交易成本经济学[M].李自杰,蔡铭,译.人民出版社,2008.

[15]【美】博登海默.法理学:法律哲学与法律方法[M].邓正来,译.中国政法大学出版社,1999.

[16]【美】凯斯·R·桑斯坦.权利革命之后:重塑规制国[M].钟瑞华,译.中国人民大学出版社,2008.

[17]【美】麦克尼尔.新社会契约论[M].中国政法大学出版社,2004.

[18]【美】乔迪·弗里曼. 私人团体、公共职能与新行政法[J]. 晏坤,译. 北大法律评论,第5辑第2期.

[19]【美】山本隆司. 日本公私协力之动向与课题[J]. 刘宗德,译. 月旦法学,2009,172.

[20]【美】斯图尔特. 二十一世纪的行政法[J]. 苏苗罕,译. 环球法律评论,2004.

[21]【美】维斯库斯. 反垄断与管制经济学[M]. 陈甬军,等,译. 机械工业出版社,2004.

[22]【美】朱迪弗里曼. 合作治理与新行政法[M]. 毕海波,陈标冲,译. 商务印书馆,2010.

[23]【日】米丸恒治. 公私协力于私人行使权力——私人行使行政权限及其法制之统制[J]. 刘宗德,译. 月旦法学,2009,173.

[24]【日】室井力. 日本现代行政法[M]. 中国政法大学出版社,1995,143.

[25]【日】盐野宏. 行政法总论[M]. 杨建顺,译. 北京:北京大学出版社,2008.

[26]【日】原田大树. 自主规制的制度设计[J]. 山东大学法律评论,2008.

[27]【英】安东尼·奥格斯. 规制:法律形式与经济学理论[M]. 骆梅英,译. 中国人民大学出版社,2008.

[28]【英】卡罗尔·哈洛,理查德·罗林斯. 法律与行政[M]. 杨伟东,等,译. 商务印书馆,2004.

[29]【英】休·柯林斯. 合同规制[M]. 郭小莉,译. 中国人民大学出版社,2014.

[30] 布坎南. 公共物品的需求与供给[M]. 马珺,译. 上海人民出版社,2009.

[31] 步兵. 论行政主体对行政契约的单方变更权[J]. 行政法学研究,2008,6.

[32] 蔡乐渭. BOT中的行政法问题研究[J]. 行政法学研究,2003,3.

[33] 蔡茂寅. 行政任务民营化[D]. 当代公法新论——翁岳生七秩诞辰祝寿论文集(中),元照出版公司,2002.

[34] 蔡茂寅. 委托私人行使公权力之救济[J]. 月旦法学教室(公法学篇),2002,3.

[35] 蔡秀卿. 从行政之公共性检讨行政组织及行政活动之变迁[J]. 月旦法学杂志,2005,120.

[36] 蔡宗珍. 从给付国家到担保国家——以国家对电信基础需求之责任为中心[J]. 台湾法学杂志,2009,122.

[37] 曹艳秋. 转轨信息不对称与规制效率[M]. 经济科学出版社,2011.

[38] 曾冠球. 为什么沦为不情愿伙伴? 公私伙伴关系失灵个案的制度解释[J]. 台湾民主季刊,2011,8.

[39] 曾冠球. 协力治理观点下公共管理者的挑战与能力建立[J]. 文官制度季刊,

2011,3.
[40] 陈爱娥.公营事业民营化之合法性与合理性[J].月旦法学杂志,1998,36.
[41] 陈爱娥.国家角色变迁下的行政任务[J].月旦法学教室.2003,3:106.
[42] 陈爱娥.行政行为形式—行政任务—行政调控——德国行政法总论改革的轨迹[J].月旦法学杂志,2005,120.
[43] 陈爱娥.经济行政领域中的程序保障——以分配程序为观察重心[J].宪政时代,2012,38:(1).
[44] 陈春生.行政法上之参与及合作——行政程序法对此的回应与面临的挑战[M].行政法之学理与体系(二),元照出版有限公司.
[45] 陈春生.行政法学的未来发展与行政法程序论[M].行政法之学理与体系(二),元照出版有限公司.
[46] 陈淳文.公民、消费者、国家与市场[J].人文及社会科学集刊.2003,15(2).
[47] 陈敦源,张世杰.公私协力伙伴关系的诡掉[J].文官制度季刊.2010,2.
[48] 陈干金.公共服务民营化以及政府管理研究[M].安徽大学出版社,2008,55.
[49] 陈剑,夏大慰.规制促减贫:以公用事业改革为视角[J].中国工业经济.2010,2.
[50] 陈金贵.私有化初探[J].行政学报,1989,21.
[51] 陈军.变化与回应:公私合作的行政法研究[D].苏州大学法学院.
[52] 陈军.公私合作背景下行政程序变化与革新[J].中国政法大学学报.2013,4.
[53] 陈军.公私合作背景下行政法的挑战与机遇[J].云南行政学院学报,2011,2.
[54] 陈军.公私合作背景下行政法发展动向分析[J].河北法学,2013,3.
[55] 陈明灿,张蔚宏.我国促参法下 BOT 之法制分析:以公私协力观点为基础[J].公平交易季刊,2004,13(2).
[56] 陈明修.公私协力契约与行政合作法以德国联邦行政程修改[J].兴大法学,2010,7.
[57] 陈锐雄.民法总则新论[M].三民书局,1982.
[58] 陈耀祥.论欧洲整合对于德国行政法总论发展之影响[J].月旦法学,2005,121.
[59] 程明修.非型式化的行政任务[M].行政法之行为与法律关系理论,新学林出版股份有限公司,2005.
[60] 程明修.公私协力契约性对人之选任争议[J].月旦法学,2006,138.
[61] 程明修.公私协力契约与行政合作法:以德国联邦行政程序法之改革构想为核心[M].兴大法学,2005,7.
[62] 程明修.行政行为形式选择自由——以公私协力为例[J].月旦法学,

2005,120.

[63] 程明修.行政受托人之选任应适用政府采购法或行政程序法?[J].月旦法学杂志,2004,21.

[64] 程明修.经济行政法上之自我限制协定[J].月旦法学教室,2002.

[65] 程明修.经济行政法中公私协力行为形式的发展[J].月旦法学杂志,2000,60.

[66] 邓敏贞.公用事业公私合作合同的法律属性与规制路径——基于经济法视野的考察[J].现代法学,2012,3.

[67] 董保城,湛中乐.国家责任法——兼论大陆地区行政补偿与行政赔偿[M].元照出版社,2008.

[68] 董保城.台湾行政组织变革之发展与法制面之挑战[M].国家赔偿与征收补偿/公共任务与行政组织,台北:台湾行政法学会.

[69] 段绪柱.公私合作制中的政府角色冲突及其消解[J].行政论坛,2012,4.

[70] 樊纲.市场机制与经济效率[M].三联书店,1995.

[71] 樊慧玲,李军超.嵌套性规则体系下的合作治理[J].天津社会社科,2010,6.

[72] 高家伟.论中国大陆煤炭能源监管中的公私伙伴关系[J].月旦法学,2009,174.

[73] 高秦伟.行政法中的公法与私法[J].江苏社会科学,2007,2.

[74] 高秦伟.美国行政法中正当程序的“民营化”及其启示[J].法商研究,2009,1.

[75] 高秦伟.私人主体的信息公开义务——美国法上的观察[J].中外法学,2010,1.

[76] 高伟娜.垄断性产业的普遍服务机制研究[D].东北财经大学.

[77] 葛云松.法人与行政主体理论的再探讨——以公法人概念为重点[J].中国法学,2007,3.

[78] 龚向和.人权保障语境下的行政行为选择自由——以公共行政民营化为例[J].学术交流,2008,7.

[79] 古允文.从福利国家发展谈民营化下国家角色的转换[J].社区发展季刊,1997,80.

[80] 郭朋.民营化背景下公用事业规制研究[D].苏州大学法学院.

[81] 韩文龙,刘灿.共有产权的起源、分布与效率问题——一个基于经济学文献的分析.云南财经大学学报,2013,1.

[82] 何立胜,樊慧玲.政府社会规制的成本与收益分析[J].中州学刊,2007,5.

[83] 何寿奎,孙立东.公共项目定价机制研究——基于 PPP 模式的分析[J].价格

理论与实践,2010,2.

[84] 何颖.新公共管理理论方法论评析[J].中国行政管理,2014,11.

[85] 荷世平.不对称信息下之政府BOT政策[R].台湾地区行政院国家科学委员会专题研究计划成果报告.

[86] 胡敏洁.给付行政与行政组织法的变革[J].浙江学刊,2007,2.

[87] 胡玉鸿.论私法原则在行政法上的适用[J].法学,2005,12.

[88] 黄锦堂.行政法总论之改革:基本问题要义与评论[J].宪政时代,2003.29.

[89] 黄锦堂.行政契约法主要适用问题之研究[C].行政契约与新行政法台湾行政法学会学术研讨会论文集(2001).

[90] 黄明圣.英国与日本PFI制度比较研究[J].台湾经济论衡.2010.

[91] 黄舒芃.行政正确取代行政合法——初探德国行政法革新路线的方法论难题[J].中研院法学期刊,2011,8.

[92] 黄新华.政府规制研究:从经济学到政治学和法学[J].福建行政学院学报,2013,5.

[93] 黄学贤,陈峰.试论实现给付行政任务的公私协力行为[J].南京大学法律评论,2008.

[94] 黄源协.从强制竞标到最佳价值——英国地方政府公共服务绩效管理之变革[J].公共行政学报,2006,15.

[95] 黄越钦.公法人与私法人[J].政大法学评论,1990,22.

[96] 江必新.论行政规制基本理论[J].法学,2012,12.

[97] 江嘉琪.公私法混合契约初探——德国法之观察[J].中原财经法学,2002,12.

[98] 江嘉琪.论行政契约自愿接受执行之约定[J].中原财经法学,2004,12:25-65.

[99] 江亮演,应福国.社会福利与公设民营化制度探讨[J].社区发展季刊,2005,1.

[100] 江瑞祥.公共建设执行之组织型式甄选[J].公共行政学报,2010,22.

[101] 姜明安.新世纪行政法发展的走向[J].中国法学,2002,1.

[102] 姜政扬,王秋雯.对以民营化方式消除公用事业垄断问题之反思[J].河北法学,2011,9.

[103] 蒋红珍.非正式行政行为的内涵[J].行政法学研究,2008,2.

[104] 金玉莹.欧盟地区PPPs政策之推动历程与发展——以欧盟之研究与现况为主要观察[R].台湾地区行政院委托研究报告.

[105] 郎佩娟.论我国公共基础设施特许经营的行政法环境[J].中国人民大学学

报,2006,6.

[106] 李翻宇. 行政法上自主管制之研究[D]. 国立台北大学法律学系. 2010,56.

[107] 李昌麒. 经济法学[M]. 中国政法大学出版社,2002.

[108] 李丹阳. 当代全球行政改革视野中的公私伙伴关系[J]. 社会科学战线,2008,6.

[109] 李建良. 法律制度与社会控制:法治国家中法律控制能力及其界限之问题初探[J]. 收录于林继文主编政治制度,2002.

[110] 李建良. 公法契约与私法契约之区别问题[J]. 行政契约与新行政法,2004.

[111] 李建良. 行政法入门[M]. 元照出版有限公司,2004.

[112] 李建良. 民营化时代的行政法新思维[M]. 2011 行政管制与行政争诉,中央研究院法律学研究所专书第 1-27.

[113] 李龙亮. 市场化背景下的公用事业法律规制研究[D]. 重庆大学,2011.

[114] 李显冬. 市政特许经营中的双重法律关系——兼论市政特许经营权的准物权性质[J]. 国家行政学院学报,2004,4.

[115] 李训民. 公法契约的控制——从公私合伙架构谈起[J]. 行政法学研究,2012,1.

[116] 李训民. 回归行政契约的必要性——美国社会福利计划民营化争议谈起[J]. 军法专刊,2012,58(2).

[117] 李以所. 德国担保国家理论评介[J]. 国外理论动态,2012,7.

[118] 李以所. 德国公私合作制促进法研究[M]. 中国民主法制出版社,2013.

[119] 李宗勋. 公私协力与委外化的效应与价值:一项进行中的治理改造工程[J]. 公共行政学报,第 12 期,2004.

[120] 李宗勋. 政府业务委外经营:理论与实务[M]. 智胜文化出版公司,2003.

[121] 廖俊松. 民营化之外——福利国家民营化的省思[J]. 空大行政学报,2009,9.

[122] 廖钦福. 规费法评析——以规费之概念及分类为中心[J]. 财税研究. 2005,4.

[123] 廖义铭. 新治理模式之发展对当代法学之冲击[R]. 高雄大学政治法律学系主办,政治与法律之对话——合作国家与新治理研讨会.

[124] 廖义男. 国家对价格之管制[J]. 台大法学论丛. 1976,5.

[125] 廖元豪. 政府业务外包后的公共责任问题研究:美国与我国的个案研究[M]. 全球化下之管制行政法,元照出版有限公司.

[126] 林佳和. 公私协力在劳动法上的理论与实践[M]. 全球化下之管制行政法,2011.

[127] 林佳和. 经济全球化下的国家:从社会福利国到国际竞争国——兼论竞争力之意涵与法律之角色[J]. 劳工研究,第7卷第1期,2007年6月,第2-3页.
[128] 林家祺. 政府采购诉讼事件行政法院与普通法院审判权之界线[J]. 月旦法学杂志,2006年6月,总第133期,第92页.
[129] 林明铿. 促进民间参与公共建设法事件法律性质之分析[J]. 台湾本土法学,2006,82.
[130] 林明锵. ETC判决与公益原则——评台北高等行政法院94年度诉字第752号判决、94年度停字第122号裁定[J]. 月旦法学杂志,2006,134.
[131] 林明锵. 促进民间参与公共建设法事件法律性质之分析[J]. 台湾本土法学杂志,2011,82.
[132] 林明锵. 担保国家与担保行政法——从2008年金融风暴与毒奶粉事件谈国家的角色[J]. 政治思潮与国家法学. 元照出版有限公司,2010.
[133] 林明锵. 行政契约初论[J]. 行政契约法研究,台北翰芦出版有限公司,2006.
[134] 林明锵. 论BOT之法律关系——兼论立法政策[J]. 万国法律,1998,101.
[135] 林明锵. 欧盟行政法—德国行政法总论之变革[M]. 新学林出版社,2009.
[136] 林明昕. 行政契约法上实务问题之回顾[J]. 国立中正大学法学集刊,2005:253-295.
[137] 林淑馨. 民营化、解除管制与政府职能:我国公营交通事业改革之过程分析[J]. 公共事务评论,2007,8(2).
[138] 林淑馨. 日本公私协力推动经验之研究:北海道与志木市的个案分析[J]. 公共行政学报,2009,32:33-67.
[139] 林淑馨. 铁路电信邮政三事业民营化——国外经验与台湾现况[M]. 台北鼎茂出版公司,2004.
[140] 林淑馨. 邮政事业自由化、民营化与普及服务确保之研究[J]. 政治科学论丛,2003,19.
[141] 林万亿. 论我国的社会住宅政策与社会照顾的结合[J]. 国家政策季刊,2003,4.
[142] 林锺沂. 行政学[M]. 台北:三民书局股份有限公司,2001.
[143] 刘飞. 试论民营化对中国法制之挑战——民营化浪潮下的行政法思考[J]. 中国法学,2009,2.
[144] 刘恒. 行政许可与政府管制[M]. 北京大学出版社,2007.
[145] 刘家嘉. 台湾环境法制自主管制之研究[D]. 国立高雄大学政治法律学系,2009.
[146] 刘孔中,施俊吉. 管制革新[M]. 中央研究院中山人文科学研究所,2001.

[147] 刘绍栋. 论 BOT 基本法[J]. 月旦法学杂志,1998,33.
[148] 刘淑范. 公私伙伴关系(PPP)于欧盟法制下发展之初探:兼论德国公私合营事业(组织型之公私伙伴关系)适用政府采购法之争议[J]. 台大法学论丛,2011,40(2).
[149] 刘淑范. 行政任务之变迁与公私合营事业之发展脉络[J]. 中研院法学期刊,2008,2.
[150] 刘志刚. 论服务行政条件下的行政私法行为[J]. 行政法学研究,2007,1.
[151] 刘志鹏. 公共政策过程中的信息不对称及其治理[J]. 国家行政学院学报,2010,3.
[152] 刘宗德. 公法与私法之区别[M]. 行政法争议问题研究(上). 台湾行政法学会编,五南出版社,2001.
[153] 刘宗德. 公私协力与自主规制之公法学理论[J]. 月旦法学杂志,2013,6.
[154] 刘宗德. 日本公害防止协定之研究[J]. 政大法学评论,38.
[155] 刘宗德. 日本行政法学之现状分析[M]. 行政法基本原理,学林出版社,1998.
[156] 柳砚涛. 行政法的颤变:由公法到公私法合一[J]. 甘肃政法学院学报,2006,6.
[157] 鲁鹏宇. 行政法学理构造变革[D]. 吉林大学,2007.
[158] 陆敏清. 从德国修法历程论公私协力运用契约调控的发展[J]. 兴国学报,2003.
[159] 罗豪才,袁曙宏,李文栋. 现代行政法的理论基础[M]. 现代行政法的平衡理论. 北京大学出版社,1997.
[160] 骆梅英. 通过合同治理——论公用事业特许契约中的普遍服务条款[J]. 浙江学刊,2010,2.
[161] 吕克鲁邦. 从行政现代化到国家改革[M]. 西方国家行政改革评述,国家行政学院出版社,1998.
[162] 茅铭晨. 政府管制法学原理[M]. 上海财经大学出版社,2005.
[163] 孟玮. 公共工程代建制的行政法研究[D]. 中国政法大学.
[164] 米丸恒治. 公私协力与私人行使权力——私人行使行政权限及其法之统制[J]. 刘崇德,译. 全球化下之管制行政.
[165] 莫于川,郭庆珠. 政府职能与服务行政法[J]. 江苏社会科学,2004,6.
[166] 潘伟杰. 制度、制度变迁与政府规制研究[M]. 上海三联书店,2005.
[167] 彭涛. 论公私合作伙伴关系在我国的实践及其法律框架构建[J]. 政法论丛,2006,6.

[168] 丘昌泰. 后现代社会公共管理理论的变迁：从「新公共管理」到「新公民统理」[J]. 中国行政评论,10(1).
[169] 沈政雄. 给付行政之理论发展与行政法学课题[J]. 宪政时代,2006,2.
[170] 石淑华. 中国公用事业民营化改革的若干反思[M]. 中国经济出版社,2012.
[171] 史际春,肖竹. 公用事业民营化及其相关法律问题研究[J]. 北京大学学报·社会科学版,2004,4.
[172] 史际春. 公用事业民营化及其相关法律问题研究[J]. 北京大学学报,2004,4.
[173] 史普博. 管制与市场[M]. 余晖,等,译. 上海三联书店和上海人民出版社,1999.
[174] 斯蒂格勒. 产业组织和政府管制[M]. 上海三联书店出版社,1989.
[175] 斯蒂格利茨. 公共部门经济学(上)[M]. 郭庆旺,等,译. 中国人民大学出版社,2014.
[176] 宋国. 合作行政法治化研究[D]. 吉林大学,2009.
[177] 宋国. 民营化释义[J]. 黑龙江省政法管理干部学院学报,2009,1.
[178] 宋华琳. 美国行政法上的独立规制机构[J]. 清华法学,2010,6.
[179] 宋敏. 新公共行政学研究[D]. 山东大学,2010.
[180] 苏南. 论 BOT 制度的经济分析——以风险及代理理论观之[J]. 国立中正大学法学集刊,2011.
[181] 苏志强. 从完全契约到不完全契约——不完全契约成因分析[J]. 山西农业大学学报(社会科学版),2013,9.
[182] 孙本初,傅岳邦. 契约型政府的概念与实务：信息与福利服务议题中的政府角色[J]. 文官制度季刊,200,2(3).
[183] 孙本初. 公私部门合伙理论与成功要件之探讨[J]. 考铨季刊,2000,44.
[184] 孙迺翊. 社会福利服务契约法制初探——从我国社会福利机构公设民营之经验谈起[J]. 月旦法学杂志,第 177:252-253 页.
[185] 孙珠峰. 后新公共管理时代钟摆现象[J]. 南京社会科学,2013,9.
[186] 陶品竹. 公共服务理论与行政法学的转型[J]. 西南政法大学学报,2007,4.
[187] 天则公用事业研究中心. 市政公用事业监管的国际经验比较[M]. 建设部政策研究中心委托课题,内部资料,2004.
[188] 屠世超. 行业自治规范的法律效力及其效力审查机制[J]. 政治与法律,2009,3.
[189] 王春霞. 社会规制成本分析必要性与前瞻[J]. 东方法学,2013,5.
[190] 王春业. 公权私法化、私权公法化及行政法学内容完善[J]. 内蒙古社会科

学,2008,1.
[191] 王江楠.政府投融资公私合作的价格形成机制存在的问题及解决办法[J].河南科学.2013,11.
[192] 王俊豪.管制经济学原理[M].高等教育出版社,2007.
[193] 王明扬.法国行政法[M].中国政法大学出版社,1989.
[194] 王明扬.法国行政法[M].中国政法大学出版社,1989.
[195] 王全兴.契约法研究的法经济学视角——《契约法律制度的经济学考察》评析[J].法商研究,2008,2.
[196] 王守清,柯永建.特许经营项目融资(BOT、PFI和PPP)[M].清华大学出版社,2008.
[197] 王太高,邹焕聪.论给付行政中行政私法行为的法律约束[J].南京大学法律评论,2008.
[198] 王维达.通过私法完成公共任务及其在中国发展[J].同济大学学报,2003,2.
[199] 王文宇.从高铁兴建营运合约论奖参条例的政府收买机制[J].月旦法学杂志,1997,35.
[200] 王文宇.公用事业管制与竞争理念之变革[J].台大法学论丛,2000,29(4).
[201] 王文宇.关于奖参条例与促参法草案的十点修订建议[J].月旦法学杂志,1998,34.
[202] 王文宇.行政判断与BOT法制[J].月旦法学,2007,142.
[203] 王毓正.论国家环境保护任务之私化[J].月旦法学,2004,174.
[204] 王桢桢.公私合作困境的理论解析及其评价[J].广州大学学报(社会科学版),2010,2.
[205] 王志城.公营事业民营化之台湾经验思潮发展及法制因应[J].月旦民商法,2010,5:19.
[206] 王柱国.论行政规制的正当程序控制[J].法商研究,2014,3.
[207] 翁岳生.行政法[M].中国法制出版社,2009.
[208] 吴德美.英国民间融资方案(PFI)的政治经济分析[J].问题与研究.2010,48(3).
[209] 吴庚.行政法之理论与实务[M].中国人民大学出版社,2008.
[210] 吴济华.推动民间参与都市发展:公私部门协力策略之探讨[J].台湾经济.1994,208.
[211] 吴秦雯.行政机关于行政契约履行阶段之权力——以法国法制为中心评析我国现行行政程序法之规定[J].台湾本土法学杂志,2001,41.

[212] 吴秀玲. 长期照顾法制与国家财政能力负担——日本法与我国法之比较分析[J]. 中正财经法学,2012,5.
[213] 吴英明. 公私部门协力关系和公民参与之探讨[J]. 中国行政论丛,第2卷第3期,民82年.
[214] 吴英明. 公私部门协力推动都市发展——"高雄21"美国考察报告[J]. 空间杂志,第56期,民83年.
[215] 吴志光. ETC裁判与行政契约—兼论德国行政契约法制之变革方向[J]. 月旦法学杂志,2006,135.
[216] 吴志光. 公私协力行为之公法化趋势以委托经营管理及民间参与公共建设法之实务见解为核心[J]. 辅仁法学,2008,26.
[217] 萧文生. 自法律观点论规费概念、规费分类及费用填补原则[J]. 国立中正大学法学集刊,1995,3.
[218] 萧文生. 自法律观点论私人参与公共任务之执行——以受委托行使公权力之人为中心[J]. 国家赔偿与征收补偿/公共任务与行政组织. 台北:台湾行政法学会.
[219] 谢地. 政府规制经济学[M]. 高等教育出版社,2003.
[220] 邢鸿飞,徐金海. 论独立规制机构:制度成因与法理要件[J]. 行政法学研究,2008,3.
[221] 邢鸿飞. 公用事业法原论[M]. 中国方正出版社,2009.
[222] 邢鸿飞. 政府特许经营协议的行政性[J]. 中国法学,2004,6.
[223] 熊秉元. 使用者付费观念的探讨[J]. 财政研究,1999,3.
[224] 徐宗威. 法国城市公用事业特许经营制度及启示[M]. 北京天则经济研究所公用事业研究中心参考资料,第8期.
[225] 许登科. 德国担保国家理论为基础之公私协力(OPP)法制——对我国促参法之启示[D]. 国立台湾大学法律学研究所.
[226] 许登科. 民间参与公共建设法制中民间机构之法律地位——以解析最高法院99年度台上字4920号刑事判决为中心[J]. 国立中正大学法学集刊,2011,4.
[227] 许峰. 中国公用事业:民营企业进入中的亲贫规制[D]. 复旦大学,2006.
[228] 许宏达. 行政机关专业案件委外审查制度之法律研究—以水土保持计划之审核为中心[J]. 台湾科技法律与政策论丛,2007,3(4).
[229] 许惠珠. 交易成本理论之回顾与前瞻[J]. 中华技术学院学报. 2004,28.
[230] 许宗力. 法与国家权力[M]. 元照出版社,1999.
[231] 许宗力. 国家机关的法人化——行政组织再造的另一选择途径[J]. 月旦法

学杂志,2000,57.

[232] 许宗力. 行政任务民营化[M]. 当代公法新论翁岳生七秩诞辰祝寿论文集(中),元照出版社,2002.

[233] 许宗力. 行政组织法基本问题[J]. 收录于翁岳生《行政法(上)》. 元照出版社.

[234] 许宗力. 基本权利的第三人效力与国库效力[J]. 月旦法学教室,2003,9.

[235] 许宗力. 基本权利对国库行为之限制[J]. 法与国家权力. 元照出版社,1999.

[236] 许宗力. 论行政任务的民营化[C]. 当代公法新论(中)——翁岳生教授七秩诞辰祝寿论文集,2002 年 7 月,第 607 页.

[237] 许宗力. 双方行政行为——以非正式协商、协定与行政契约为中心[C]. 新世纪经济法制之建构与挑战——廖义男教授六秩诞辰祝寿论文集,元照出版社,2002.

[238] 闫海,张天金. 论公用事业特许经营的法律定性——兼议公共服务供给的私法机制[J]. 华东理工大学学报(社会科学版),2011,1.

[239] 颜硕廷. 论行政法上公私协力之型态——以土壤及地下水污染检测机构为例[D]. 台北大学不动产与城乡环境系,2010.

[240] 颜玉明. 我国促参法 BOT 契约法律性质初探[J]. 台湾本土法学杂志,2006,82.

[241] 杨海坤. 行政法哲学的核心问题:政府存在和运行的正当性——兼论“政府法治论”的精髓和优势[J]. 上海师范大学学报,2007,6.

[242] 杨海坤. 我国行政诉讼调解制度的理论探索和初步实践[J]. 社会科学战线,2008,1.

[243] 杨建华. 对规制者的规制——兼谈行政规制的效益原则[J]. 山西大学学报,2004,5.

[244] 杨建顺. 论经济规制立法的正统性[J]. 法学家,2008,5.

[245] 杨建顺. 论行政规制的法制完善[J]. 观察与思考,2012,9.

[246] 杨解君. 可持续发展与行政法关系研究[M]. 法律出版社,2008.

[247] 杨解君. 论契约在行政法中引入[J]. 中国法学,2002,2.

[248] 杨瑞龙,聂辉华. 不完全契约理论:一个综述[J]. 经济研究,2006,4.

[249] 杨绍文. 行政许可与行政规制的逻辑起点分析[J]. 中国卫生法制,2004,5.

[250] 杨欣. 变革与回应:民营化的行政法研究[D]. 中国政法大学,2006.

[251] 杨欣. 民营化的行政法研究[M]. 知识产权出版社,2008.

[252] 杨寅. 从对峙走向合作:公私法关系的新境遇[J]. 政治与法律,2003,1.

[253] 杨寅. 公私法的汇合与行政法演进[J]. 中国法学,2004,2.

[254] 杨志强,何立胜. 自我规制理论研究评介[J]. 外国经济与管理,2007,8.
[255] 姚新华. 契约自由论[J]. 比较法研究,1997,1.
[256] 叶俊荣. 台湾行政法学的发展与挑战——一个批判的观点[J]. 月旦法学教室.
[257] 于安. 政府活动的合同革命[J]. 比较法研究,2003,1.
[258] 于立深. 区域协调发展的契约治理模式[J]. 浙江学刊,2006,5.
[259] 余晖,秦虹. 公私合作制的中国试验[M]. 上海人民出版社,2005.
[260] 余凌云. 第三部门的勃兴意味着什么？[J]. 浙江学刊,2007,2.
[261] 余凌云. 行政契约论[M]. 2 版. 中国人民大学出版社,2006.
[262] 余致力. 论公共行政在民主致力过程中的正当角色:黑堡宣传的内涵、定位与启示[J]. 公共行政学报,2003,4.
[263] 虞青松. 公私合作下公用事业收费权的配置研究[D]. 上海交通大学,2014.
[264] 袁虹,陆化普. 综合交通枢纽布局规划模型与方法研究[J]. 公路交通科技,2001,3.
[265] 袁曙宏,宋功德. 通过公法变革优化公共服务[J]. 国家行政学院学报,2004,5.
[266] 袁曙宏. 服务型政府呼唤公法转型[J]. 中国法学,2006,3.
[267] 袁维勤. 公法、私法区分与政府购买公共服务三维关系的法律性质研究[J]. 法律科学,2012,4.
[268] 詹文馨. 契约法上之附随义务——以德国契约责任之扩大为中心[D]. 台湾大学法律研究所,1990.
[269] 詹镇荣. 德国法中“社会自我管制”机制初探[J]. 民营化法与管制革新. 元照出版社,2005.
[270] 詹镇荣. 公私协力与合作行政法[J]. 新学林出版社,2014.
[271] 詹镇荣. 国家任务[J]. 月旦法学教室,2003,3.
[272] 詹镇荣. 论民营化类型中之公私协力[J]. 民营化法与管制革新,元照出版社,2005.
[273] 詹镇荣. 民营化法与管制革新[M]. 元照出版社,2005.
[274] 詹镇荣. 民营化后国家影响与管制义务之理论与实践[J]. 东吴大学法律学报,1993,15(1).
[275] 詹镇荣. 宪法框架下之国家独占[J]. 全球化下之管制行政法. 元照出版社.
[276] 詹中原. 民营化政策:公共行政理论与实务之分析[M]. 五南图书出版社,1993.
[277] 湛中乐,刘书燃. PPP 协议中的公私法律关系及其制度抉择[J]. 法治研究,

2007,4.

[278] 湛中乐. PPP 协议中的公私法律关系及其制度抉择[J]. 法治研究,2007,4.

[279] 张国庆,王华. 动态平衡:新时期中国政府管制的双重选择[J]. 湖南社会科学,2004,1.

[280] 张红凤. 西方规制经济学的变迁[M]. 经济科学出版社,2005.

[281] 张佳弘. 从政府管制探讨竞争政策[J]. 公平交易季刊,2000,8(3).

[282] 张晋芬. 台湾公营事业民营化经济迷失的批判[M]. 中央研究院社会学研究所专书第四号,2001.

[283] 张其禄. 管制行政:理论与经验分析[M]. 商鼎文化出版社,2007.

[284] 张其禄. 环境管制:经济诱因工具的选择与评估[J]. 中国行政评论,2002,11(3).

[285] 张其禄. 论政府管制之决策质量:以行政中立为核心[J]. 飞讯,2011,107.

[286] 张其禄. 政府管制政策绩效评估——以 OECD 国家经验为例[J]. 经社法制论丛,2007,39.

[287] 张世雄. 公民权利的演进与困境:自由主义与社会福利的历史关联[J]. 台大社会学刊,1998,28.

[288] 张世雄. 理解福利国家:结构与制度的双元竞争,以及文化的遗落[J]. 台湾社会福利学刊,2011,10(1).

[289] 张世雄. 权力的演进与困境:自由主义与社会福利的历史关联[J]. 台大社会学刊,2000,28.

[290] 张桐锐. 行政法与合作国家[J]. 月旦法学杂志,2005,121.

[291] 张桐锐. 合作国家[J]. 当代公法新论,元照出版社,2002.

[292] 张维迎. 博弈论与信息经济学[M]. 上海三联书店,上海人民出版社,2010.

[293] 张维迎. 企业的企业家——契约理论[M]. 上海三联书店,1995.

[294] 张文郁. 行政机构及公营企业民营化之法律规制[J]. 权利与救济(二):实体与程序之关联. 元照出版社.

[295] 张翔. 论基本权利的防御权功能[J]. 法学家,2005,2.

[296] 张训嘉. 狄骥——法国社会实证主义法学大师[J]. 月旦法学,2001.

[297] 张莹,张玉凤. 中国社会规制改革的策略选择[J]. 教学与研究,2013,11.

[298] 张玉山,李淳. 公用事业管制革新与管制组织的重新定位——以电力事业为例[C]. 管制革新学术研讨会会议论文集,2000.

[299] 张玉山. 我国民营化政策执行之检讨与建议[J]. 公营事业评论,2000,1(4):1-7.

[300] 张远凤. 维也纳城市管理中的公私伙伴关系[J]. 中国行政管理,2006,8.

[301] 张喆,贾明. 不完全契约及关系契约视角下的 PPP 最优控制权配置探讨[J]. 外国经济与管理,2007.
[302] 章剑生. 现代行政法面临的挑战及其回应[J]. 法商研究,2006,6.
[303] 章志远. 公共行政民营化的行政法学思考[J]. 政治与法律,2003,5.
[304] 章志远. 公用事业特许经营及其政府规制——兼论公私合作背景下行政法学研究之转变[J]. 法商研究,2007,2.
[305] 章志远. 行政任务民营化法制研究[M]. 中国政法大学出版社,2014.
[306] 章志远. 民营化、规制改革与新行政法的兴起——从公交民营化的受挫切入[J]. 中国法学,2009,2.
[307] 章志远. 我国国家政策变迁与行政法学的新课题[J]. 当代法学,2008,3.
[308] 赵扬清. 竞争政策与解除管制[J]. 公平交易季刊. 1999,7(1):138.
[309] 郑春发,郑国泰. 治理典范变迁之研究:以国家角色转变为例[J]. 新竹教育大学人文社会学报,2009,2(1).
[310] 郑春燕. 行政任务变迁下的行政组织法改革[J]. 行政法学研究,2008,2.
[311] 郑国泰. 管制型国家之治理:以英国国铁民营化为个案分析[J]. 师大学报(人文与社会类),2008,52.
[312] 郑俊严. 论福利国家的内在危机:从 Offe 与 Hayek 观点的探讨[J]. 东吴社会工作学报,2006,14.
[313] 郑谦. 公共物品"多中心供给研究"[M]. 北京大学出版社,2010.
[314] 郑清霞,吕朝贤,等. 福利私有化及其对台湾福利政策的意涵[J]. 人文及社会科学集刊. 1995,7(2).
[315] 郑若谷,干春晖,余典范. 中国产业结构变迁对经济增长和波动的影响研究[C]. 2010 年中国产业组织前沿论坛会议论文集,第 184-199 页.
[316] 郑少华. 简论社会自我管制[J]. 政治与法律,2008,3.
[317] 郑书耀. 准公共物品私人供给研究[M]. 中国财政经济出版社,2008.
[318] 郑锡锴. 法制化与公、私协力的管理——以 BOT 为例[J].《竞争力评论,2008,1.
[319] 植草益. 微观规制经济学[M]. 朱绍文,等,译. 中国发展出版社,1992.
[320] 钟明霞. 公用事业特许经营风险研究[J]. 现代法学,2003,3.
[321] 周建亮. 城市基础设施民营化的政府监管[M]. 同济大学出版社,2010.
[322] 周雪光. 组织社会学十讲[M]. 社会科学文献出版社,2003.
[323] 周义程,李阳. 市场化、民营化、私有化的概念辨析[J]. 天府新论,2008,3.
[324] 朱纪燕. 革新公私部门合作关系——英国 PF2 制度简介[J]. 当代财政,2013.

[325] 朱芒. 公共企事业单位应如何信息公开[J]. 中国法学,2013,3.
[326] CASS R. Sunstein, Risk and Reason: Safety, Law, and the Environment 269 (2002).
[327] Budapest, Hungary. Strengthening public investment and managing fiscal risks from public-private partnerships.
[328] Forrer. Public-Private Partnership and the Public Accountability Question[J]. Morrall,2001; Stirton & Lodge,2001.
[329] Graeme Hodge. Public private partnerships and legitimacy[J]. UNSW Law Journal, volume29(3),2007.
[330] Jody Freeman. The Private Role in Public Governance[J]. 75 N. Y. U. L. REV. 2000.
[331] Jody Freeman. Prvate parties, Public Functions and The New Administrative Law [J]. Administrative Law Review,52 Admin. L. Rev. 814,2000.
[332] Nick Beermann. Legal Mechanisms of Public-Private Partnerships: Promoting Economic Development or Benefiting Corporate Welfare? [J]. Seattle University Law Review, Vol. 23:175,1999.
[333] OECD(1997). The OECD Report on Regulatory Reform: Synthesis[M]. Paris: OECD.
[334] Starr, pall. The Meaning of Privationg[M]. In sheila B, Kamerman and Alfred J. Kahn, Privatization and the welfare State. New Jersey: princeton University Press.
[335] Strengthening Public Investment And Managing Fiscal Risks From Public-Private Partnerships.
[336] The National Council For PPP, USA. For the Good of the People[M]. Using PPP To Meet America's Essential Needs,2002.
[337] Wettenhall, R. The Rhetoric and Reality of Public-Private Partnerships[J]. Public Organization Review: A Global Journal,3(1): 77-107,2003.
[338] Williamson, O. E. Comparative Economic Organization[M]. The Analysis of Discrete Structure,1991.